和秋叶一起学Word

第4版

秋叶 主编
刘晓阳 顾建 傅琳 编著

人民邮电出版社
北京

图书在版编目（CIP）数据

和秋叶一起学Word / 秋叶主编 ; 刘晓阳, 顾建, 傅琳编著. -- 4版. -- 北京 : 人民邮电出版社, 2023.7
ISBN 978-7-115-60695-2

Ⅰ. ①和… Ⅱ. ①秋… ②刘… ③顾… ④傅… Ⅲ. ①文字处理系统 Ⅳ. ①TP391.12

中国版本图书馆CIP数据核字(2022)第235806号

内 容 提 要

本书是《和秋叶一起学 Word》的第 4 版，在综合前 3 版的优点，并充分听取读者对前 3 版图书的意见和建议的基础上，本次改版在结构上进行了调整和优化。

本书共 6 章：第 1 章针对使用 Word 时的常见误区进行解释说明；第 2 章对 Word 排版的整体流程进行简要介绍；第 3 章详细介绍 Word 排版中所用到的元素类型与调整格式的方法；第 4 章主要介绍长文档自动化排版的方法和技巧；第 5 章介绍用于高效整理文档的域与 VBA；第 6 章提供了职场中提升工作效率的实用秘诀。

本书适合职场工作人员、培训主管、咨询顾问、机关工作人员等学习。

◆ 主　　编　秋　叶
编　　著　刘晓阳　顾　建　傅　琳
责任编辑　李永涛
责任印制　王　郁　胡　南

◆ 人民邮电出版社出版发行　　北京市丰台区成寿寺路 11 号
邮编　100164　　电子邮件　315@ptpress.com.cn
网址　https://www.ptpress.com.cn
北京宝隆世纪印刷有限公司印刷

◆ 开本：690×970　1/16
印张：19.75　　2023 年 7 月第 4 版
字数：391 千字　　2023 年 7 月北京第 1 次印刷

定价：109.90 元

读者服务热线：(010)81055410　印装质量热线：(010)81055316
反盗版热线：(010)81055315
广告经营许可证：京东市监广登字 20170147 号

系列书序

如果你是第一次接触本系列书，我们坚信：它是你学习 Office“三件套”的上佳读物。

秋叶团队自 2013 年开始全力以赴做 Office 职场在线教育，目前已经成为国内非常有影响力的品牌。截至 2021 年年底，有超过 60 万名学员报名“和秋叶一起学 Office”课程。

我们的主创老师都有 10 年以上使用 Office 的经验，在网络上给学员答疑无数次。我们非常了解，很多时候大家办公效率低下，仅仅是因为不知道 Office 原来还可以这样用，也深刻理解大家在学习 Office 时遇到的难点和产生的困惑。

因此，我们对写书的要求是“知识全、阅读易、内容新”。我们关注并分析当今读者的阅读习惯，让我们的图书既能帮读者进行系统化学习，又能让他们进行碎片式查阅；既要内容简洁明了，又要让操作清晰直观；既能着重体现 Office 常用的和核心的功能，又能有提高工作效率但未必常用的“冷门偏方”，并兼顾新版本软件的新功能、新用法、新技巧。

我们给自己提出了极高的要求，希望系列书能得到读者发自内心的喜爱以及推荐。

做一套好书就是打磨一套好产品，我们愿意精益求精，与读者、学员一起进步！感谢那些热心反馈、提出意见和建议的读者朋友们，是你们的认真细致让我们不断变得更好。

如果你是第一次了解“秋叶”教育品牌，我们想告诉你：我们提供的是一套完整的学习方案。

“秋叶系列”包含的不仅是一套书，更是一套完整的学习方案。

在我们的教学经历中，我们发现要真正学好 Office，只看书不动手是不行的，但是普通人往往很难靠自律和自学完成看书和动手的“循环”。

阅读本系列书的你，切记要打开电脑，打开软件，一边阅读一边练习。

如果你想在短时间内把 Office 操作水平提高到能应对工作的程度，我们推荐你报名我们的线上学习班。在学习班，一众高水平的老师会针对重点、难点进行直播讲解、答疑解惑，你还能和来自各行各业的同学一起切磋交流。这种学习形式特别适合有“拖延症”、需要同伴和榜样激励、想要结识优秀伙伴的读者。

如果你平时特别忙，没办法在固定的时间看直播和交作业，又想针对工作中不同的应用场景找到对应的解决方法，不妨在网页中搜索“网易云课堂”，进入网易云课堂后搜索“秋叶”，参加在线课程，制订计划自学。这些课程不限时间，不限次数。

你还可以关注微信公众号“秋叶 PPT”“秋叶 Excel”，阅读我们每天推送的各种免费干货文章，或者在视频号、抖音上关注“秋叶 PPT”“秋叶 Excel”“秋叶 Word”，空闲时就能强化知识点的学习，加深记忆，帮助自己轻松复习。

软件技能的学习，往往是“一看就会，一做就废”，所以，不用过度关注知识点有没有重复。对于一个知识点，只有经过不同场景的反复运用，从器、术、法、道不同的层面提升认知，你才能真正掌握它。你要反复训练，形成“条件反射”，从而把正确的操作技巧变成下意识的动作。

依据读者的学习场景需求，我们提供了层次丰富的课程体系。

图　书——全面系统地介绍知识点，方便快速翻阅、快速复习。

网　课——循序渐进的案例式教学，可谓是解决具体场景问题的法宝，并且学习不限次数，不限时间。

线上班——短时间、高强度、体系化训练，直播授课、答疑解惑，有利于快速提升技能。

线下班——主要针对企业客户，提供 1～2 天的线下集中培训。

免费课——微信公众号和视频号、抖音等平台有持续更新的干货教程、直播公开课，有助于快速学习新知识、复习旧知识，打开思路和拓宽眼界。

我们用心搭建学习体系的目标只有一个，就是降低读者的选择成本 ——学 Office，找秋叶就够了。

对于“秋叶”教育品牌的老朋友，我们想说说背后的故事。

2012 年，我们决定开始写《和秋叶一起学 PPT》的时候，的确没有想到，几年以后一本书会变成一套书，内容从 PPT 延伸到 Word、Excel，每本书都在“网易云课堂”上有配套的在线课程。

可以说，这套书是被网课学员“逼”出来的。当我们的 Word 课程销量破 5000 之后，很多学员就希望在课程之外有一本配套的图书以供翻阅。这就有了后来的《和秋叶一起学 Word》。我们也没想到，在 Word 普及 20 多年后，一本 Word 图书居然也能轻松实现销量超 2 万册，甚至超过很多计算机类专业图书。

2017 年，我们 PPT、Word、Excel 的单门课程学员都超过了 1 万人，应广大学员的要求，顺势推出《和秋叶一起学 PPT》《和秋叶一起学 Word》《和秋叶一起学 Excel》这“三件套”也就成为我们的重点工作。经过一年的认真筹划与精心编写，“三件套”成功面市了:《和秋叶一起学 PPT》升级到了第 3 版，另外两本也升级到了第 2 版，它们全面展示了 Office 新版本的新功能、新用法。

2019 年，在软件版本升级且收集到众多学员反馈的情况下，我们决定对“三件套”再次升级。这次升级不仅优化了排版结构，增补、调整了知识点，更是专门录制了配套的案例讲解视频。

现在回过头来看，我们可以说是创造了图书销售的一种新模式。要知道，在 2013 年，把《和秋叶一起学 PPT》定价为 99 元，在很多人看来是很不可思议的。而我们认为，好产品就应该有与之匹配的定价。我们确信通过这本书，你学到的知识的价值远超 99 元。而实际上，这本书的销量早已超过 20 万册，成为一个码洋超千万元的图书单品，这在专业图书市场上是非常罕见的。

其实，当时我们也有一点私心：我们希望图书提供一个心理支撑价位，好让我们推出的同名在线课程能够有一个较高的定价。我们甚至想过，如果在线课程卖得好而图书销量不好，这些损失可以通过在线课程的销售弥补回来。但最后是一个双赢的结果，图书的高销量带动了更多读者报名在线课程，在线课程的扩展又促进学员购买图书。

更让我们没有想到的是，我们基于图书的专业积累，在抖音平台分享 Office 类的技巧短视频，短短 1 年时间就吸引了超过 1000 万名粉丝。因为读者和学员信任我们的专业积累和教学质量，我们的职场类线上学习班（训练营）也很受欢迎。目前已有的学习班包括 PPT 高效实战、PPT 副业变现、Excel 数据处理、数据分析、Photoshop 视觉设计、Photoshop 商业海报变现、小红书变现、直播、手机短视频等，截至 2022 年 6 月，我们已累计开展 118 期学习班，吸引了 35000 多名学员跟我们一起修炼职场技能，提升竞争力。

这就是产品好口碑的力量！图书畅销帮助我们巩固了“秋叶”知识产品的品牌。因此，我们的每一门主打课程，都会考虑用“教育 + 出版”的模式滚动发展，我们甚至认为，这是未来职场教育的一个发展路径。

我们能够走到这一步，要感谢一直以来支持我们的读者、学员以及各行各业的朋友们。你们的鞭策、鼓励、陪伴和自愿自发的宣传，让我们能够持续迭代；你们的认可，让我们确信自己做了对的事情，也让我们有了更强的动力去不断提升图书和课程的含金量。

最后要说明的是，这套书虽然名称是“和秋叶一起学”，但今天的秋叶已经不是一个人，而是一个强有力的团队，是一个学习品牌。我很荣幸遇到这样一群优秀的小伙伴。我们作为一个团队，大家一起默默努力，不断升级、不断完善，将这套书以更高的品质交付给读者。

希望爱学习的你，也会爱上我们的图书和课程。

秋叶

前　言

我想写一本不一样的书

大家好，欢迎来到 Word 世界！我是秋叶老师，你们的“新手村向导”。面对这个陌生的世界，相信你们一定有很多问题想问，别急，你们想要问的这些问题，接下来我都会挨个儿解答。

Q：Word 这么简单，还需要专门学吗？

A：在 Word、PPT、Excel 中，我一直认为 Word 最值得你花精力去学。

Word 的使用频率最高，学了之后一定能帮你节约很多时间。

当我学习一款软件时，往往首先会花费一些时间去研究软件最常用的用法，这样在以后使用时可以节约大量的时间，因为时间才是最宝贵的财富！

成年人学习的“悲剧”在于，他一旦认为自己会了，就会停止学习——“我会了，够用了，不学了”。

每当我看到有人还习惯按空格键给段落开头设置缩进，或者用“.”代替“·”录入人名，或者做好一个标题格式再用格式刷一路“刷”下去，又或者因为搞不清楚复制网页内容会出现软回车（↓）而给排版带来困扰……我就很想告诉他：

如果你不知道 Word 的段落复制技巧，那么每次复制你可能都要比 Word

高手多花 3 秒；

如果你不习惯用文档结构图，那么每次编辑大文档时，你的效率都会比 Word 高手低一半以上；

如果你不知道用样式，那么每次你都要从零开始做文件排版，而 Word 高手只需要用 1 秒；

如果你不清楚用通配符查找和替换的技巧，那么每次你都不得不靠肉眼一个个去确认；

如果你不习惯用审阅或批注模式，那么你就搞不清楚大家修改的版本。

我过去一直以为自己精通 Word，也掌握了不少小技巧，直到有一天我为了一份资料在学校打印店里坐了一会儿，发现打印店老板的很多操作习惯和我的不一样。

我耐心看了一个小时，突然意识到自己发现了一个早已存在的事实——每个打印店的老板，几乎都是身怀绝技的 Word“扫地僧”！

如果我的文档排版效率能达到打印店老板的一半，我就能用节省出的时间去做更多有意义的事！

答疑 02

Q：我什么都不会，这本书适合我看吗？

A：总体来说，本书适合以下这些朋友学习。

① 零基础的 Word 初学者。本书语言通俗易懂，充分考虑了初学者的基础知识水平，哪怕你以前从来没用过 Word，也不会影响你看懂本书的内容。

② **想要告别 Office 2003 版等老版本的用户。**本书所有内容及案例截图均来自 Word 2021、Office 365 版本，保证大家能学到新的知识。

③ **不想花大价钱报班学习的人。**和学习所有技能型知识一样，学习 Word 的核心不在于你听懂了多少，而在于你会做多少。本书专注于引导你如何去做，只要你肯跟着我们动手练习，就完全可以通过自学达到高效使用 Word 并应对工作的水平。

Q：和其他同类图书比，这本书有什么特色呢？

A：剖析常见误区，提供贯穿学校到职场的一系列排版解决方案。

本书延续“秋叶”系列图书的一贯风格：案例丰富，容易上手；由浅入深，内容系统。

无论你是 Word 新手，还是实战高手，本书都能让你有所收获。

本书从构思和写法上都体现出了与市面上绝大多数讲解 Word 功能的图书的显著区别。

绝大多数讲解 Word 功能的图书	本书
按软件功能组织	按实际业务组织
截屏 + 操作步骤详解	图解 + 典型案例示范
书 + 模板	书 + 实战案例 + 高效插件 + 配套视频讲解
只能通过书单向学习	同名在线课程 + 微信公众号互动

答疑 04

Q：通过这本书，我能学到哪些内容呢？

A：关注学习者能力的实际提升，正是本书组织模式搭建之源。

过去绝大部分讲 Word 操作的图书要么是按照软件功能模块来组织，要么是按菜单功能逐一讲解，要么是按字体格式、段落、图片、表格等的设置方法来介绍，要么就是讲几个案例。这些组织模式都不错，但看完之后，学习者的 Word 排版能力能提升多少呢?

我们的组织模式如下。

章	这一章的思路	这一章的知识
大众误区	先找痛点，逐一击破	Word 排版入门必备基础技能
排版流程	先定流程，再做排版	学会科学的 Word 排版流程
排版之“本”	先懂元素，再做录入	搞定 Word 中常见的字、图、表
排版特技	先学诀窍，再做编辑	综合练习长文档排版技能
排版利器	先找规律，再做优化	文档优化功能的高级应用
职场之道	先有捷径，再做工作	职场中的高效办公“撒手锏”

对于大多数人来说，Word 是一款很容易操作的软件，但许多人在排版时却采用了大量低效、重复的操作。

所以，根据大家的实际问题，有针对性地进行讲解，着重体现高效和系统化，是本书组织内容的重要原则。

Q：这本书有没有什么配套资源呢？

A：当然有，并且我们只提供筛选过的“精华”！

Word 模板下载网站推荐（请搜索关键词）
微软 Office 官方在线模板网站：OfficePLUS
各行业求职简历模板网站：乔布简历
简历服务网站：五百丁简历
海量优质 Office 文档资源分享平台：稻壳儿
本书配套资源获得方式
在微信公众号“秋叶 PPT”中回复关键词“秋叶 Word 图书”，即可获得最新配套资源的免费下载地址。

Q：能详细说一下该如何获取相关资源吗？

A：来来来，让秋叶老师手把手教你下载我们提供的配套资源。

Step1：关注微信公众号“秋叶 PPT”。

首先打开微信，点击对话列表界面右上角的加号，然后扫一扫下图中的二维码进行关注。

另外，也可以点击微信对话列表界面顶部的搜索图标 Q，在搜索框中输入关键词“PPT100”进行搜索，在搜索结果中点击“秋叶 PPT”进入公众号首页，然后点击“关注公众号”即可。

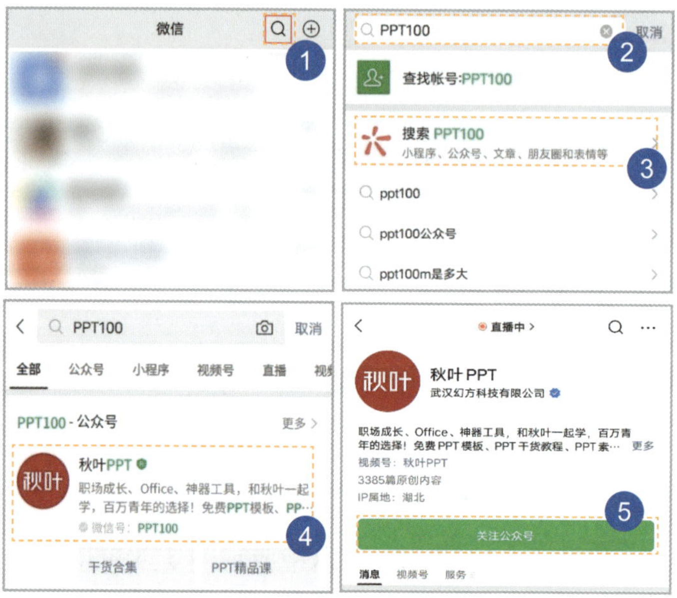

Step2：在微信公众号对话界面发送关键词。

如果你想获取本书的配套资源，可以发送关键词“秋叶 Word 图书”，根据回复的文字提示进行操作即可。

如果你还有其他想要问的问题，也可以直接在这里留言或发送相关关键词进行提问。

注：图片仅为示意，具体获取方式以即时回复的信息为准。

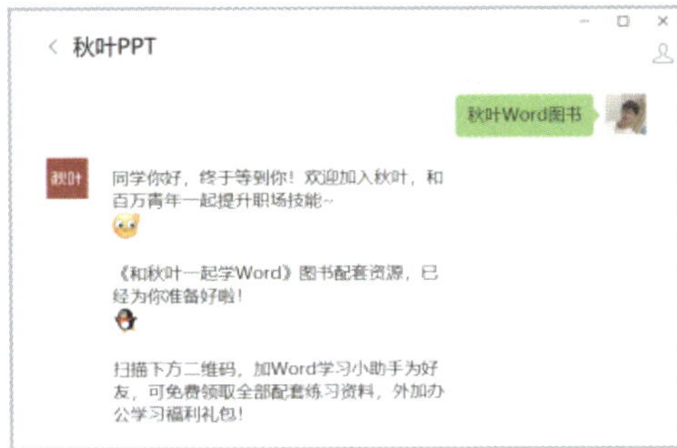

Q：除了看书自学，还有别的学习渠道吗？

A：如果你没有固定的学习时间参加线上学习班，可以来网易云课堂参加我们的在线课程。

如果你平时特别忙，没办法在固定的时间看直播和交作业，但又想针对工作中不同的应用场景找到对应的解决方法，不妨搜索“网易云课堂”，进入网易云课堂后搜索“秋叶”，选择相关课程，和 7 万多名学员一起学习成长。

付费学习的理由

① **深耕在线教育，打造精品课程。**秋叶核心团队通过深入研究在线教育模式，潜心研发了一整套 Word 课程体系，绝不是简单复制过去的内容。

② **从“举三反一”到“举一反三”。**线上学习班和在线课程都为你提供了大量习题以及对应的解答。相信经过这样的强化练习，你一定能将各种 Word 排版技巧运用自如。

③ **在线学习交流，一群人走得更远。**我们不仅分享干货，还鼓励大家在微信上互动。我们不是一个人，而是一群人。来吧，加入“和秋叶一起学 Word”大家庭，就现在！

答疑 08

Q：除了 Word，我还能向秋叶老师学点儿什么？

A：作为一名贴心的大叔，秋叶老师为你准备了一整套实用课程哦！

在网易云课堂上，秋叶团队开发的课程包括但不限于以下这些。

专注于 Office 办公软件实战能力的

Office 三件套课程

专注于时间管理、视觉笔记、轻松思考等职场软技能的

职场竞争力提升课程

我们不但不间断地进行新课程的开发，而且从未停止升级和更新已推出的课程——“和秋叶一起学 Word”课程就先后进行了数次改版，全面优化了视觉效果和学习体验。

“一次购买，终身免费升级，没有后顾之忧”，这就是我们给所有学员的承诺！

秋叶

目 录

1 大众误区

为什么我用起来会费劲？

1.1 Word 那么强，你却把它当记事本用？ ………… 2

1.1.1 排版技术一：格式与内容分离 ………… 4

1.1.2 排版技术二：用表格灵活控制图文排版 ………… 4

1.1.3 排版技术三：借助样式自动化排版 ………… 4

1.1.4 排版技术四：相似操作批量化 ………… 5

1.2 Word 页面忽大忽小，怎么恢复原状？ ………… 6

1.3 留心观察 Word 界面，你会发现更多！ ………… 7

1.3.1 查看按钮功能提示 ………… 7

1.3.2 标注格式信息 ………… 8

1.3.3 显示文档状态 ………… 8

1.4 被误用的空格键 ………… 9

1.4.1 误用 1：用空格键来进行对齐 ………… 9

1.4.2 误用 2：按两次空格键实现首行缩进 ………… 10

1.4.3 空格的正确用法 ………… 11

1.5 用标尺来控制文字位置 ………… 12

1.5.1 标尺是什么？怎么找到它？ ………… 12

1.5.2 标尺怎么用？ ………… 12

1.6 文本怎么总是对不齐？试试制表位吧！ ………… 15

1.6.1 制表位是什么？ ………… 16

1.6.2 制表位怎么用? 18
1.7 回车还有软硬之分? 20
1.7.1 什么是软回车和硬回车? 20
1.7.2 软回车换行的优缺点 20
1.8 回车并不是用来调节段落间距的! 22
1.8.1 如何正确地调整段落间距? 22
1.8.2 如何科学地进行分页? 22
1.9 “拉仇恨”的 Word 自动编号 24
1.9.1 如何永久禁止 Word 自动编号? 24
1.9.2 如何更好地使用自动编号功能? 25
1.9.3 自动编号的替代方法 26
1.10 好好的 Word 文档为什么别人打不开 26
1.11 PDF 文档如何才能变成可编辑的 Word 文档? 28
1.11.1 由 Word 自动转换 PDF 文档 28
1.11.2 使用在线工具进行转换 28
1.11.3 借助 ABBYY FineReader PDF 进行转换 29
1.12 竟然又没有保存! 30
1.13 保存错了怎么恢复之前的版本? 31
1.14 使用 Word 遇到问题还得找 Word! 32

2 排版流程 这样做才专业

2.1 排版流程：了解科学排版的过程 36
2.1.1 Word 排版的基础：文字处理 36
2.1.2 Word 排版的典型元素 37
2.1.3 Word 排版的两种模式 38
2.2 整体规划：确定文档的页面布局与样式 40
2.2.1 页面参数设置 40

2.2.2 排版样式设计 44
2.3 内容录入：完成文本、图片、表格等的录入 46
2.3.1 在文档中录入文本 46
2.3.2 在文档中插入图片 47
2.3.3 在文档中插入表格 48
2.3.4 在文档中录入其他元素 49
2.4 高效排版：利用样式实现自动化排版 49
2.4.1 快速套用样式 49
2.4.2 为各级标题自动添加编号 50
2.4.3 为文档添加页眉和页脚 51
2.4.4 让文档自动生成目录 51
2.5 归档输出：文档的打印 52
2.5.1 将重复使用的文档存为模板文件 52
2.5.2 打印 Word 文档 53

3 排版之“本”

排版前你需要知道这些

3.1 溯流穷源：文本处理 56
3.1.1 文本的插入与改写 56
3.1.2 文本的选择 57
3.1.3 文本格式的设置 58
3.2 锦上添花：图片排版术 64
3.2.1 图片在文档中的七大存在方式 64
3.2.2 插入图片的正确方式 68
3.2.3 图片的移动方式 69
3.2.4 图片“化妆术” 75
3.3 科技论文的图片编排 82
3.3.1 单图排版 82

3.3.2 多图排版 83
3.3.3 图片制作与排版的常见问题 86
3.4 表格的快速处理 88
3.4.1 表格的插入与快速转换 88
3.4.2 表格行列数的迅速增减 90
3.4.3 合并和拆分单元格 91
3.4.4 表格框线与底纹设置 92
3.4.5 表格样式的快速设置 97
3.4.6 三线表的制作 99
3.4.7 表格自动计算 103
3.4.8 表格排版常见的“疑难杂症” 106
3.5 图表：不止有图和表 113
3.5.1 完整图表的必备元素 113
3.5.2 如何插入图表 114
3.6 公式的录入 119

4 排版特技

被你忽视的排版技巧

4.1 样式：Word 排版的核心 124
4.1.1 样式是什么？用它有什么好处？ 124
4.1.2 模板、主题与样式 128
4.1.3 样式的修改、新建、命名与套用 129
4.1.4 论文中段落样式的使用 135
4.2 编号：实现多级标题自动编号的多级列表 141
4.3 题注：图表自动编号全靠它 146
4.3.1 题注是什么？它由什么组成？ 146
4.3.2 如何正确地插入题注？ 146
4.3.3 插入表格时自动添加题注 150

4.3.4 题注的格式修改与引用 151

4.4 复杂情况下的页眉 156

4.4.1 文档中的节和分节符 156

4.4.2 长文档整体的节规划 160

4.4.3 长文档的页眉设置 161

4.4.4 页眉的拓展 163

4.5 页码与多重页码系统 165

4.5.1 在文档中插入页码 165

4.5.2 页码格式的设置 167

4.5.3 长文档中多重页码的设置 168

4.6 高度自定义的自动目录 171

4.6.1 目录的生成与注意事项 171

4.6.2 目录中各级标题的格式修改 172

4.6.3 目录的快速更新 174

4.6.4 图表目录的制作 175

4.7 个性化注释的制作和设置 176

4.7.1 如何添加和删除脚注 176

4.7.2 自定义脚注格式 178

4.7.3 自定义尾注及相关操作 183

4.8 参考文献的制作与引用 184

4.8.1 参考文献著录格式 185

4.8.2 参考文献编排方式推荐 186

4.9 索引：文末关键词一览表 193

4.9.1 索引的制作 194

4.9.2 自定义索引样式 197

5 排版利器 高效快速优化文档

5.1 被小看的查找和替换功能，关键时刻能救急 ······ 200

5.1.1 批量删除文档中的空白区域和空行 ······ 200

5.1.2 批量对齐文档中的图片 ······ 204

5.1.3 批量对齐选择题的选项 ······ 208

5.2 被人忽视的域，其实是自动排版的关键 ······ 212

5.2.1 了解域的组成 ······ 212

5.2.2 在文档中插入域、创建嵌套域和修改域 ······ 213

5.2.3 域在排版中的实际应用 ······ 220

5.3 不会编程也要会用的宏 ······ 225

5.3.1 录制宏和运行宏 ······ 225

5.3.2 使用 VBA 操作文档中的文本 ······ 230

5.3.3 使用 VBA 操作文档中的图片 ······ 234

5.3.4 使用 VBA 操作文档中的表格 ······ 236

6 职场之道 不加班，要加薪！

6.1 有建议一定要用批注和修订 ······ 240

6.1.1 优雅提出建议的批注 ······ 240

6.1.2 忠实记录修改的修订 ······ 242

6.1.3 精准对比差异的比较 ······ 246

6.2 将席卡做得又快又好 ······ 248

6.3 利用邮件合并功能迅速完成工作 ······ 253

6.4 输出：Word 排版“定妆术” 262
6.4.1 打印界面 262
6.4.2 打印预览编辑模式 263
6.4.3 打印设置 266
6.4.4 常见的打印问题 273

附录

Word 常用快捷键大全

后 记 291

1

大众误区
为什么我用起来会费劲？

90% 的人只懂得 Word 10% 的功能，
Word 其实是大家“最熟悉的陌生人”。
最常见的操作可能并不是最高效的。
本章帮你拨云见日，走出误区。

1.1 Word那么强，你却把它当记事本用？

视频案例（带有本标志，表示配套资源中有对应的视频，请注意观看。配套资源的获取方法详见封底的说明。）

“我能用 Word 排好一篇文档就够了，专门学 Word 值得吗？”

不论是在学校还是在职场，几乎每个人都会用到 Word，很多人就想当然地认为它很简单。**在大部分人眼中，Word 就是长得漂亮一些的记事本。**但如果你只把它当作记事本来用，那你对它的了解可能也就仅限于打字。

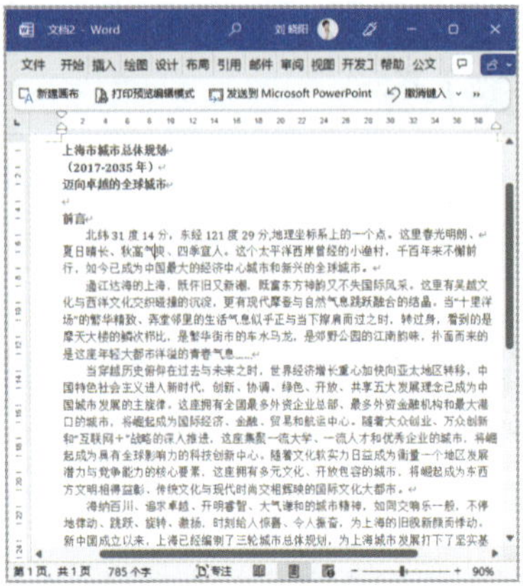

≈

然而，对于同样的工具、同一份文档，你的同事做出来的效果可能是下面这样的，既美观又专业。

如果你只把 Word 当记事本来用，只会在 Word 中打打字、简单调调格式，当要反复修改文档格式、频繁调整标题编号、给论文插入目录、修改表格结构时，就只能一个个手动处理。

比这更可怕的是，你做着大量没有意义的、琐碎的重复操作而不自知，任由时间就这么白白浪费掉。在这个世界上，最可怕的不是真的不懂，而是以为自己都会了，从而拒绝学习。

如果你只把 Word 当记事本来用，就会**习惯性地使用一些看似简单的方法去排版**，比如文本对不齐，就拼命按空格键，空格多了又拼命删；想给正文单独设置页码，就把封面那一页单独建一个文档；要给长文档添加目录，就手动输入……

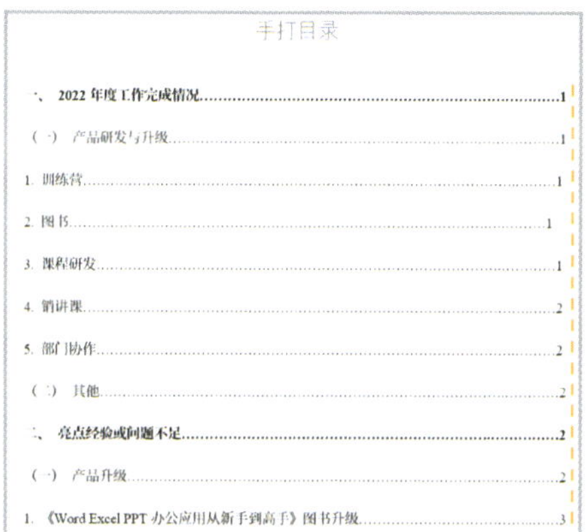

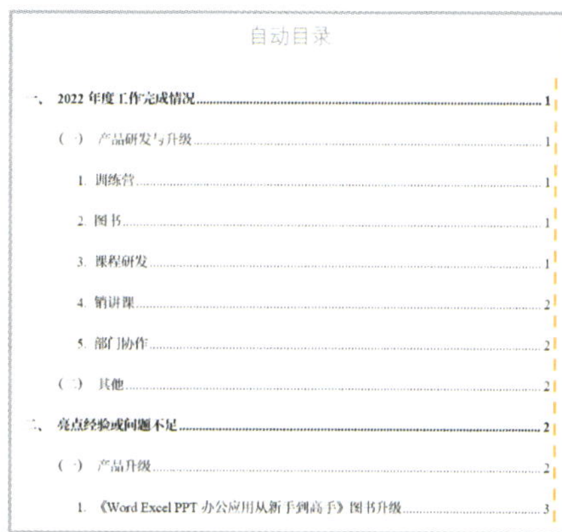

事实上，Word 除了拥有常用的简单文字处理功能，还有很多排版技术值得我们学习，这些排版技术将会颠覆你对 Word 的认知。

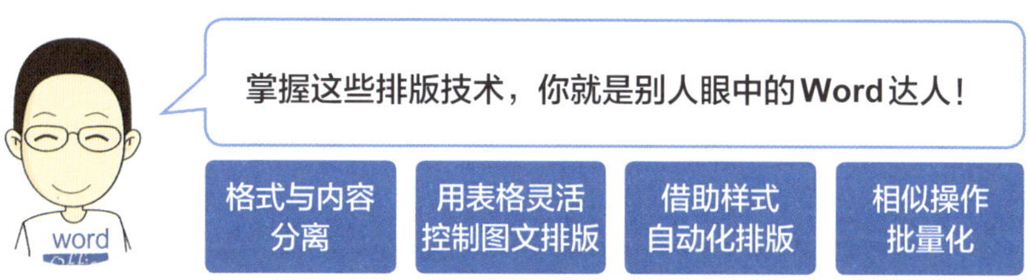

1.1.1 排版技术一：格式与内容分离

打开 Word，工具栏里占空间最多的叫【样式】。你可以把标题的字体、段落格式存到【样式】里，要用时随时套用。当要修改标题格式时，你只需要修改一个标题，就可以实现全文调整。如此一来，你在撰写内容时不用操心格式，调整格式时可以批量操作且不会影响内容，这样效率才会真正提高。

1.1.2 排版技术二：用表格灵活控制图文排版

在文档中使用图片和表格，可以让文档的内容和形式更加丰富。如果在对 Word 中的图片布局、表格特性不了解的情况下要把 3 张图片并排，你可能要花很长时间来回调整。

巧妙利用表格框架，把图片放到表格中，可使排版事半功倍。

▲ 文中存在多个小图并排的情况时，可以借助无框表格巧妙排版

1.1.3 排版技术三：借助样式自动化排版

当一篇长文档包含第 1 章、1.1、1.1.1 等多层级标题时，章节内容一旦增减或顺序发生变化，就需要对各级标题编号做相应的调整。

很多人是手动输入编号，然后逐个进行修改的，这样做的效率太低，且容易出错。

> **第1章　2022 年度工作完成情况**
>
> **1.1　产品研发与升级**
>
> **1.1.1　训练营**
>
> **1.1.2　图书**
>
> **1.1.3　课程研发**
>
> **1.1.4　销讲课**
>
> **1.1.5　部门协作**

如果你掌握了多级列表的技术，完全可以自动生成、修改编号。在 Word 中，这样的自动化技术还有很多，比如自动生成目录、自动批量生成证书、自动大批量修改字符……

凡是你想得到的重复操作，几乎都有批量化、自动化的解决方法。

1.1.4　排版技术四：相似操作批量化

在日常生活中，工资条、荣誉证书、通知书、成绩单、邀请函等文档都有一个共同的特点，就是大部分内容是固定的，只有其中一小部分内容每一份都不一样。

这一类文档可以用邮件合并功能批量制作。你要做的，仅仅是准备一份内容模板和一份数据清单 Excel 表。一眨眼的工夫，你就能制作出 100 份这样的文档，快到不可思议。

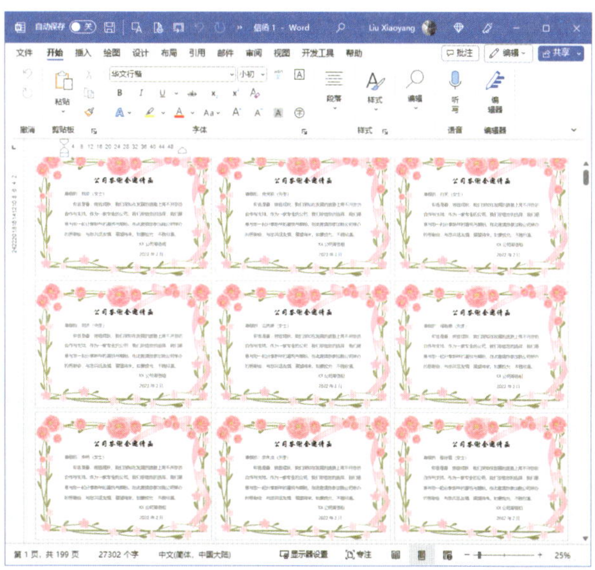

1.2 Word页面忽大忽小，怎么恢复原状?

视频案例

有的时候打开 Word，整个页面变得只有原来页面的 1/4 大小，打上去的字也很小。有些不明所以的人还以为是软件出问题了，其实这只是页面显示比例改变了。

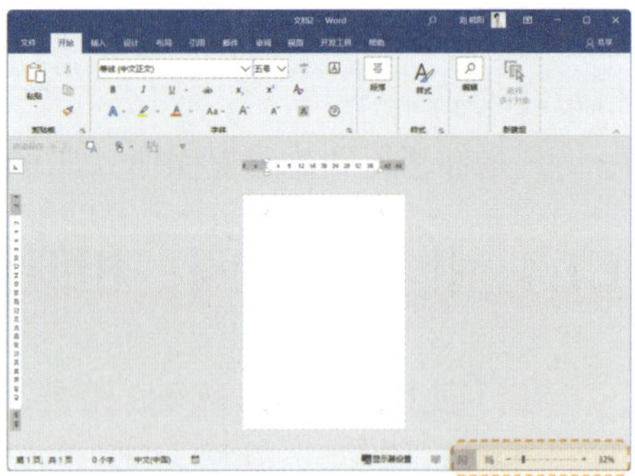

在 Office 中，我们可以通过设置显示比例来调整页面的大小。调整显示比例仅会改变页面的显示大小，并不会影响实际的打印效果。

如果你仔细观察右图所示文档的下方，就会发现其显示比例为 32%，并不是 100%。

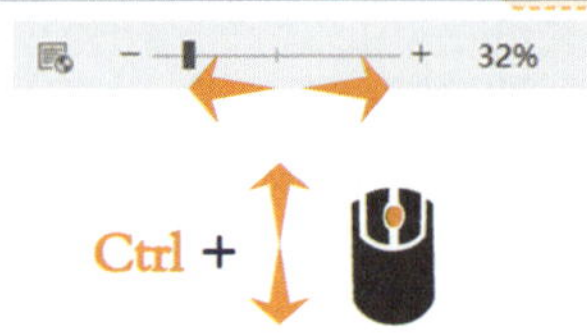

怎么快速调整页面的显示比例呢?

直接**左右拖曳文档窗口右下角的显示比例**滑块，或者按住 **Ctrl 键**并**滚动鼠标滚轮**，就能快速调整页面显示比例。

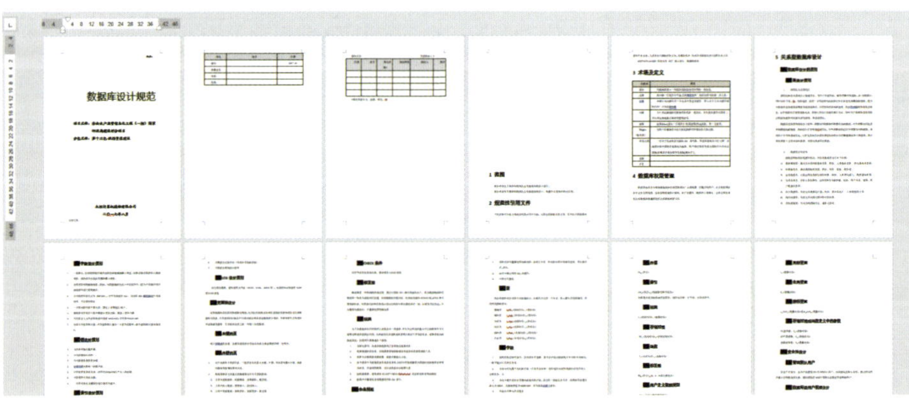

在我直播演示文档操作的时候，经常有学员问：“为什么老师的屏幕可以同时显示那么多个页面？”那个时候我才意识到，原来看似简单的知识，还是有人不知道。

在处理长文档时，一屏显示多页可以帮助我们总览全篇、快速翻查。要实现这种效果其实很简单。依次单击【视图】→【显示比例】→【多页】，缩小页面显示比例，就可以看到和上页图一样的效果了。想要恢复文档的单页显示，单击【显示比例】功能组中的【100%】按钮就可以了。

1.3 留心观察Word界面，你会发现更多！

在 Word 中，任何操作都会有相应的提示或标记。如果你对 Word 比较熟悉，碰到问题时，通过观察这些提示或标记就能够做出判断，从而快速纠正错误或更改操作。

1.3.1 查看按钮功能提示

当你不知道或者忘记了某个按钮具有什么功能时，只要把鼠标指针悬停在该按钮上面大概 1 秒，提示框就会自动浮现，告诉你这个按钮具有什么功能。有些功能带有快捷键，也会在提示框里标注出来，如下图的【显示 / 隐藏编辑标记】，其快捷键是 Ctrl+*。

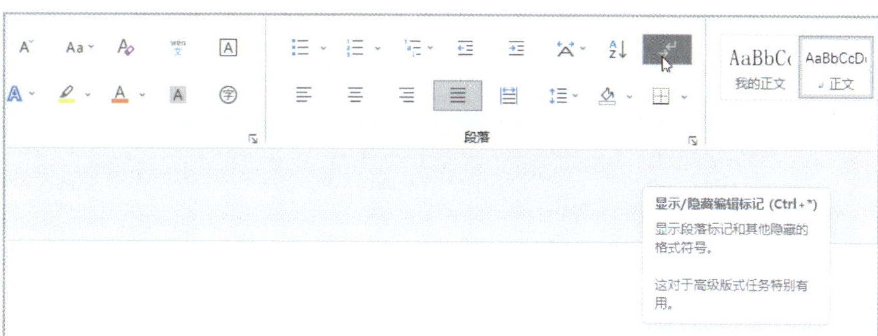

有了这些贴心的提示，我们就不用担心学完就忘了。大胆地去探索每一个功能，熟悉它们的特性，记住操作方法和效果，这就是高效学习办公软件的秘诀。

1.3.2 标注格式信息

想要知道当前文字使用了哪些格式，可以直接单击文字。

单击标题文字后，该标题的格式信息就会在上方功能区中显现出来，如下图所示。

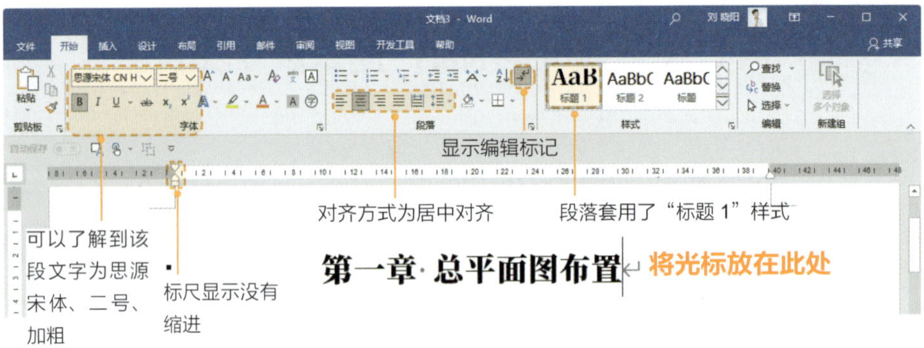

1.3.3 显示文档状态

有一个问题，我被问了不下 100 遍——为什么文档排好版以后，放到其他电脑上就格式错乱了？大多数情况都是文件版本和软件版本不一致造成的。

碰到这类问题，建议先查看窗口标题位置。

在早期的 Office 版本中，由 Word 生成的文档的后缀名是 .doc，而 2007 版本及以后的版本一直都是 .docx。

如果发现文档的后缀名是 .doc，并且出现了“兼容模式”字样，就要特别留意。Word 中很多无法解释的莫名其妙的问题，都可能是版本不同造成的。大部分问题都可以通过升级文件版本、转换兼容性解决。

操作也很简单，你可以单击【文件】→【另存为】，将文档以 .docx 后缀名另存一份；也可以直接单击【文件】→【信息】→【转换 - 兼容模式】来解决。

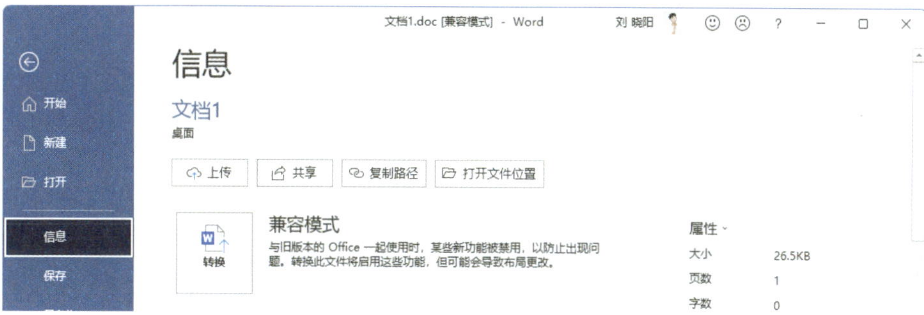

1.4 被误用的空格键

键盘上最长的按键是空格键。一般而言，按空格键是为了在需要的地方留出空格。

视频案例

在 Word 中，空格分为两种：全角空格和半角空格。全角空格相当于一个汉字，占两个字符宽度；半角空格相当于一个字母，占一个字符宽度。在显示编辑标记的情况下，全角空格显示为小方框，半角空格显示为小圆点。

令人遗憾的是，很多人把空格键当对齐工具来用。

接下来展示两种常见的空格键的错误用法，并给出正确用法。

1.4.1 误用 1：用空格键来进行对齐

不了解 Word 的人，经常会通过按空格键的方式使标题居中对齐，或者使文字右对齐。其实 Word 的【段落】功能组中有一组专门用来使段落对齐的按钮，包括左对齐、居中对齐、右对齐、两端对齐、分散对齐（下页图仅展示居中对齐和右对齐效果）。

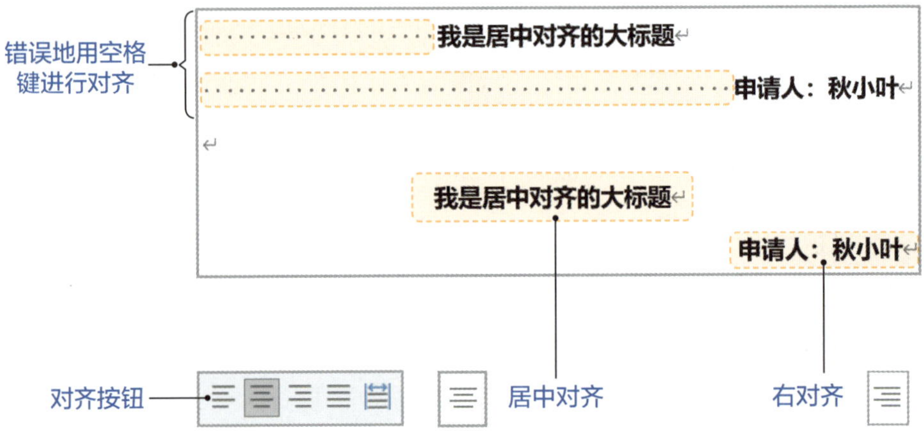

1.4.2　误用 2：按两次空格键实现首行缩进

在汉语写作规范中，文章段首需要空两格。使用 Word 时，很多人直接通过在段首按两次空格键来达到段首空两格的目的，但又分不清全角空格、半角空格，有时还忘记按了几次空格键，以致出现不必要的排版混乱。

此外，也有人习惯直接按 Tab 键，这样虽然也能实现首行缩进，但事实上 Tab 键默认缩进的是 0.76 厘米，并不是真正的两个汉字的宽度。

在 Word 中，更好的方法是通过【段落】功能组来设定首行缩进 2 字符。

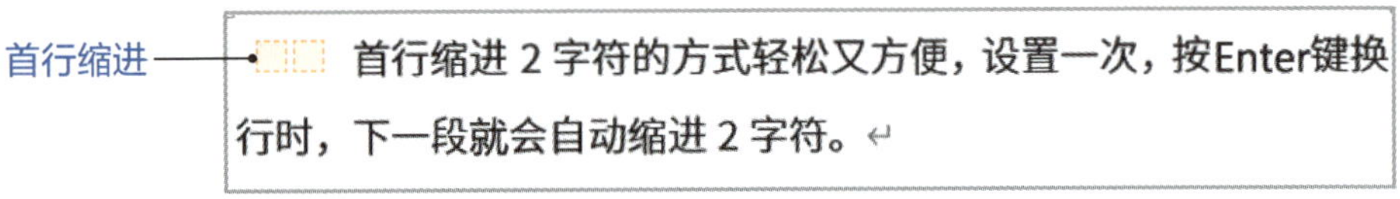

具体操作是，单击【段落】功能组右下方的扩展箭头，打开【段落】对话框，分别修改【特殊】和【缩进值】为【首行】和【2 字符】。有时候在第一段用按两次空格键的方法实现缩进两个字符并输入文字后，再按回车键（Enter 键），Word 也会识别出你想要首行缩进两个字符，进而自动帮你进行调整。

Step1 正常输入文字后，右击，选择【段落】选项，打开【段落】对话框

Step2 分别在【特殊】和【缩进值】中选择【首行】和【2 字符】，确认即可

注 下一个段落会延续这个特殊格式，无须再次设置

1.4.3 空格的正确用法

空格的正确用法如下。

第一种用法：空出一格形成间距，起到区分的作用。

① 在英文文档中，在单词之间插入一个空格，可使单词与单词区分开来。

② 在序号和文字之间插入一个空格，可使文档内容显得很有序。

第二种用法：填空题、判断题等需要空出位置，供答题者填写内容。

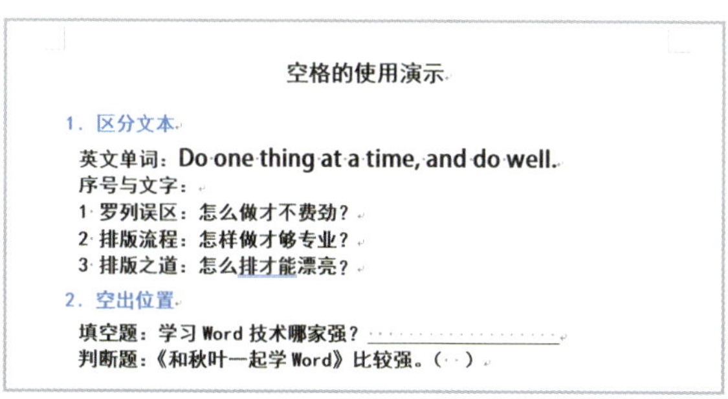
空格的使用演示

1. 区分文本

英文单词：Do one thing at a time, and do well.

序号与文字：

1 罗列误区：怎么做才不费劲？

2 排版流程：怎样做才够专业？

3 排版之道：怎么排才能漂亮？

2. 空出位置

填空题：学习 Word 技术哪家强？

判断题：《和秋叶一起学 Word》比较强。( )

图中的一个小灰点就是一个半角空格。不同情况下，空格的用法不同

注 需要打开【显示 / 隐藏编辑标记】才能看到小灰点

1.5 用标尺来控制文字位置

1.5.1 标尺是什么？怎么找到它？

视频案例

标尺是能够直观体现并控制文档对齐方式和页边距的一个工具。它的默认单位是“字符”，可以统一度量刻度，更方便对齐文档。

默认情况下，打开文档后，在功能区下方和文档左侧就会看到标尺。如果看不到，可以在【视图】→【显示】中的【标尺】选项前打钩让标尺出现。

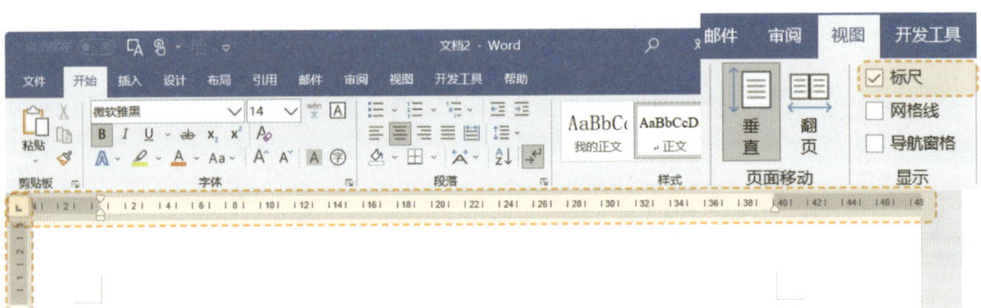

1.5.2 标尺怎么用？

以水平标尺为例，其包含 4 种缩进工具，每一种缩进工具的功能都不一样。

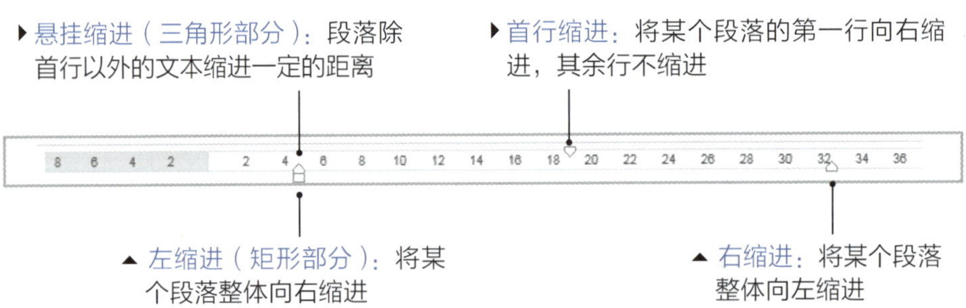

默认情况下，输入的文字是不进行缩进的。

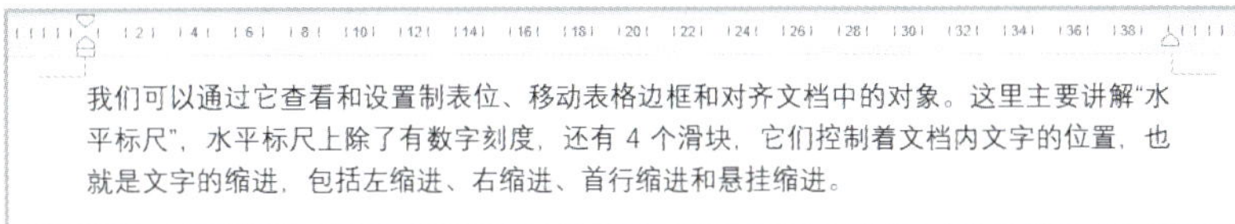

拖曳标尺上方的小三角形，即进行首行缩进，可以快速调节当前段落第一行的对齐位置。

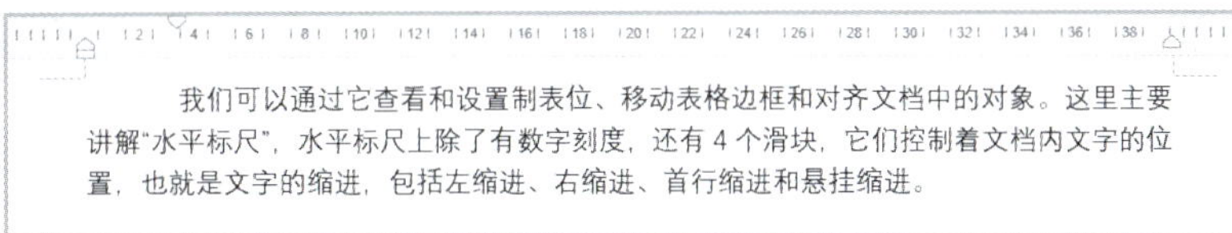

拖曳标尺下方的小三角形，即进行悬挂缩进，可以调节从第二行开始的对齐位置。

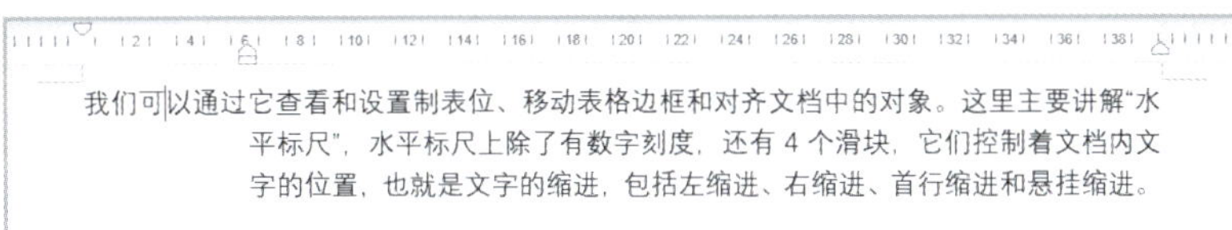

拖曳标尺下方的矩形和右侧的小三角形，即进行左、右缩进，可以调节整个段落左右两边的对齐位置。

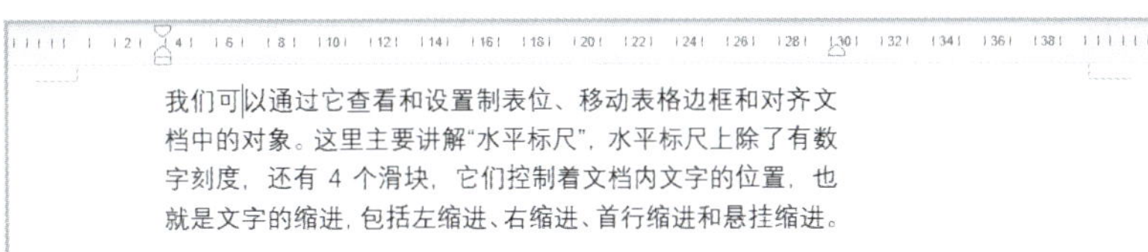

如果你想更精确地知道或控制对齐刻度，可以在段落格式中查看或进行相应的设置。

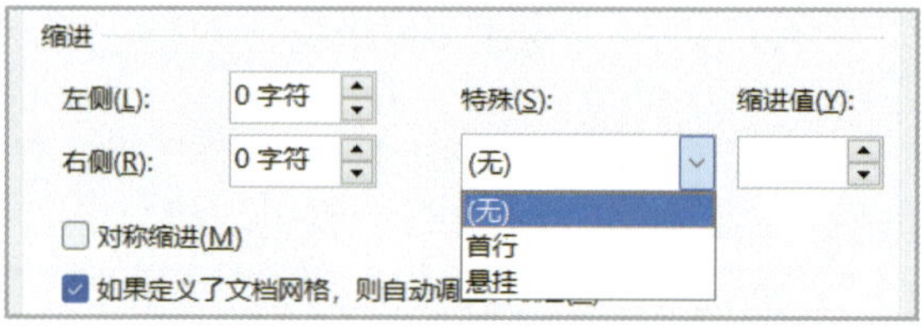

实例 标尺在文档排版中的实际使用场景

标尺除了可以用于文字缩进外，还可以帮助我们发现排版过程中出现的一些问题。下面举几个非常实用的案例来说明标尺给我们带来的意想不到的好处。

场景一：既想让落款“居中对齐”，又想让其“右对齐”

信函、申请书等文档的每一行落款字数常常不一致，为了美观需要将落款居中对齐然后整体放置在文档右下角。

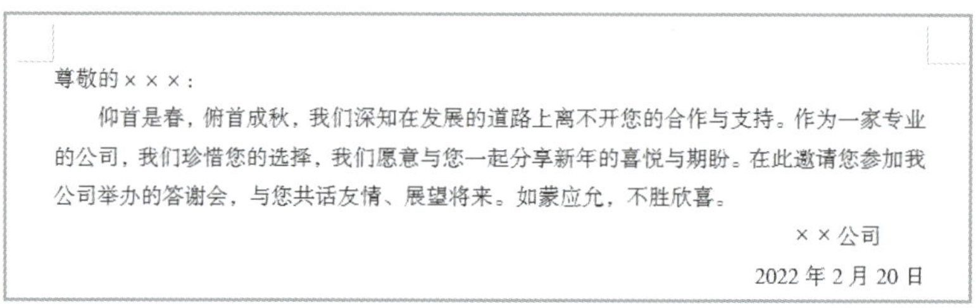
尊敬的 × × ×：

仰首是春，俯首成秋，我们深知在发展的道路上离不开您的合作与支持。作为一家专业的公司，我们珍惜您的选择，我们愿意与您一起分享新年的喜悦与期盼。在此邀请您参加我公司举办的答谢会，与您共话友情、展望将来。如蒙应允，不胜欣喜。

× × 公司

2022 年 2 月 20 日

▲ 选中两行落款，按快捷键 Ctrl+E 使其居中对齐，然后拖曳标尺左下角的矩形滑块，将落款整体拖曳到右侧的合适位置即可

场景二：判断图片是否真的居中对齐

在文档中插入图片后，延续了段落默认“首行缩进 2 字符”的格式，导致图片并未真正居中对齐，如果有标尺参考，就可以快速判断是否出现了这样的问题，并能快速解决。

▲ 图片已设置居中对齐，但观察左图标尺处，发现“首行缩进”滑块有一定位移，导致图片和图注并没有真正居中

场景三：使表格数据居中对齐

从别处复制过来的表格常常出现表格框内的数字始终无法居中对齐的情况，将光标置于单元格中再观察标尺就可以发现，文字产生了缩进。发现问题后，拖曳标尺进行相应的调整，表格数据就可以居中对齐了。

1.6 文本怎么总是对不齐？试试制表位吧！

很多人在对齐文本的时候都会下意识地使用空格，但是总是对不齐，特别是同一行有多栏文字的时候；碰到一行有多种对齐方式的时候，更是不知道从何处下手，结果就将文字排得很乱。

视频案例

左对齐	居中对齐	按小数点.对齐	右对齐
新人手册	和秋叶一起学职场技能	199.00	职场精英炼成记
文档处理	和秋叶一起学 Word	99.00	厉害了文档高手
表格数据	和秋叶一起学 Excel	129.00	将数据玩转手心
演示汇报	和秋叶一起学 PPT	169.00	摆脱幻灯片的折磨

文本对不齐这个问题很常见，但懂得巧妙将其解决的人却不多。一个已经被多数人忽视的工具——制表位（Tab stop），就能在不使用表格的情况下

快速对齐文本。

1.6.1　制表位是什么？

键盘上有个制表键（Tab 键），按一下就会在文档中形成一小段间隔，大部分人不知道这个按键的真实作用，常常把它当空格键用。单击【显示 / 隐藏编辑标记】按钮，按 Tab 键后页面中会显示浅灰色的小箭头，如果要让 Tab 键真正发挥作用，还需要配合使用制表位。

制表位就是停止按 Tab 键时光标所处的位置，即按 Tab 键形成的一段间隔，制表位则为这段间隔设定距离等属性。

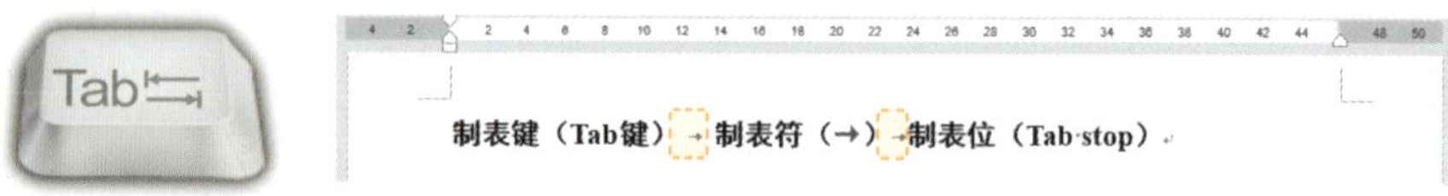

▲ 在显示编辑标记的情况下，按 Tab 键，能看到一个占据一格空间的灰色小箭头

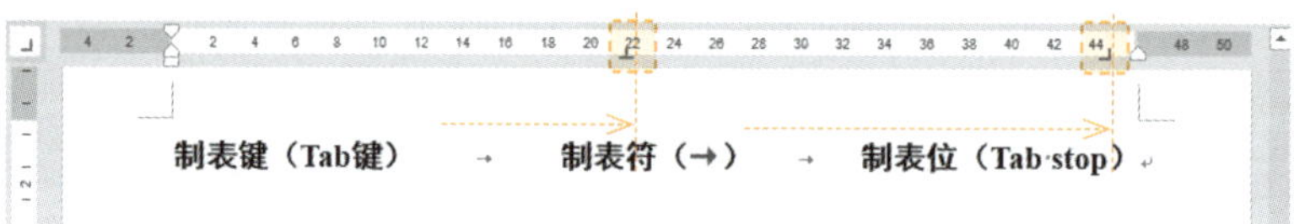

▲ 在添加居中对齐式和右对齐式制表符后，文本会按制表位位置自动对齐

进入制表位设置界面的方法有以下两个。

方法一：打开标尺，在左侧边缘的制表符选择器内选择某一种对齐方式的制表符后，在标尺上单击即可完成制表符的插入，双击标尺上的制表符即可进入制表位设置界面。

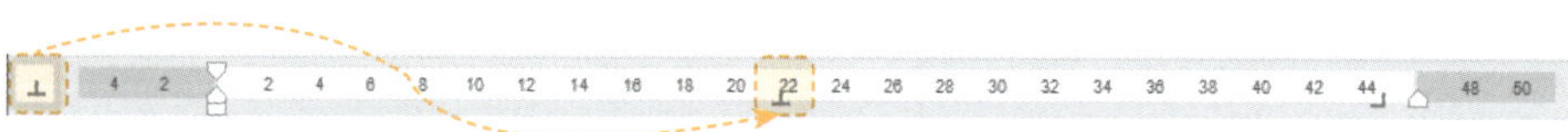

▲ 先在左侧边缘选择某种制表符，再在标尺上的某处单击，即可插入制表符；将制表符左右拖曳，可调整制表位的位置；将制表符拖出标尺即可将其删除

方法二：打开【段落】对话框，单击左下角的【制表位】按钮即可进入制表位设置界面。

制表位设置界面的内容包括制表位位置、对齐方式和引导符，精准地调整制表位的这 3 个属性可以满足不同的需求。

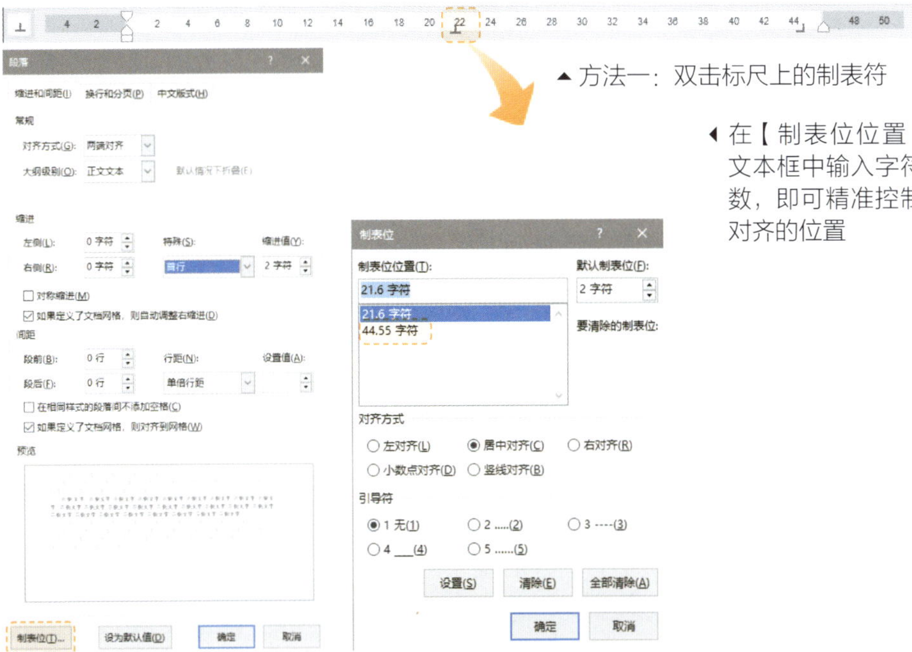

▲ 方法一：双击标尺上的制表符

◀ 在【制表位位置】文本框中输入字符数，即可精准控制对齐的位置

▲ 方法二：在【段落】对话框内单击【制表位】按钮

图示	名称	功能	备注
∟	左对齐式制表符	文本沿制表符左侧对齐	常用
⊥	居中对齐式制表符	文本沿制表符居中对齐	常用
┘	右对齐式制表符	文本沿制表符右侧对齐	常用
⊥.	小数点对齐式制表符	文本沿制表符按小数点对齐	有小数点时可用
|	竖线对齐式制表符	文中沿制表符插入竖线	不定位文本，仅提供一根参考线，不常用

▲ 制表位对齐方式主要有以上 5 种（首行缩进和悬挂缩进常单独使用，此处不列出）

制表位的引导符指的是插入制表位后文本前显示的内容，默认情况是无引导符（留空），还有其他形式（一串点、下划线等），我们比较熟悉的是自动生成的目录里的一串点，它就是制表位的一种引导符。

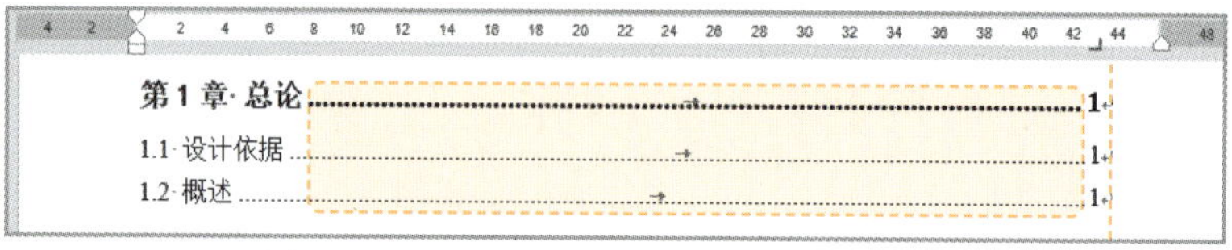

▲ 目录对齐的原理即制表位 + 引导符

1.6.2 制表位怎么用?

选择好制表符类型后，只要单击标尺的下沿就能够插入一个制表符。在文本中按 Tab 键即可插入一个制表符，从而把光标后边的文字“推”到下一个制表位进行对齐。通过拖曳调节制表位，就能迅速调整一行中多栏文字的对齐位置。

制表位比表格厉害的是，它并不是真的表格，而是具有段落的属性，因此它是对整个段落起作用的。制表位具有以下特性。

- 在未选择段落时设置制表位，它将对光标所在的那一整段起作用。
- 如果要让多个段落有同样的制表位设置，在设置制表位前选中多个段落即可。
- 在设置过制表位的段落中按回车键，新段落会延续上一段落的制表位设置。
- 可以用格式刷复制制表位的属性，将其应用于其他段落。
- 可以将制表位设置存储为样式，然后一键套用。

▲ 无论字数多少，均能按制表位精准对齐

实例　选择题排版

在排版选择题的过程中需要为题干部分添加统一的右对齐的括号，并使各个选项对齐。巧妙地选择合适的制表位就能完美解决这些问题，将制表位设置存储为样式后，还可以重复利用。

题干部分：统一的右对齐式制表符，保证每一题的括号右对齐在一条垂线上

选项部分：使用 3 个左对齐式制表符，保证每一题的选项左对齐在一条垂线上

实例　公式、编号排版

理工科的同学在写论文、研究报告时，需要使公式居中对齐、编号右对齐，大部分人的做法是先将公式及编号右对齐，然后在公式和编号之间插入空格，使公式居中对齐。这是费力不讨好的做法，其实，分别插入居中对齐式和右对齐式制表符即可。

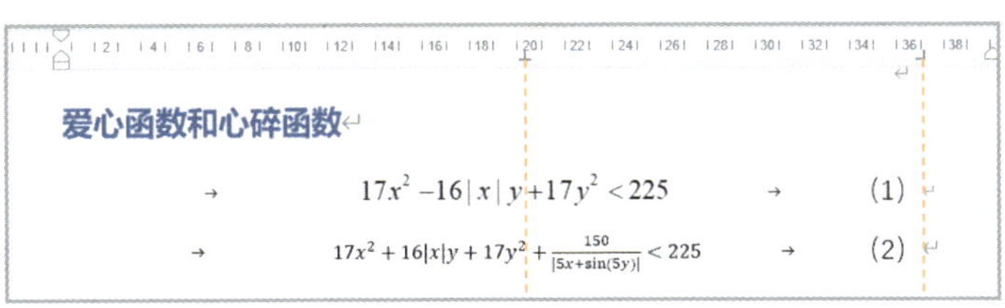

◀ 公式部分选择居中对齐式制表符，编号部分选择右对齐式制表符

1.7 回车还有软硬之分？

1.7.1 什么是软回车和硬回车？

视频案例

简单来说，直接按回车键产生的就是“硬回车”，而程序自动换行产生的叫“软回车”。

↵ 硬回车（段落标记）
按回车键使文字换行

↓ 软回车（官方名：自动换行符）
从网络上复制的文档的段落后常会出现

Word 中的很多操作都是基于段落的，如对段落进行整体缩进、编辑行距、对齐方式等，两个硬回车之间的文字为一个真正的段落，可以称其为**物理段落**，也是 Word 能识别的段落。

两个软回车之间的文字不能称为一个真正的段落，可以称其为**逻辑段落**。软回车是一种换行标记，可以通过快捷键 Shift + Enter 来直接输入。

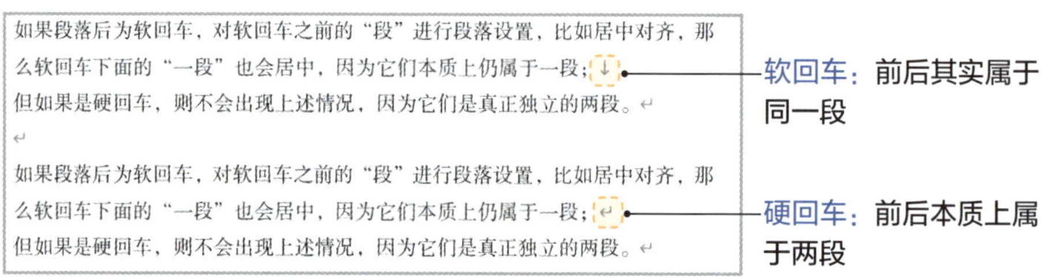
如果段落后为软回车，对软回车之前的“段”进行段落设置，比如居中对齐，那么软回车下面的“一段”也会居中，因为它们本质上仍属于一段；↓
但如果是硬回车，则不会出现上述情况，因为它们是真正独立的两段。↵
↵
如果段落后为软回车，对软回车之前的“段”进行段落设置，比如居中对齐，那么软回车下面的“一段”也会居中，因为它们本质上仍属于一段；↵
但如果是硬回车，则不会出现上述情况，因为它们是真正独立的两段。↵

1.7.2 软回车换行的优缺点

软回车给使用者带来的最大困扰是“段落”之间彼此牵连，因为软回车区分的前后两个“段落”本质上属于同一段落。

例如：需要为软回车之前的“段落 A”设置“样式 1”，为软回车之后的

"段落 B"设置"样式 2"，但由于 Word 认为两者属于同一个段落，因此只能设置一种样式。

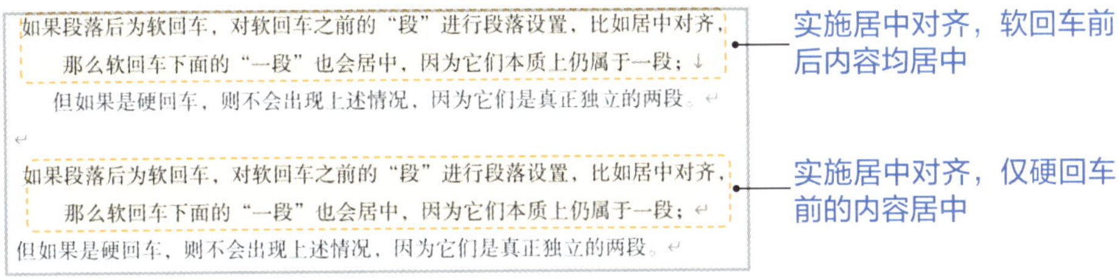

与上面的演示类似，如果标题和正文之间由软回车间隔开，那么设置标题样式时，正文也会变成标题样式，无法单独设置正文样式，此时需要将软回车换成硬回车。

但软回车的这一特点也有好处：出于美观和语义连贯的考虑，需要将长标题折行时，可以手动加入软回车，从而避免目录中出现两个标题。

▼ 现对标题做 3 种换行处理，观察目录变化

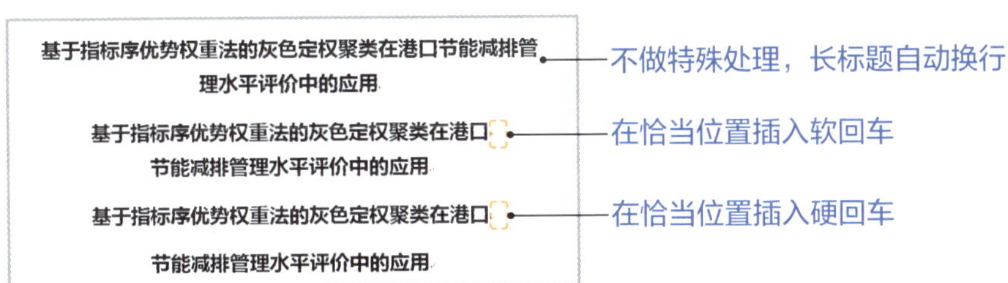

▼ 根据以上 3 种换行处理方式，对应生成的目录如下

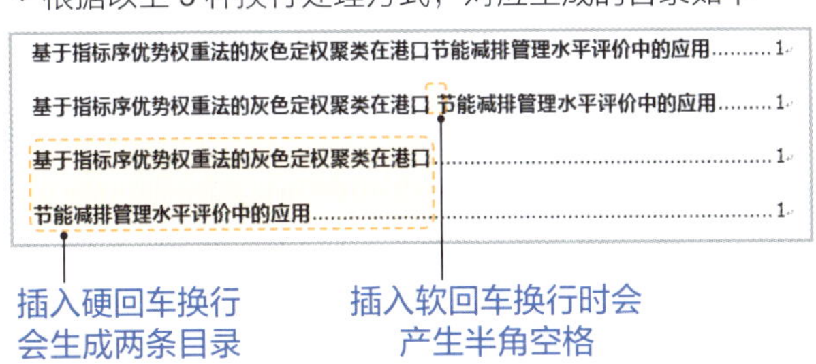

1.8 回车并不是用来调节段落间距的！

1.8.1 如何正确地调整段落间距？

为了让文档看起来清晰，标题与正文之间、正文各段落之间需要有明显的区别。你可能喜欢用按回车键的方式进行区分，但这样的操作既不能美化文档又浪费版面，如果空行出现在某一页页首版面将更加难看与不合理。

用按回车键的方式控制段落间距，在非正式文档中可以将就用一下，但在正式的文档中，建议使用 Word 中专门的工具——段落间距。

段落间距可细分为段前间距和段后间距，中文版 Word 默认单位为“行”，具体设置的值能够满足阅读需求就可以了，可多调试几次。建议一次只设置一种间距，避免某一段段前间距与上一段段后间距叠加，使段落间距过大。

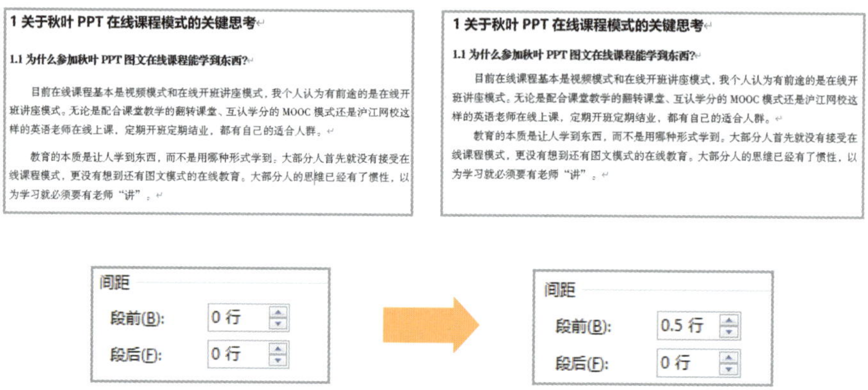

如果间距的单位要求为“磅”，则可以在框内将“0 行”删除，直接输入“数值 + 磅”（如输入“10 磅”）。

1.8.2 如何科学地进行分页？

编辑文档时，若需要另起一页进入下一章，大部分人常用按回车键的方式，这样的操作的确能快速达到目的（直接另起一页输入文字）。但随着前文文本增加，空行的位置不断后移，会使下一页页首出现大段空行。

为了避免这样的情况发生，我们可以插入分页符。

方法一：在需要换页处按快捷键 Ctrl + Enter。

方法二：将光标定位到需换页处，单击【插入】→【页面】→【分页】。

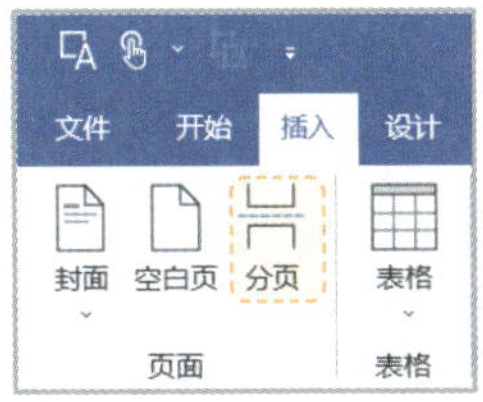

实例 使用分页符科学分页

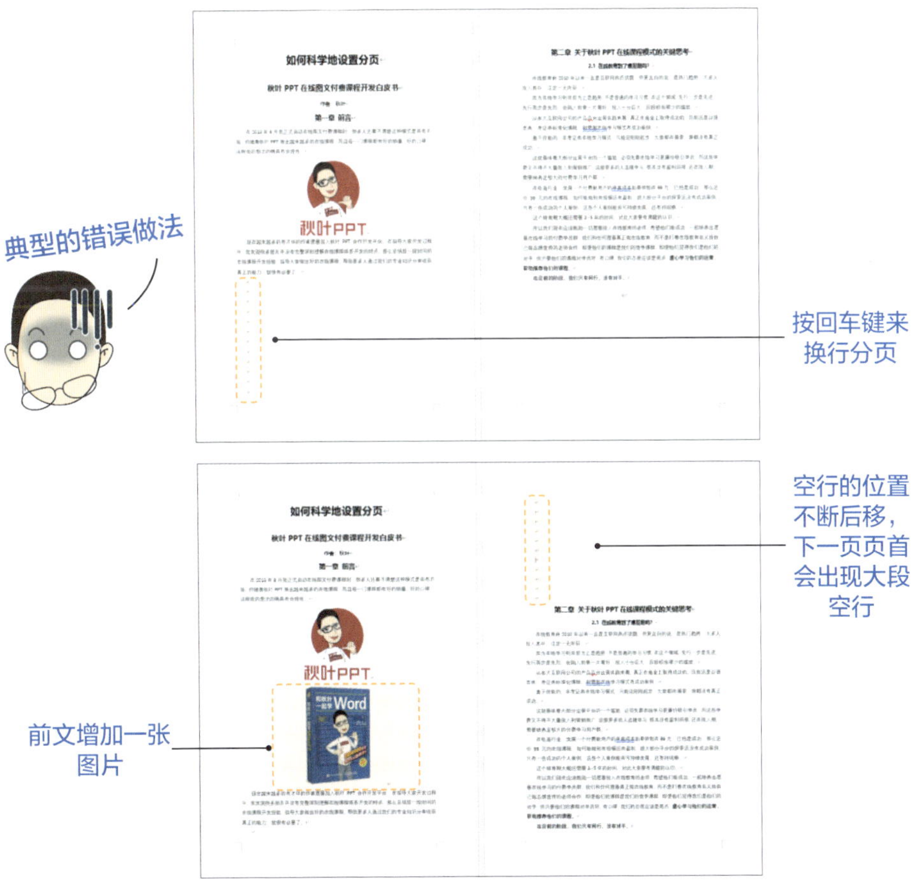

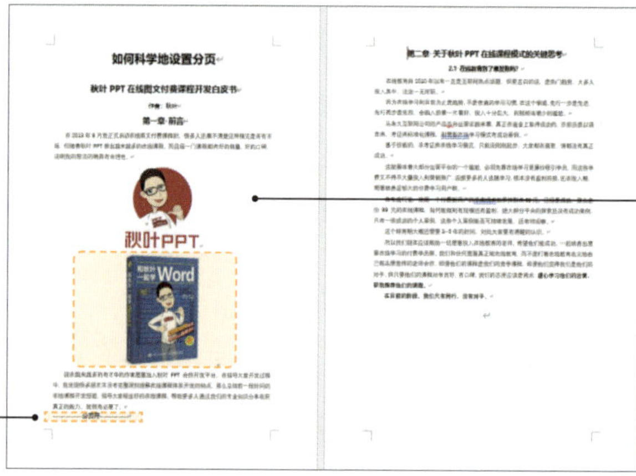

1.9 “拉仇恨”的Word自动编号

默认情况下，如果段落以字母（如“l”“n”）或数字“1.”（数字后必须有其他符号，如“1）”）开头，则 Word 会认为你在尝试使用项目符号或编号。这时一按回车键换行，Word 就会“自作主张”替你编号。

视频案例

但是这种自动化设置可能不合你的心意：①有时你并不需要编号；②有时需要编号，但编完号后，按回车键又会继续编号；③编完号发现序号与文字之间的距离太远……

Word 的这种自动套用格式设置，本意是为用户减少麻烦，有时却适得其反，其实“调教”好 Word 的自动编号功能，确实对提高工作效率有帮助。

1.9.1 如何永久禁止 Word 自动编号?

单击【文件】→【选项】→【校对】→【自动更正选项】→【键入时自动套用格式】，取消【自动项目符号列表】【自动编号列表】选项的勾选，Word 就再也不会自动编号了。

1.9.2 如何更好地使用自动编号功能？

在使用了几次自动编号后，如果我们在后续的段落中不再需要编号，只需要按两次回车键，即可取消 Word 的自动编号。

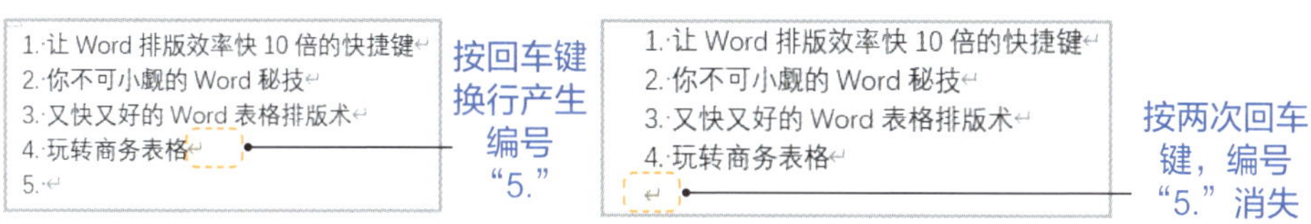

有时候编号和文字的间隔很大，我们只需要将光标放置在含有自动编号的段落中，右击，然后在菜单中选择【调整列表缩进】选项，在弹出的对话框中对【编号位置】【文本缩进】和【编号之后】等选项进行设置。

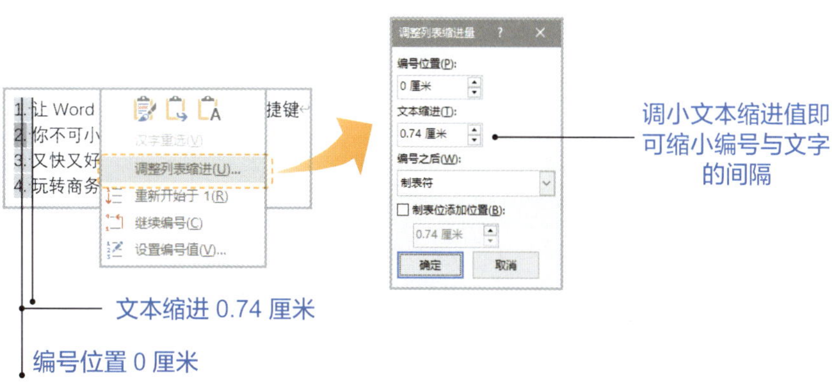

1.9.3 自动编号的替代方法

其实 Word 还提供了另一种编号功能，使用这种编号功能，可以给若干段文字编号。

【编号】按钮位于【段落】功能组中，包括多种编号样式，我们也可以自己新建个性化的编号样式。

如果一些样式的编号与文字的间隔较大，可用 1.9.2 小节的方法进行调整。

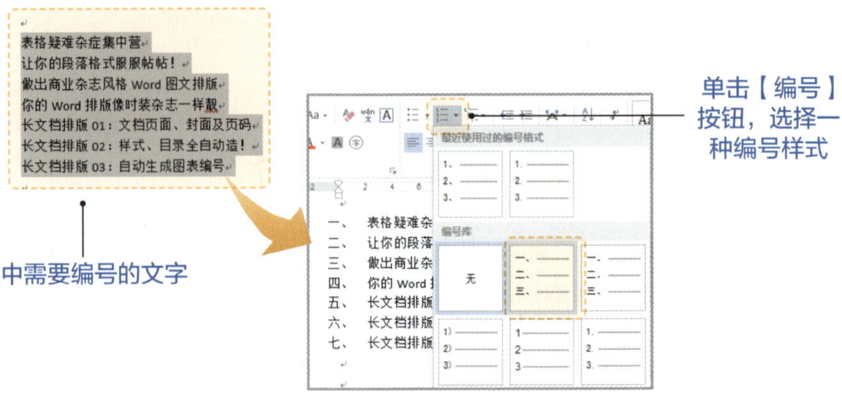

此处讲解的自动编号仅指在文档中手动插入编号后 Word 自动更正新编号的情况，其他形式的自动编号，如常见的文档各级标题的“多级列表”和图表的编号（题注）将在后面展开讲解。

1.10 好好的Word文档为什么别人打不开

你也许遇到过这样的情况——自己电脑上正常显示的文档，到了其他人的电脑上就打不开或者格式错乱了。

出现这种情况的原因基本上是双方使用的软件版本不一致，文件格式不兼容。

其实，从 Microsoft Office 2007 开始，Word 文件的后缀名已由“.doc”升

级为“.docx”，即在传统的文件后缀名后面添加了字母“x”。这样一来，新的基于 XML 的压缩文件格式取代了之前专有的默认文件格式，更加节约空间并且更加安全。不同版本的直接区别体现在兼容性方面，如 Word 2003 不能识别后缀名为“.docx”的文件，而 Word 2007 及以上版本则能向下兼容后缀名为“.doc”的文件。

如果今天我编辑的一份文档默认是 DOCX 格式，而老板用的是 Word 2003，那老板根本就无法打开这个文档。正因为如此，一方面我们要主动将文件保存为 DOC 格式，另一方面也要学会用 Word 2003 打开 DOCX 格式文件的方法。

用 Word 2021 编辑完文档后，按 F12 键（笔记本电脑一般为 Fn 键 +F12 键），可快速将文档另存为 DOC 格式的文件，如果不记得快捷键，也可以单击【文件】→【另存为】。但及时更新版本可为自己减少这些不必要的麻烦。

1.11 PDF文档如何才能变成可编辑的Word文档?

由于 PDF 文档具有保持文档原貌、跨平台传播等特点，越来越受用户欢迎。很多人在 Word 编辑过程中常常碰到 PDF 格式的资料，就想知道如何将 PDF 文档完整地转换为 Word 文档。

一般常见的 PDF 文档主要有两类：① 由 Word 转存而成，是可直接复制的文字型 PDF 文档；② 由扫描仪扫描纸质版文件生成的图片型 PDF 文档。

如果能将 PDF 文档转换成 Word 文档，就能减轻重新录入文字的负担。不过，由于二者是不同的编码系统，PDF 文档无法“完整”地被转换为 Word 文档，转换效果会打一定的折扣。本节提供了多种转换方案可选用。

1.11.1 由 Word 自动转换 PDF 文档

Word 2013 开始支持编辑 PDF 文档，用户只需要在 PDF 文档上右击，从菜单中选择使用 Microsoft Word 打开即可。在打开的过程中会弹出下图所示的对话框，提示用户 PDF 文档转换为可编辑的 Word 文档后，可能看起来与原文档有些不同，原文档包含大量图形时更易失真。

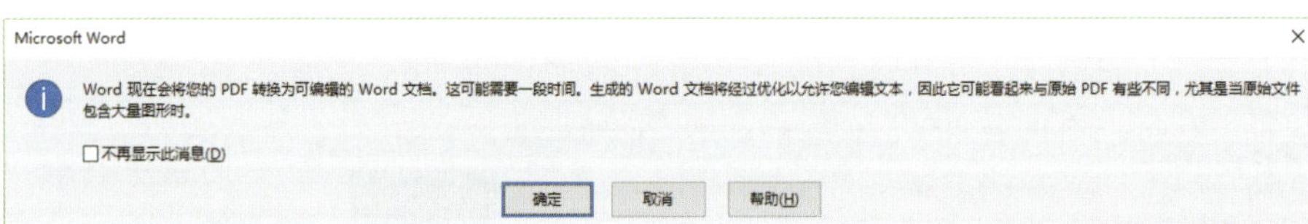

经测试发现，若 PDF 文档为 Word 文档另存生成的，转换效果较好；由扫描纸质文件生成的较清晰的 PDF 文档的转换效果较好，不清晰或格式较复杂的 PDF 文档在转换时，会出现以图片形式插入 Word 文档的假转换现象。

1.11.2 使用在线工具进行转换

登录 iLovePDF 网站，选择“PDF 转换至 Word”，上传 PDF 文档，单击转换即可。不过该网站对 PDF 文档的大小有一定限制，处理太大的文档时会受限。借助该网站我们还可以实现将 Word 文档逐页转换为图片。

在该网站中，图片型 PDF 文档的转换效果不佳，且文件转换数量及大小有限制。不过，该网站包含了各种与 PDF 文档相关的功能，能帮助我们轻松使用 PDF 文档。

Solid Documents 拥有非常实用的将 PDF 文档转换为 Office 文档的技术。iLovePDF 网站的在线转换工具和 Adobe Acrobat Pro 都使用 Solid Documents 的这项技术。用户可以下载其系列产品 Solid PDF Tools 在电脑上实现 PDF 文档的转换。

1.11.3　借助 ABBYY FineReader PDF 进行转换

ABBYY FineReader PDF 是一款 OCR（Optical Character Recognition，光学字符识别）文字识别软件，可以快速、方便地将纸质文件扫描件、PDF 文档及图像文件转换成可编辑格式，是目前市面上认可度较高的 PDF 转换工具。该软件功能强大，操作简单，界面友好，效果惊人，用户可以在官网下载并安装使用。

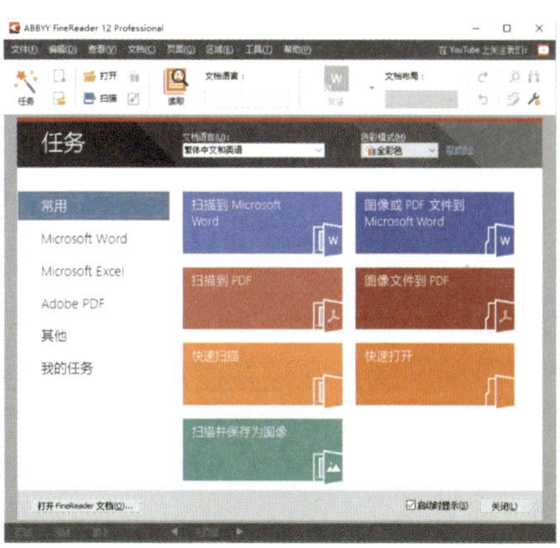

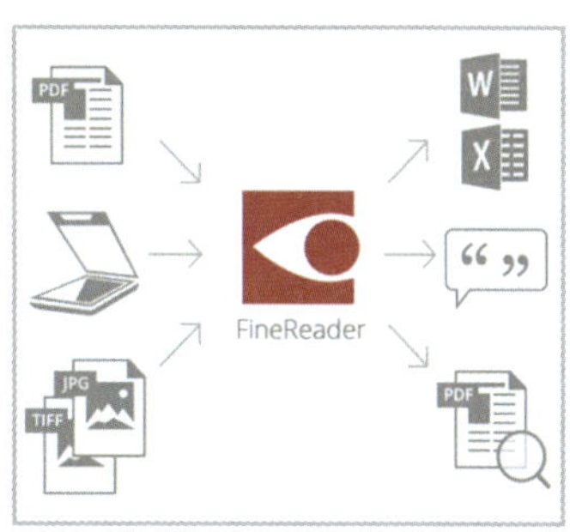

大多数 PDF 转换软件都离不开 OCR 技术，它利用光学技术和计算机技术将纸质文档中的文字转换成黑白点阵的图像文件，并通过识别软件将图像文件中的文字转换成文本格式。如何除错或利用辅助信息提高识别准确率，是 OCR 技术进一步发展的关键。**即使是声称有 99.8% 的识别准确率的 ABBYY FineReader PDF 也无法保证 100% 将 PDF 文档转换为 Word 文档，但如果我们熟练掌握 Word 的操作技巧，利用其排版功能就能弥补这些 PDF 转换软件的不足。**

1.12 竟然又没有保存！

许多人新建了一个 Word 文档后，连续打了几个小时的字，却由于各种原因在没保存文档的情况下关掉了 Word，或者重启了电脑。

忘记保存 Word 文档是非常常见的现象，这源于个人使用 Word 的习惯不好。无论我们在电脑上处理什么类型的文档，都应该养成及时保存的习惯。

推荐培养的习惯如下。

习惯 1： 新建文档后，不立刻打字，而是先保存文档，快捷键为 Ctrl + S。

习惯 2： 在编写 Word 文档的过程中，及时保存文档，随时按快捷键 Ctrl + S。

习惯 3： 将 Word 的自动保存时间调整为更短的时间，比如将默认的 10 分钟改为 5 分钟，这样就不会丢失编辑了 5 分钟以上的未保存的文档内容。

对于习惯 3，具体操作是单击【文件】→【选项】→【保存】，设置【保存自动恢复信息时间间隔】为 x 分钟，并勾选【如果未保存就关闭，则保留上次自动保留的版本】选项。这里的时间间隔越小，自动保存操作就越频繁。当 Word 文档很大时，频繁的自动保存可能会导致在使用 Word 的过程中出现卡顿。

有了以上设置，即使 Word 文档最终未保存或者软件意外关闭（断电、软件崩溃等），下次打开时，在文档左侧依然可以选择恢复最近一次保存的文档。

◀ 修改自动保存时间

▲ 在这里可以找到默认自动恢复文件的位置

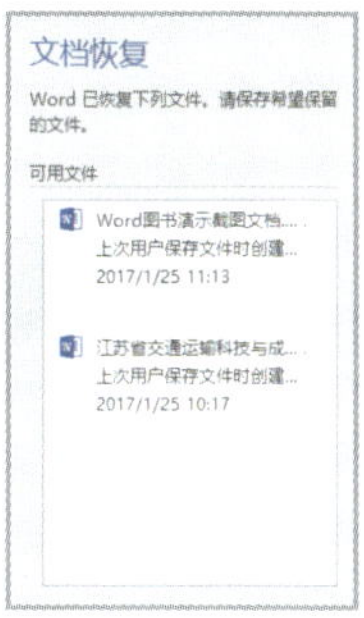

◀ 重新打开文档可恢复自动保存的版本

1.13 保存错了怎么恢复之前的版本？

有的人的确养成了及时保存的好习惯，但可能又会出现这样的状况：修改文档内容并保存后，发现自己的修改是错误的。

对于这种保存了错误修改内容的情况，如果还没有退出 Word，则可以使用【撤销】命令来撤销之前的操作，快捷键是 Ctrl+Z。

如果已经退出了 Word，则没有了补救办法。但是，我们可以提前做一些预防措施，即每次修改文档前先备份文档。

在【Word 选项】对话框中，可以启用 Word 自带的【始终创建备份副本】功能，这样在关闭文档时 Word 将自动创建该文档的备份，以备不时之需。

单击【文件】→【选项】→【高级】，找到【保存】区域，勾选【始终创建备份副本】选项。这样，以后每次编辑 Word 文档时，Word 都会自动保存一个副本，其文件名为“备份属于 ******.wbk”。

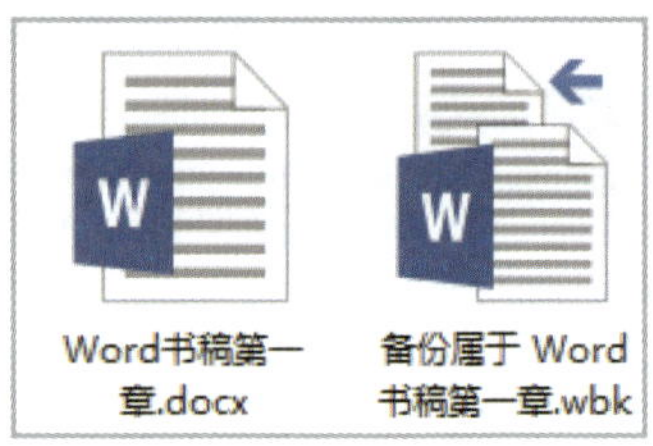

以下 4 点需注意。

① 后缀名“.wbk”是 word back 的缩写，代表 Word 文件的副本文件，方便用户在操作错误后需要恢复数据时使用。

② 将 Word 文件保存后即会生成副本文件。

③ 生成的副本文件与 Word 文件位于同一文件夹。

④ 再打开 Word 文件时，这个副本文件就会被更新。

我们也可以养成自己备份的好习惯，一般命名规则是“**文件名+版本号（第 *x* 版或修改日期）**”。

1.14 使用Word遇到问题还得找Word!

在使用 Word 的过程中，难免会遇到找不到某个功能按钮的情况，想找个熟悉 Word 的人问一问，可他偏偏不在身旁。其实 Word 具有良好的帮助系统，当你对某一功能不了解时，可以随时按 F1 键打开帮助菜单，或者在“搜索”框中输入你的问题。

这里以搜索“目录”为例进行介绍。从搜索结果中，你可以快速找到要使用的功能或要执行的操作。

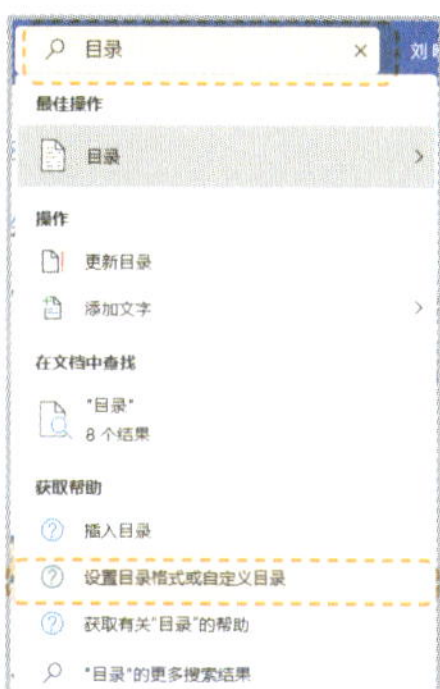

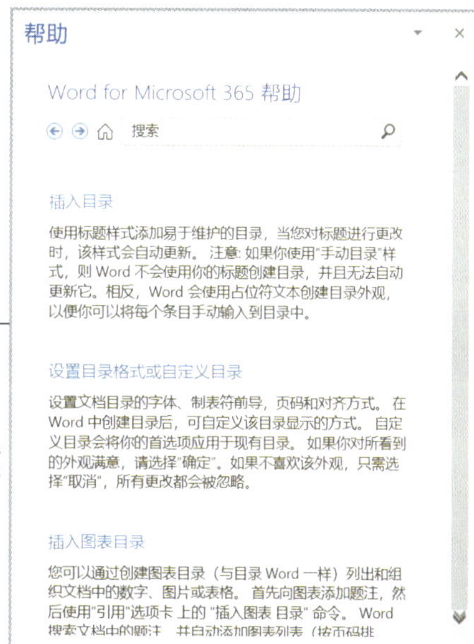

▲ 如果对目录还不够了解，可以选择【获取有关“目录”的帮助】选项

注 目前帮助系统内的文字都是由机器翻译的，因此仅供参考

Word 系统中的“帮助”功能，在联网情况下查询出来的内容很丰富，用户可以在不中断工作的情况下，直接在 Word 内就把问题解决了，从而大大提高工作效率。因此，下次有问题记得先“问问”Word 吧!

2 排版流程 这样做才专业

原来用科学的方式，不仅专业，而且高效。

本章教你掌握排版的基本流程。

2.1 排版流程：了解科学排版的过程

2.1.1 Word 排版的基础：文字处理

Word 的基本功能是用来做文字处理的。文字处理包括设置字体、字号、颜色、特殊效果等；文字组成段落后就有了段落设置，比如首行缩进、段落间距、对齐方式等。下图为一篇文档的基本文字处理。

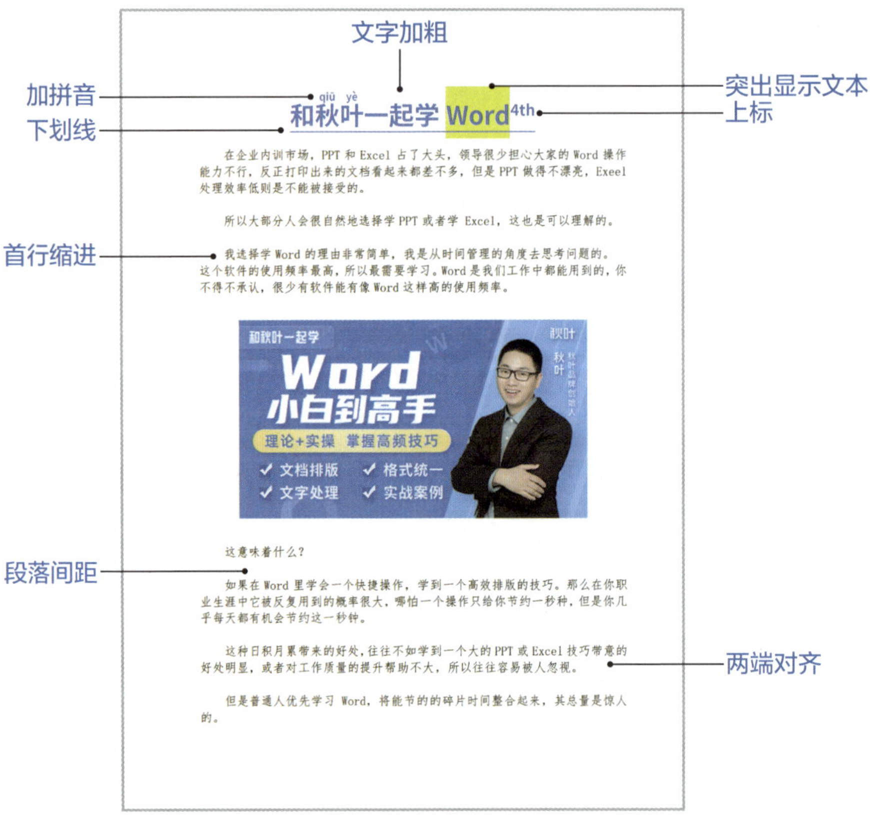

除了基本的文字处理，对页边距、页眉、页脚、页码、目录、题注、尾注等的设置，也是排版的内容。排版是一个高度组织化与结构化的工作，在

排版的过程中，使用自动化的功能，可以让排版更加快捷、方便。

Word 排版不宜追求花哨华丽，文档美观的标准应该是**文字易于阅读、段落层次清晰、图文布局合理**。Word 文档的美观性是不能用海报的标准去评判的。Word 排版应当是用最通用的格式和最高的效率给人最舒适的阅读体验。

2.1.2 Word 排版的典型元素

下图所示为 Word 文档中的一页，其基本包含了构成页面的所有元素，从中我们可以了解到排版排的究竟是什么，这些页面元素在后面内容中都会被讲到。

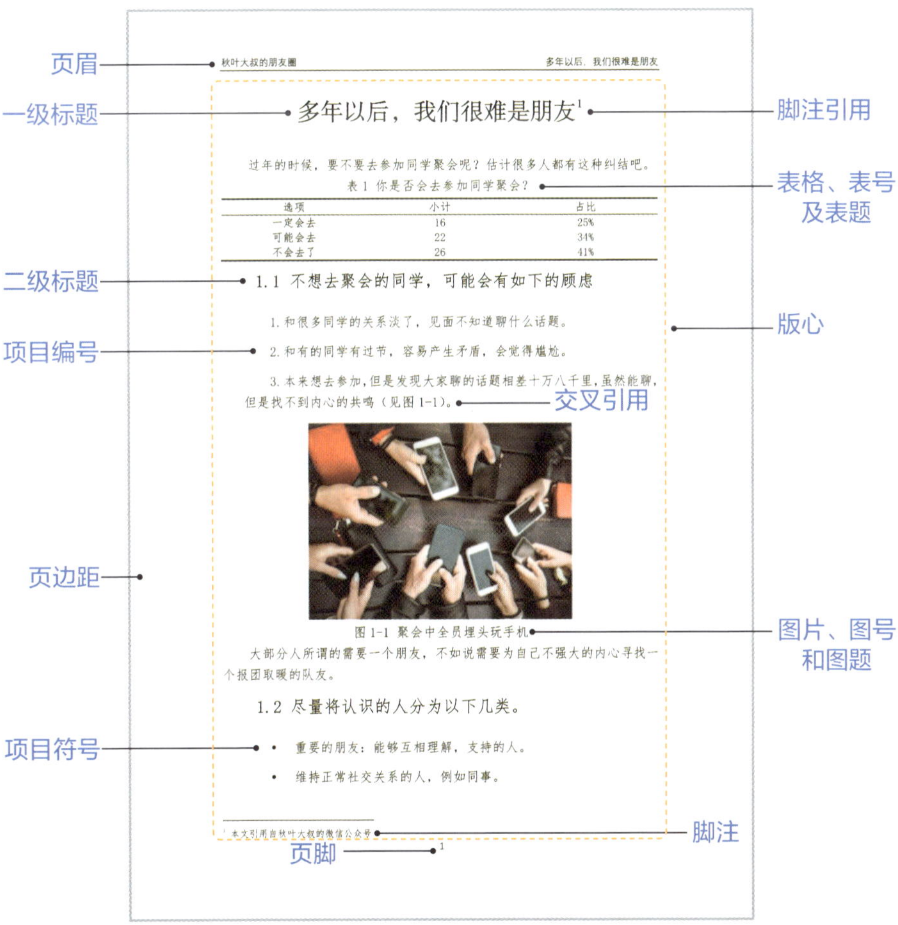

以上页面元素都是通过 Word 排版制作出来的，它们属于显性元素。除此以外，还存在一些隐性的排版效果，比如奇偶页页眉不同、多重页码系统、每章从奇数页开始等。

2.1.3 Word 排版的两种模式

现实生活中，大部分人都是先输入文字、插入图表，一切搞定之后才考虑排版的问题。在这种情况下，排版之前的 Word 文档只能算作带有文字、图表的 TXT 文档，在后期进行格式调整时，通常会反复使用格式刷。这种排版模式一般称为**改造 Word 文档**。对于这种后天“拼命”的方式，如果没有掌握一定的技巧，效率会比较低。

另一种排版模式为**一边录入一边排版**，也许你会觉得，这样会导致写作时分心。但使用这种排版模式的前提是格式与内容分离，事先设置好格式，录入文字的时候就不需要操心格式问题了，只需要专心写作。

事实上，这两种模式都可能被用到，针对不同的情况，我们要采用不同的模式。这两种模式之间还有共通的地方。

1. 改造 Word 文档

制作 Word 文档时可能会遇到这些情况：事先没有为文本设置格式，或者设置了多余的格式（比如段落之间出现了空行），或者设置的格式不统一（比如段落间距、行距前后不统一）。

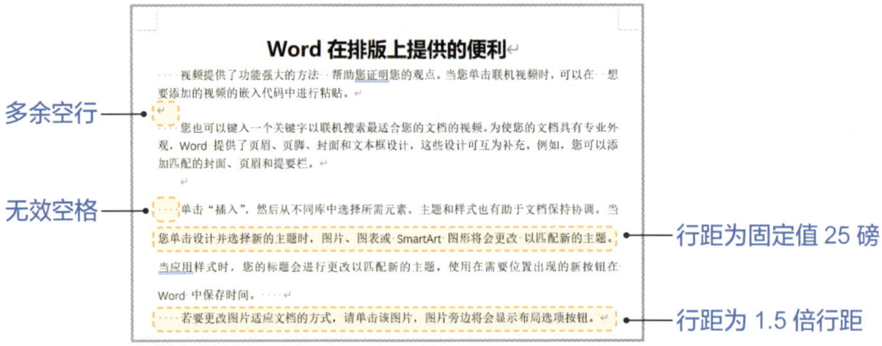

以上情况都会成为排版时的障碍，所以改造 Word 文档的第一步就是清除全文格式，具体可以参考以下几步。

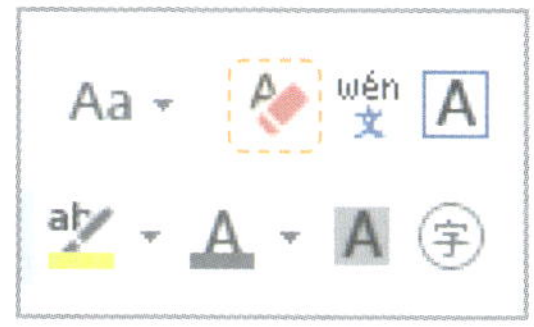

❶ **清除全文格式：** 按快捷键 Ctrl+A 选中全文，在【开始】选项卡中单击【清除格式】按钮 。

❷ **清除全文空行：** 按快捷键 Ctrl+H，打开【查找和替换】对话框，在【查找内容】文本框中输入“^p^p”，在【替换内容】文本框中输入“^p”，单击几次【全部替换】按钮，直至将空行全部清除。

❸ **清除无用空格：** 按快捷键 Ctrl+H，打开【查找和替换】对话框，在【查找内容】文本框中输入“^w”，【替换内容】文本框中不输入任何内容，单击【全部替换】按钮。**（注意避免删除有效的空格。）**

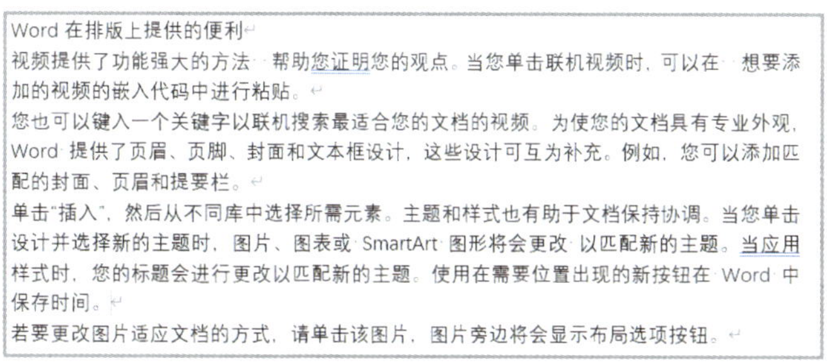
Word 在排版上提供的便利

视频提供了功能强大的方法 帮助您证明您的观点。当您单击联机视频时，可以在 想要添加的视频的嵌入代码中进行粘贴。

您也可以键入一个关键字以联机搜索最适合您的文档的视频。为使您的文档具有专业外观，Word 提供了页眉、页脚、封面和文本框设计，这些设计可互为补充。例如，您可以添加匹配的封面、页眉和提要栏。

单击“插入”，然后从不同库中选择所需元素。主题和样式也有助于文档保持协调。当您单击设计并选择新的主题时，图片、图表或 SmartArt 图形将会更改 以匹配新的主题。当应用样式时，您的标题会进行更改以匹配新的主题。使用在需要位置出现的新按钮在 Word 中保存时间。

若要更改图片适应文档的方式，请单击该图片，图片旁边将会显示布局选项按钮。

这样我们就得到了**一个没有多余格式的文档，接下来的操作就是与一边录入一边排版模式共通**的：先从头开始设置样式，然后分别套用样式，为图片添加自动编号（图号），在文中引用图片编号（交叉引用），最后进行页眉、页脚的处理。

2. 一边录入一边排版

一边录入一边排版模式其实是指我们需要在录入内容前有一个整体规划，并准备好接下来需要用到的段落样式，也就是准备好“格式”，之后再录入“内容”。从宏观上来看，一边录入一边排版模式的应用包括以下 4 步。

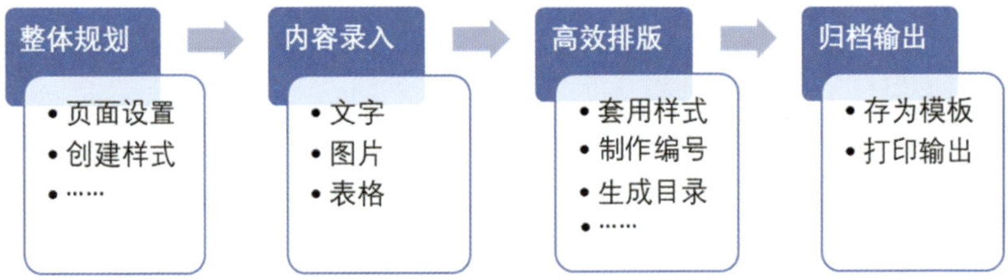

整体规划——排版之前就需要根据要求做好页面设置并创建样式，如确定纸张大小、方向、页边距、页眉和页脚的距离等，确定好各级别内容的文本格式与段落格式，以便在排版时一键套用。

内容录入——录入文字、图片、表格等内容，这一部分内容将会在本书的第 3 章详细讲解。

高效排版——完成内容录入后，需要根据格式要求快速套用样式，并生成编号、目录，设计页眉和页脚以及添加页码等。这一部分内容将会在本书的第 4 章详细讲解。

归档输出——对于只使用一次的文档，完成后归档即可；如果是需要重复用的文档，可以在完成排版之后将其存为模板，方便以后重复调用。文档排版完成后如果在输出时出了问题，所有的努力就都白费了，有关输出的内容将在本书的第 6 章进行介绍。

2.2 整体规划：确定文档的页面布局与样式

2.2.1 页面参数设置

Word 排版的第一步就是设置好整个 Word 页面，即设置好纸张大小、页边距、版式、文档网格等。论文、试卷、书籍等对页面设置有不同的要求。

首先我们先了解一下 Word 的页面结构。

版心：Word 文档中输入内容的部分，即正文部分。

页边距：包括上、下、左、右页边距，即正文部分四周的留白。Word 内置了普通、窄、适中和宽等页边距预设，用户可以直接使用。

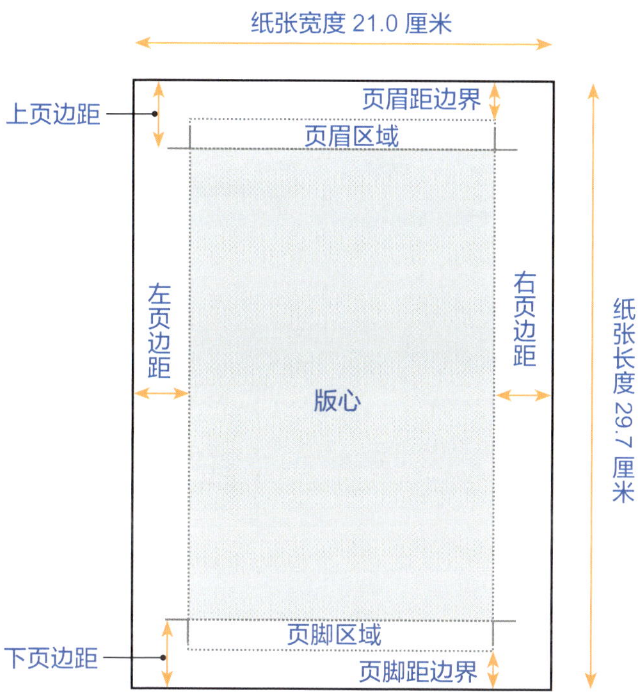

页眉、页脚区域：分别包含在上、下页边距内，通常用于显示文档的附加信息，如时间、日期、页码、单位名称、徽标等；在某一页的该区域插入的内容会在全文中同步显示；关于页码的内容将在 4.5 节详细讲解。

页眉、页脚距边界：分别指页眉文字上方的空白区域和页脚文字下方的空白区域，在印刷行业又分别被称为天头和地脚。

纸张大小的调整

Word 文档的纸张大小默认为 A4，即 21 厘米 ×29.7 厘米。

如果有特别的需要，可以在 Word 的【布局】选项卡中单击【纸张大小】按钮，在展开的菜单中选择合适的纸张大小选项，选择【其他纸张大小】选项后，可以对纸张尺寸进行自定义设置。

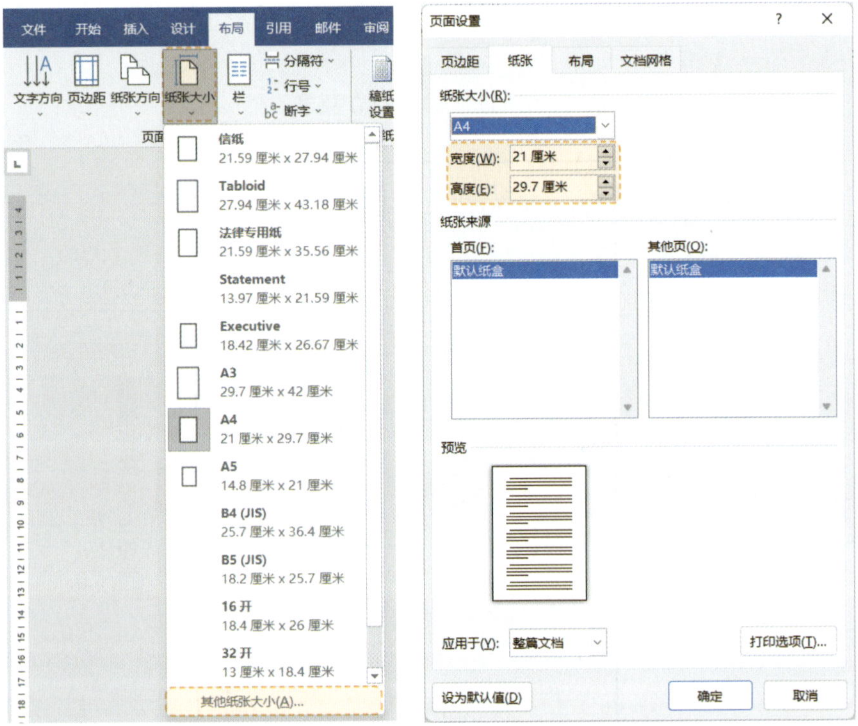

纸张页边距的设置

设置页边距相当于给页面四周留白，让文档显得更整洁。但如果页边距设置得不恰当，则会产生不良影响如四周留白过大会浪费版面。

在【布局】选项卡中单击【页面设置】功能组右下角的扩展按钮，打开【页面设置】对话框，在【页边距】选项卡中即可进行页边距的具体设置。

页眉和页脚尺寸的调整

在设置完纸张大小和页边距之后，我们才能进一步设置页眉和页脚，最终确定页眉和页脚的尺寸。页眉和页脚尺寸的计算公式如下。

页眉 = 上页边距 – 页眉距边界的距离

页脚 = 下页边距 – 页脚距边界的距离

在【页面设置】对话框中，单击【布局】选项卡就可以设置页眉、页脚与边界的距离。

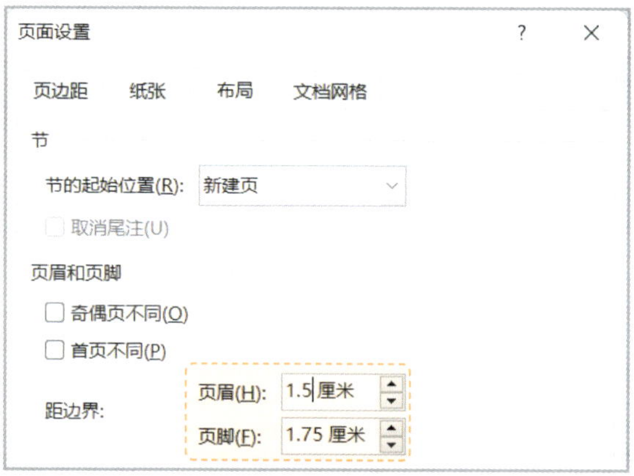

拓展：如果需要双面打印并设置装订线怎么办？

有时我们需要双面打印，并且希望能够在文档的一侧留出空间用于装订，但在双面打印时每一面所要留出的空间其实是不一样的，比如默认在左侧装订，那么奇数页的左侧要留出较多空间，而偶数页则是在右侧留出较多空间。

想达到这样的效果，可以在【页面设置】对话框的【页边距】选项卡中进行设置。

① 修改【页码范围】为【对称页边距】，此时，左、右页边距变成内侧、外侧页边距。

② 把【装订线】设置为【1 厘米】，内侧、外侧的页边距分别设为【2.5 厘米】。

2.2.2　排版样式设计

设置完页面参数之后，不要着急录入内容，应该先创建或修改后面可能会用到的样式，这样就可以在录入内容的时候不用为设置文本、表格等元素的格式而烦恼了，录入完成后，统一进行样式应用就好。

⚙ 文本样式

文本样式是同时包含字体、段落、编号、边框等不同格式，帮助我们实现自动化排版的基础工具。它位于【开始】选项卡的【样式】功能组中，右击任意样式，选择菜单中的【修改】选项即可看到样式的详细参数，单击左下角的【格式】按钮，可选择对字体、段落等格式进行修改。

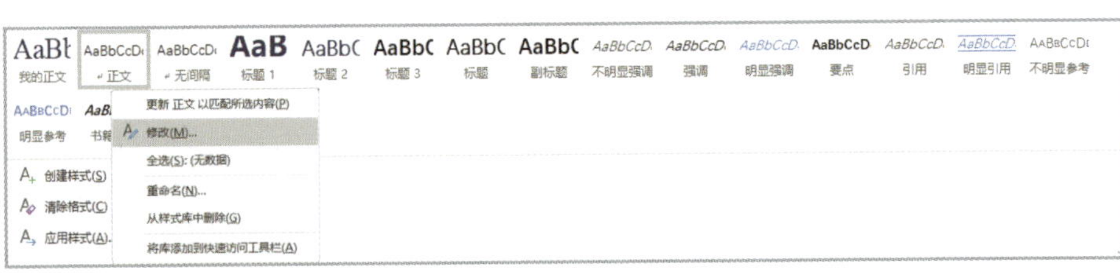

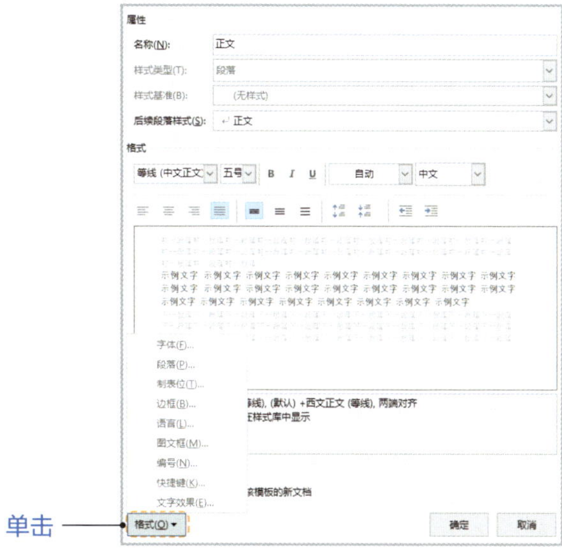

表格样式

表格样式在【表格工具－表设计】选项卡的【表格样式】功能组中，【表格工具】选项卡只有在选中表格或者将光标置于单元格中时才会出现。

表格样式包含了边框和底纹、字体、段落等不同格式，我们可以在现有样式的基础上进行修改，也可以根据需要新建表格样式。单击【表格样式】功能组中的【其他】按钮，选择【修改表格样式】选项，即可看到所选表格样式的详细参数，单击左下角的【格式】按钮，可选择对表格属性、边框和底纹等进行设置。

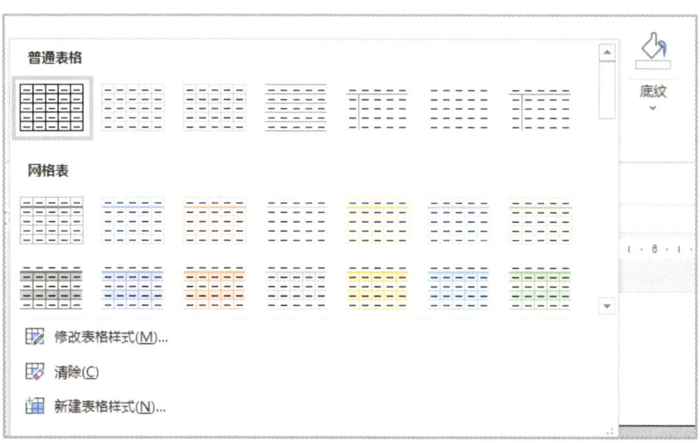

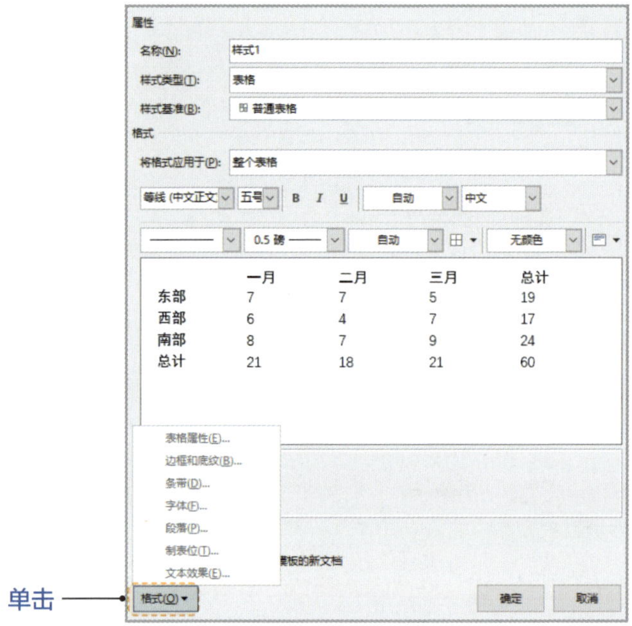

2.3 内容录入：完成文本、图片、表格等的录入

2.3.1 在文档中录入文本

文字是构成文档的最基本的元素，文字的录入以文档中闪烁的光标为起点，并且一般是从左往右进行的，达到版心的最右侧时光标会自动转到下一行。在录入完一段内容后，按回车键就可以另起一段。

除了文字之外，符号也属于文本。常见的符号，如标点符号和四则运算符，都可以直接通过键盘进行输入，而一些特殊符号的输入则要费些功夫，一般可以通过单击【插入】选项卡中的【符号】按钮，通过【符号】对话框进行输入。

2.3.2 在文档中插入图片

图片是丰富页面的元素之一，在文档中插入本地图片的方法很简单，在【插入】选项卡中单击【图片】按钮，在展开的菜单中选择【此设备】选项，之后在【插入图片】对话框中找到相应的图片文件单击【插入】按钮即可。

2.3.3 在文档中插入表格

如果文档中需要清晰地展示数据，表格就是最合适的载体。插入表格的方法如下。

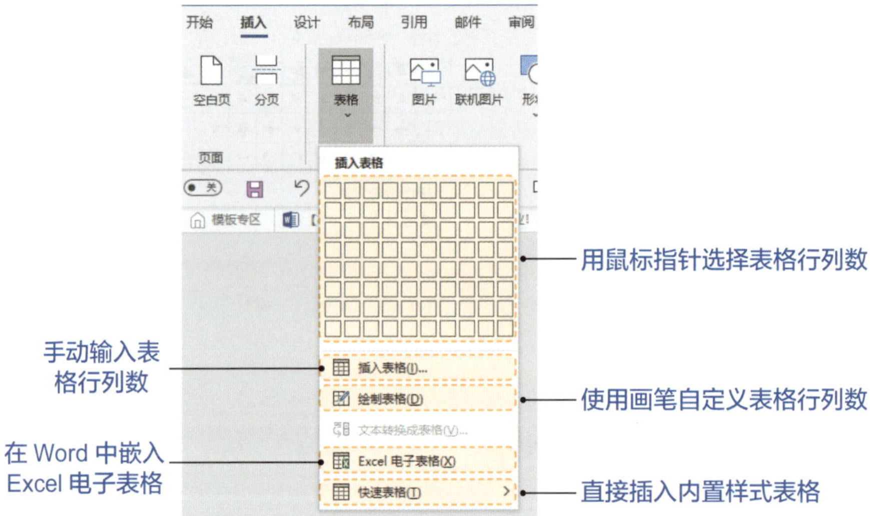

表格“天生”带有框线，用户可以借助拆分、合并单元格和隐藏表格框线等功能来进行不同形式的排版。

和秋叶一起学 Word	和秋叶一起学 PPT

和秋叶一起学 Word

和秋叶一起学 PPT

更多表格的排版知识，将会在本书第 3 章详细讲解。

2.3.4 在文档中录入其他元素

除了文字、图片和表格这 3 种常见的文档元素外，还有一些能够丰富页面的元素，比如形状、图标、SmartArt 图形、文本框、艺术字，甚至是一些其他格式的外部文件。对于这些元素，我们同样可以在【插入】选项卡下进行相关操作。

2.4 高效排版：利用样式实现自动化排版

2.4.1 快速套用样式

完成了内容的录入，接下来我们需要做的就是快速为内容应用样式。下面以为文本和表格应用样式为例进行讲解。

✿ 文本样式的应用

将光标置于相应的段落中，单击【开始】选项卡【样式】功能组中的样式即可。应用样式可以快速为文档分级。一般来说，长文档的段落与应用的样式的对应关系如下。

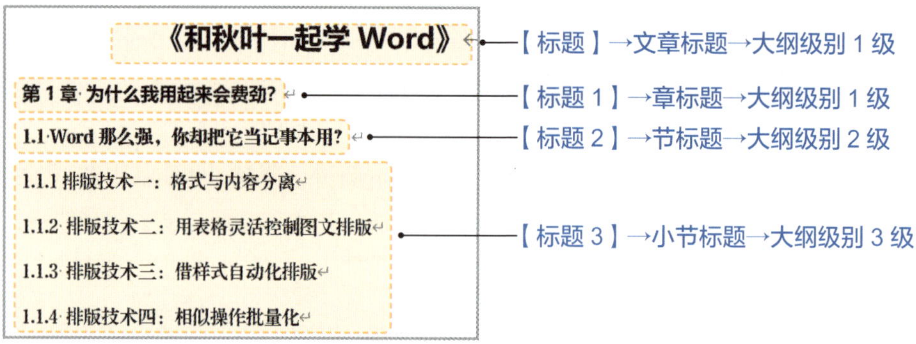

✿ 表格样式的应用

单击表格左上角的⊞按钮可以选中整个表格，然后在【表格工具－表设计】选项卡中选择对应的表格样式，就可以一键完成表格样式的套用。

	负责人	价格/元
PPT训练营	秋小妹	1799
PPT副业变现训练营	秋钱钱	1999
Excel数据处理训练营	秋小E	1799
Excel数据分析训练营	秋析析	1999

	负责人	价格/元
PPT训练营	秋小妹	1799
PPT副业变现训练营	秋钱钱	1999
Excel数据处理训练营	秋小E	1799
Excel数据分析训练营	秋析析	1999

2.4.2 为各级标题自动添加编号

手动添加编号一定是很多人的噩梦，其实 Word 提供了非常强大的编号功能，不仅有段落列表编号，图片、表格编号，还有长文档的各级标题编号，大大减轻了用户添加及调整编号的负担。下页图所示分别为段落列表、表格、图片以及长文档多级编号。

秋叶 PPT 的在线课程有：
1. 和秋叶一起学 PPT；
2. 和秋叶一起学 Word；
3. 和秋叶一起学 Excel；
4. 秋叶 Office 三合一；
5. 工作型 PPT 应该这样做；
6. 和秋叶一起学 Photoshop。

表 2.1 码头土层物理力学性质表

序号	土层名称	土层厚度	天然重度	黏聚力	内摩擦角
		m	KN/m^2	KPa	°
1	粉细砂	8.93	18.0	0	30
2	淤泥质黏土	7.80	17.5	24	17
3	中粗砂	8.10	18.0	0	32

图 1.1 和秋叶一起学 Word

第 2 章 排版流程这样做才专业
2.1 排版流程：了解科学排版的过程
2.1.1 Word 排版的基础：文字处理
2.1.2 Word 排版的典型元素
2.1.3 Word 排版的两种模式
2.2 整体规划：确定文档的页面布局与样式
2.2.1 页面参数设置
2.2.2 排版样式设计
2.3 内容录入：完成文本、图片、表格等的录入
2.3.1 在文档中录入文本
2.3.2 在文档中插入图片
2.3.3 在文档中插入表格
2.3.4 在文档中录入其他元素

2.4.3 为文档添加页眉和页脚

页眉和页脚除了可以丰富页面内容之外，还具有一定的导航作用。例如，为了让读者快速定位阅读内容，我们可以在页眉处添加章名和章号，在页脚处添加页码。

双击页眉或者页脚区域就可以进入页眉页脚编辑状态，之后的操作就和在版心中的没有太大区别，我们可以通过【页眉和页脚】选项卡插入文本、图片、表格等。但是需要注意，如果插入元素的尺寸超出了页眉或页脚的尺寸页眉或页脚区域就会自动扩大，从而导致版心变小。

页码作为页眉和页脚中比较特殊的一部分，被单独划分了出来。页码可以出现在页眉、页脚甚至是页面两侧。页码格式的自定义性很强，具体的内容会在第 4 章为大家讲解。

2.4.4 让文档自动生成目录

对于有一定篇幅的文档，在正式阅读前，我们都需要一份目录来把握其结构框架。对于使用了样式进行排版的文档，我们可以使用 Word 提供的自动生成目录功能来生成目录。

在【引用】选项卡下，单击【目录】按钮，选择自动目录模块里的任意一个目录样式，Word 就会自动生成一份结构清晰的目录。

生成目录后，就算文档有所改动使对应内容的页码发生了变化，我们也只需要在目录区域右击，在弹出的菜单中选择【更新域】选项，就可以更新整个目录。

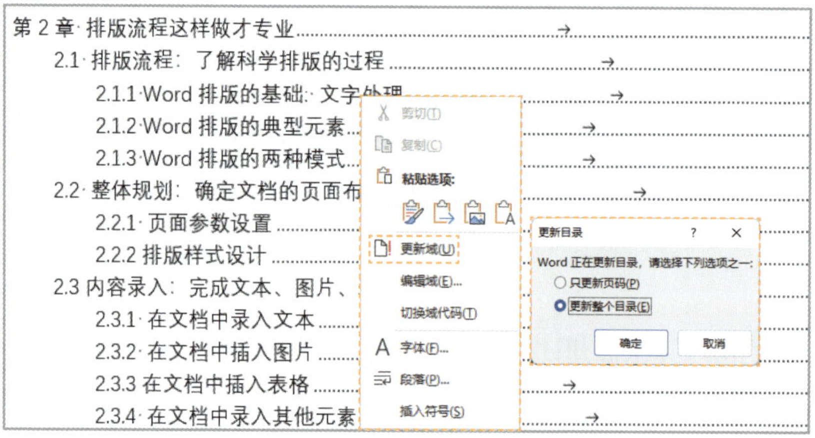

2.5 归档输出：文档的打印

2.5.1 将重复使用的文档存为模板文件

对于以后工作中需要反复编写的文档，建议大家按照页面要求和格式要求，在设置好页面布局及样式之后，将文档保存为后缀名为“.dotx”的模板文件。

操作步骤如下。

第一步：新建一个空白文档。

第二步：为文档设置好页面布局及样式。

第三步：在文档中添加使用了样式的示例文本。

第四步：将文档另存为后缀名为“.dotx”的模板文件，并将模板文件移动到对应的工作文件夹中。

2.5.2 打印 Word 文档

将 Word 文档排版完后，就可以打印了，单击【文件】→【打印】，或者按快捷键 Ctrl+P 快速打开打印界面。在打印预览界面我们可以对文档的打印效果有直观的了解。

如果担心直接打印 Word 文档会出现格式错乱的问题，可以先将 Word 文档导出为 PDF 格式文件再进行打印。

3

排版之“本”

排版前你需要知道这些

本章全方位介绍 Word 排版的相关元素。

3.1 溯流穷源：文本处理

3.1.1 文本的插入与改写

视频案例

文本是 Word 文档最为重要的组成元素，同时，Word 也为文本处理提供了相当丰富的格式设置工具。但是在设置文档格式之前，我们需要了解如何正确地输入文本、选择文本以及移动文本。

有的时候，我们在 Word 中输入文字时，光标后面的字突然消失了！这其实是 Insert 键在“捣鬼”，它平时没啥用，但如果我们不小心按到了它就会出现问题。按 Insert 键后，Word 进入改写状态，输入的文字会自动覆盖后面的文字，解决方法就是再按一下 Insert 键。

原句：单身现象，已经|越来越普遍。 ——→ 想要的结果：单身现象，已经在中国|越来越普遍。

输入“在”字 ——→ 单身现象，已经在|来越普遍。（少了一个“越”字。）

输入“中”字 ——→ 单身现象，已经在中|越普遍。（又少了一个“来”字。）

输入“国”字 ——→ 单身现象，已经在中国|普遍。（又少了一个“越”字。）

我们平时在输入文字的时候都是处于【插入】模式下的，而 Insert 键就是【改写】模式与【插入】模式的切换按键。

对于当前文档所处的输入模式，我们可以在软件底部的状态栏中看到。

如果状态栏中并没有显示输入模式，可以在状态栏上右击，在弹出的菜单中选择【改写】选项。

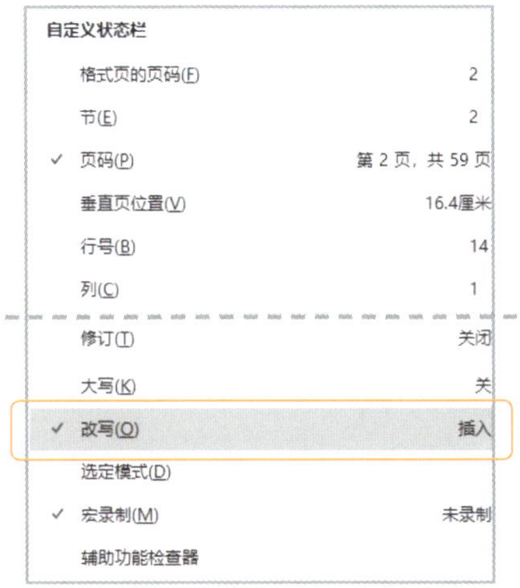

3.1.2 文本的选择

如果想要修改文本的格式，需要先选中相应的文本，才能使修改具有针对性。文本的选择其实也有很多诀窍。

1. 选中连续文本

当需要选中连续多行或多页文本的时候，大多数人通常会下意识将光标放置在待选中的文本前，然后按住鼠标左键拖曳到待选文本的最后。这种操作往往会面临同时进行翻页，甚至在最后出现少选或者多选的问题。

选中连续多行或多页文本的正确方法如下。

① 将光标置于待选文本前。

② 滚动鼠标滚轮定位到待选文本末尾的位置。

③ 按住 Shift 键，单击待选文本之后的位置。

2. 选中不连续文本

选中不连续文本的操作非常简单，在按住 Ctrl 键的同时，按住鼠标左键拖曳选择文本就可以了。

3. 竖向选择文本

可能大家已经习惯了从左到右进行文本的选择，但在 Word 中还可以竖向选择文本在按住 Alt 键的同时，按住鼠标左键向右下方拖曳就可以从上往下选择文本。

4. 快速选中整句、整行、整段

如果只想选择整句，按住 Ctrl 键，然后在待选中的句子中间的任意位置单击，就可以选中整句了。

若要选中一整行的内容，比直接拖曳更方便的操作是把鼠标指针移动到页面最左侧，当鼠标指针从指向左变为指向右后，在对应行的位置单击就可以了。如果把单击改为双击，你会发现整个段落都被选中了。

3.1.3 文本格式的设置

1. 基本的文本格式设置

文本格式的设置通常包括文本的字体、字号以及颜色等的设置。

文本字体的设置

在文档中使用不同的字体可以让文档呈现不同的排版效果，Word 默认使用的字体是宋体、等线，但其实操作系统中会内置很多不同种类的字体。

我们只需要选中相应的文本，然后在【开始】选项卡的【字体】功能组中，单击字体选框的下拉按钮，就可以为文本修改字体。

系统中的英文字体占比较大，如果想要使用更多中文字体，可以关注微信公众号“秋叶 PPT”并回复关键词“字体”，即可获取。

文本字号的设置

在编辑文档时，我们往往会通过放大文字来让内容更加清晰、层次结构更加分明。放大文字这一过程在 Word 中叫作增大字号。

选中文本之后，在【开始】选项卡中单击字号选框的下拉按钮，就可以对文本的字号进行设置。

下拉列表给出的最大字号为 72 磅，但我们可以手动输入数字然后按回车键来突破这一大小限制。

字号下拉列表中有两种不同的字号格式，一种是类似【初号】【小初】等以“× 号”“小 ×”表示的，另一种是纯阿拉伯数字显示的磅数。在 Word 文档中使用的文本字号一般不小于五号，否则就会在实际打印后看不清。常见的字号与磅数的对应关系如下。

字号	磅数	字号	磅数
初号	42	三号	16
小初	36	小三	15
一号	26	四号	14
小一	24	小四	12
二号	22	五号	10.5
小二	18	小五	9

文本颜色的设置

改变文本颜色是一种突出重点内容的方式，有利于读者在线阅读文档时快速辨别重点内容。

修改文本颜色的操作如下。

第一步：选中文本。

第二步：在【开始】选项卡的【字体】功能组中单击 A 的下拉按钮。

第三步：选择需要的颜色。

弹出的菜单中给出了多种选项，如自动、主题颜色、标准色、其他颜色、渐变等。

- 自动：选择【自动】之后，文本的颜色会随着页面颜色的改变而改变。比如页面颜色为白色，那么文本颜色就会自动变为黑色；页面颜色变为黑色，文本颜色就会自动变为白色。
- 主题颜色：在【设计】选项卡下设置的一组颜色搭配。如果将文本颜色设置为主题颜色中的一种，那么在【设计】选项卡中更改主题或颜色搭配的时候对应文本的颜色就会随之改变。
- 标准色：为文本设置了标准色之后，无论如何更改文档使用的颜色搭配，文本的颜色都不会发生改变。
- 其他颜色：用于自定义颜色。选择【其他颜色】选项后会弹出【颜色】对话框，里面预置了一些标准颜色，也可以单击【自定义】选项卡，手动对颜色进行调整，在 RGB 颜色模式下，输入相应颜色的 RGB 值就可以。

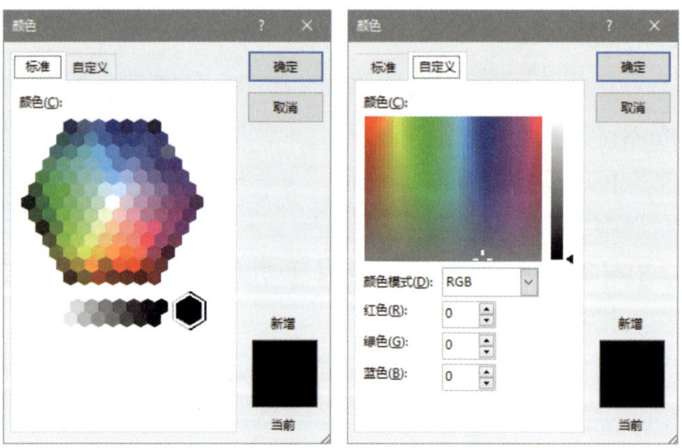

2. 其他文本格式设置

除了以上 3 种基本的文本格式设置之外，在【开始】选项卡的【字体】功能组中还有更多文本格式设置功能，如加粗、倾斜、下划线、下标和上标、拼音指南、更改大小写等。

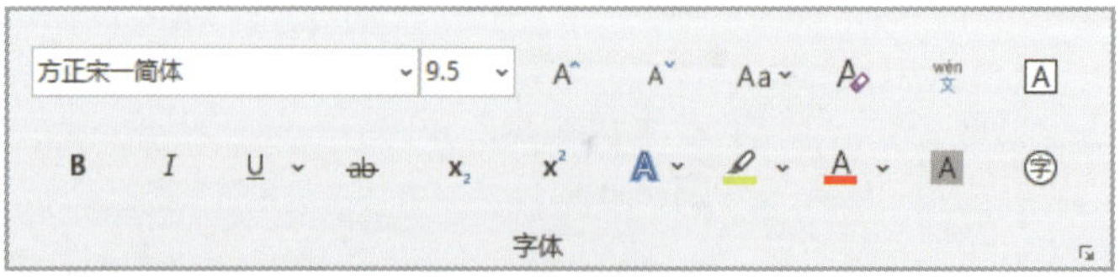

加粗

更改文本的粗细也是突出文档中重点内容的一种方式。更改文本粗细的正常操作是，选中文本，单击【开始】选项卡【字体】功能组中的 B 按钮，快捷键是 Ctrl+B。“B”代表的是英文单词 Bold（中文含义是粗体黑体）。

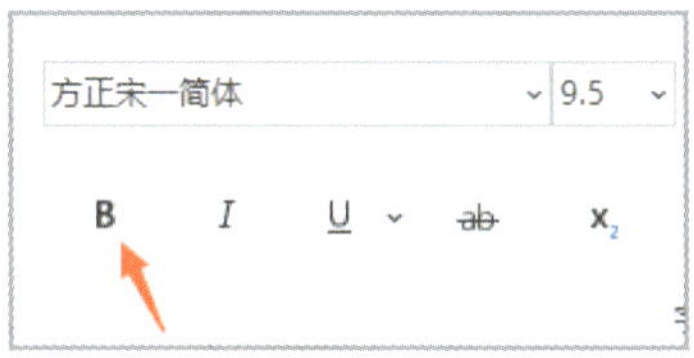

倾斜

使用倾斜功能可以将默认为正体的文字变为斜体。要更改文本的正斜体需要单击【开始】选项卡【字体】功能组中的 I 按钮，快捷键是 Ctrl+I 。“I”代表的是英文单词 Incline（中文含义是使倾斜）。

下划线

使用下划线功能可以为文本添加下划线，同样能突出文本。选中文本，单击【开始】选项卡【字体】功能组中的 U 按钮即可为所选文本添加或取消下划线，快捷键是 Ctrl+U。“U”代表的是英文单词 Underline（中文含义是下划线）。

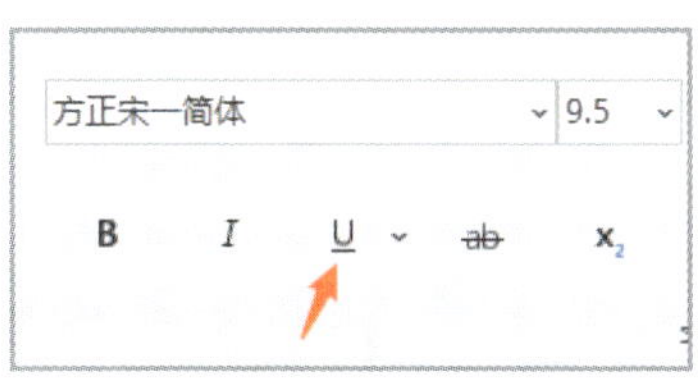

下标和上标

下标和上标功能一般用于数理化公式的输入、计量单位的输入以及商标标注等场景。将文本设为下标或上标的操作是，在选中文本之后根据需要单击【开始】选项卡【字体】功能组中的 x_2 或 x^2 按钮。下标功能的快捷键是 Ctrl++，上标功能的快捷键是 Ctrl+Shift++。

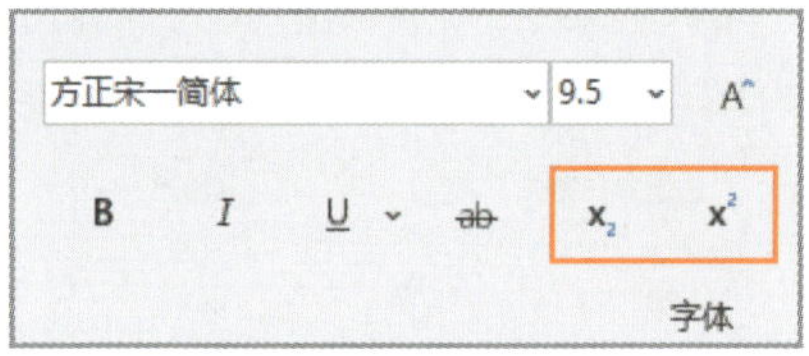

拼音指南

如果文档中有生僻字，你不认识、不会读，怎么办？Word 自带拼音指南功能，能够帮助我们为文本注音。

只需要选中相应的文本，单击【开始】选项卡【字体】功能组中的 wén 文 按钮，就会弹出【拼音指南】对话框，你可以在里面设置拼音的对齐方式、字体、字号等。

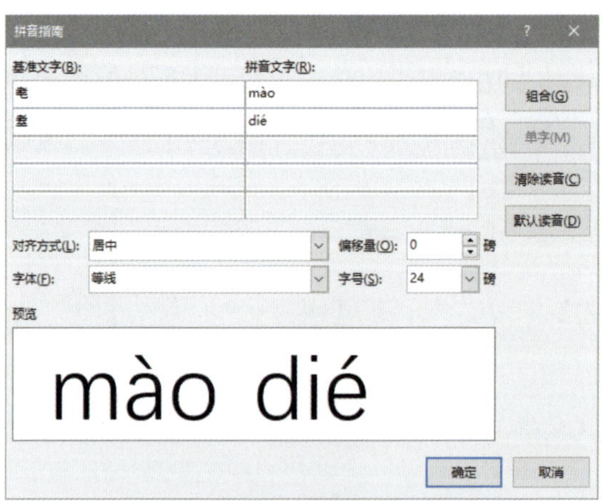

更改大小写

更改大小写功能一般用于英文文档的编写，英文文档中会要求每句话的首字母大写，在输入的时候如果频繁按 Caps Lock 键会大大降低输入效率，而使用更改大小写功能就能在我们完成内容的输入后，统一为文档更改大小写。更改大小写功能的按钮 Aa 同样位于【开始】选项卡的【字体】功能组中。

更改大小写也可以应用于中文输入场景，就是半角和全角的切换。中文文档中偶尔会出现输入的数字或英文字母间距非常大的情况，比如秋叶的拼音 Q I U Y E 和数字 1 2 3 4，这种情况就是全角和半角状态错乱导致的。

英文和阿拉伯数字都是半角字符，在全角模式下就会出现字母或数字间间距增大的情况，此时选中异常的字母或数字，使用更改大小写功能将其切换回半角状态就可以。

清除所有格式

从其他文档或网页中复制文本并粘贴到 Word 中时，会将原有的文本格式一并复制过来，此时可以使用【清除所有格式】功能一键将格式删除掉，以便从头开始为文本设置格式。

更完整的文本格式设置

在【开始】选项卡中展示出来的仅是部分文本格式的设置按钮，想要进行更完整的文本格式设置，需要单击【字体】功能组右下角的扩展按钮，打开【字体】对话框。

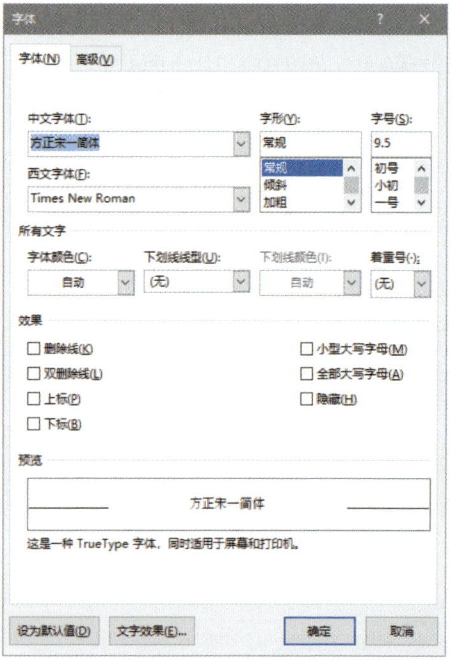

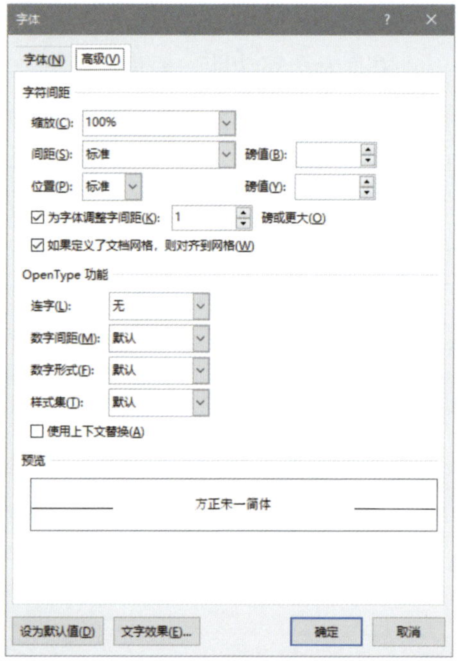

3.2 锦上添花：图片排版术

图片排版是 Word 中最让人困扰的问题之一。在排版时，我们的鼠标仿佛不受控制，总是不能让图片落在我们需要的位置，甚至无法让图片显示完整。

本节旨在挖掘图片与 Word 的关系，让你处理图片时得心应手。

3.2.1 图片在文档中的七大存在方式

图片到底以什么方式存在于文档中?

任意插入一张图片，你都会在图片的右上角见到一个⌅按钮。单击这个按钮，就会弹出【布局选项】对话框。

你可能觉得【布局选项】对话框很眼熟，这是因为它与【布局】→【文字环绕】选项卡中的内容基本一致。

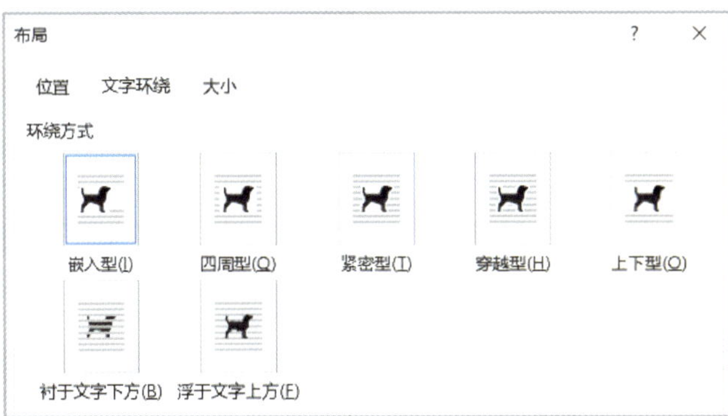

这个浮动的【布局选项】对话框，是 Word 2013 版本之后的新变化之一。它能够让我们更快地设置图片的插入位置、存在方式等。除图片外，视频、边框、表格、SmartArt 图形或文本框等被插入时也会出现这个浮动的对话框。

为了便于理解，笔者根据【布局选项】对话框的内容，制作了下页图。建议读者将其与下文对照阅读，以加深理解。

第一类，嵌入型。在这种图片存在方式中，图片相当于一个字符。

嵌入型图片会受制于行距或文档网格的设置，因为 Word 把它当成了一个字。如果你发现插入图片之后只显示出了一条边，那快去检查行距设置，因为多半是图片被太窄的行距挡住了！

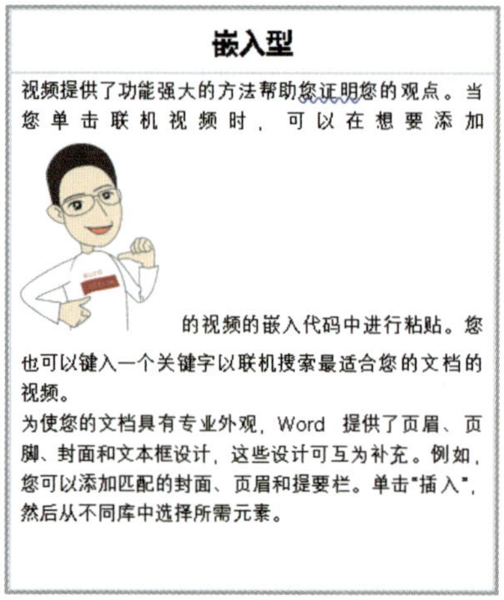

第二类，图片终于被开始特殊“对待”了，其和文字之间一共有 6 种关系，前 4 种分别是四周型环绕、紧密型环绕、穿越型环绕和上下型环绕。

在四周型环绕的布局中，文字与图片的距离更远；在紧密型环绕或穿越型环绕中，文字距离图片更近。并且，使用四周型环绕的图片周围（无论图片是什么形状），总是会留下一个矩形的区域。

从下页图明显可以看出，在穿越型环绕中，文字会出现在图片的凹陷处。由此可以得出以下结论。

① 如果图片是方形或圆形的，那么穿越型环绕和紧密型环绕看上去基本没有区别。

② 如果图片的轮廓有多处凹陷，两者的效果有明显区别。

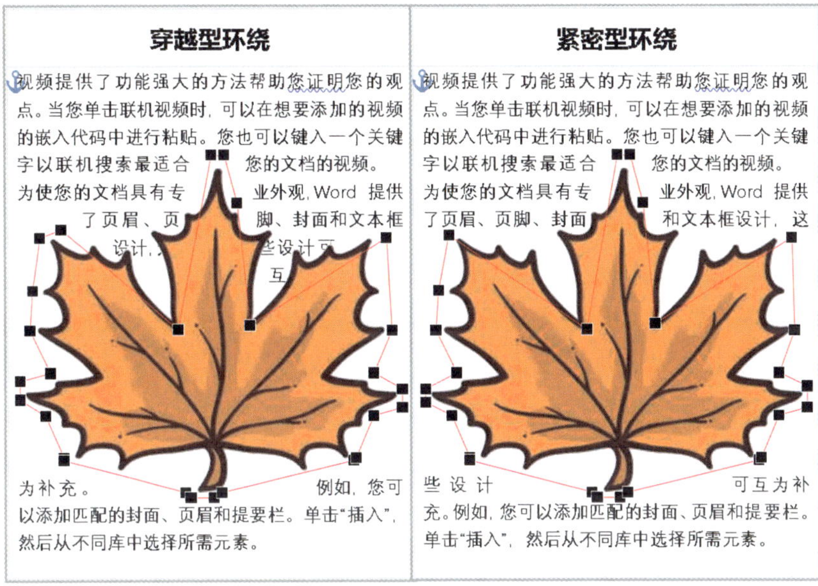

第 5 种图片存在方式是衬于文字下方，以这种方式存在的图片相当于背景图片。另外，利用这种方式也能制作图片水印。

第 6 种图片存在方式是浮于文字上方，以这种方式存在的图片会覆盖其所在位置的文字。

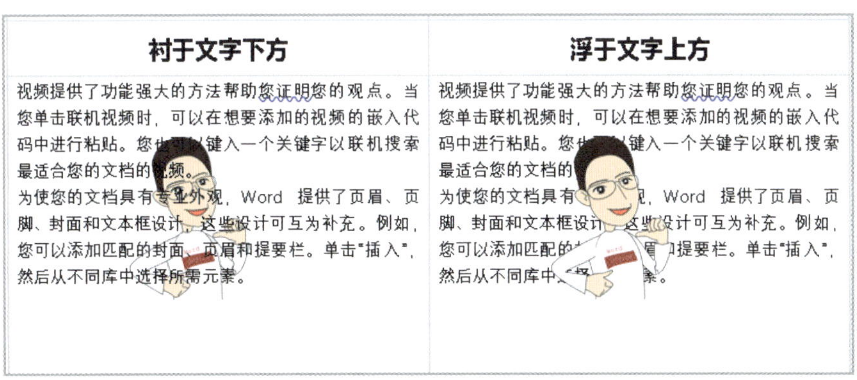

3.2.2 插入图片的正确方式

在讨论如何自由移动图片之前，先来介绍在文档中插入图片的正确方式。

从理论上来说，在 Word 文档中插入图片有以下 4 种方法。

① 直接复制并粘贴图片。

② 直接将图片拖进文档。

③ 在【插入】选项卡中单击【图片】按钮，在菜单中选择图片来源，再在弹出的对话框中找到并选中图片，单击【插入】按钮将其插入。

④ 先复制图片，再在【开始】选项卡中单击【粘贴】按钮下方的下拉按钮，在菜单中选择【选择性粘贴】选项，之后在弹出的对话框中选择所需形式即可。

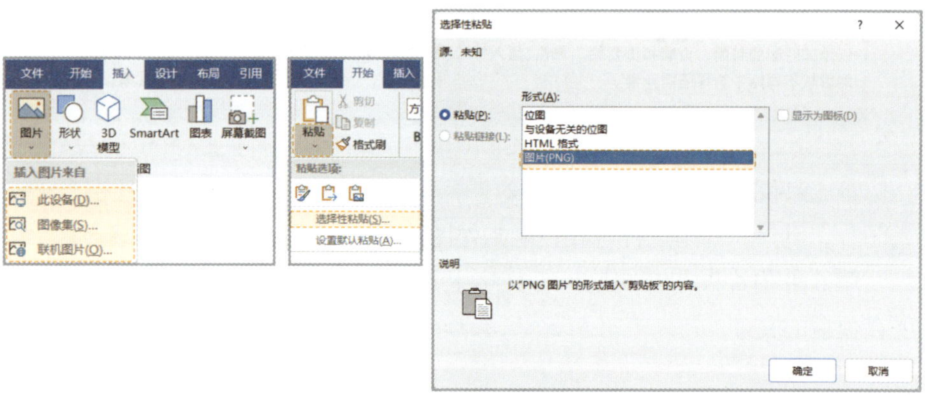

如果采取第一种或第二种方法，比如将网页上的图片直接复制到 Word 文档中，会将原网页中对图片设置的格式一并复制过来，直接拖曳图片到文档中，图片就会变为相应的图片网址，并自动添加上超链接。这样操作下来，Word 文档会在无形之中变得庞大。

如果希望 Word 文档编辑起来不会卡顿，保存的时候速度快且不易出错，那么，推荐采用第三种或第四种方法。

但是，当你插入图片时，Word 会自动压缩图片的分辨率，因为 Word 默认的图片分辨率是 220 像素 / 英寸。若你希望将图片无损地插入 Word 文档，该怎么办？

你只需要在 Word 中单击【文件】→【选项】，在【Word 选项】对话框中选择【高级】选项，在右侧界面中找到【图像大小和质量】功能组，展开右侧的下拉列表并选择【所有新文档】选项，勾选【不压缩文件中的图像】选项，并将【默认分辨率】修改为【高保真】（部分低版本的 Word 没有【高保真】选项，将【默认分辨率】调整为最大值）即可。

3.2.3 图片的移动方式

搞清楚图片的存在方式和插入方法之后，你可能又有新的问题——为什么你总是无法随心所欲地移动图片？

图片有时很难被选中，比如图片非常小时、图片互相重叠时，或图片被设置为衬于文字下方时等。这时该怎么办？

在【开始】选项卡中找到【编辑】功能组，单击【选择】按钮，在菜单中选择【选择窗格】选项，此时窗口右侧就会弹出【选择】窗格，页面中所有的元素都会出现在其中，根据图片名称选择即可。

注意，如果图片是嵌入型布局，则只能选中一张图片；如果图片为非嵌入型布局，则可以按住 Ctrl 键，单击选中多张图片。

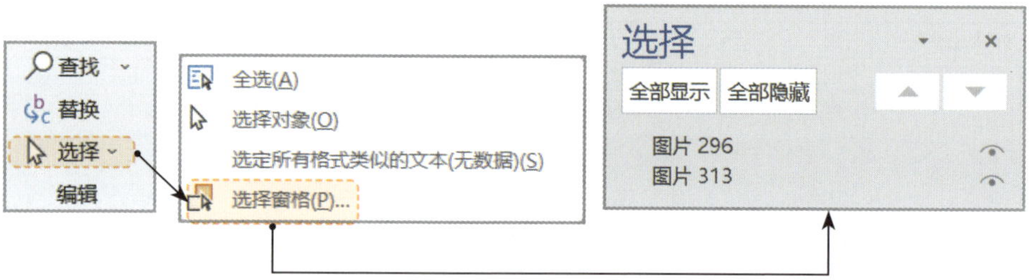

实例 单张图片如何自由移动？

首先，改变图片布局。把图片设置为除嵌入型之外的其他布局，这样再用鼠标拖曳时会较为灵活。

其次，用快捷键微调。如果需要微调图片位置，可以采取按 Ctrl 键 + 方向键的方式，微调图片位置。

如果你在拖曳图片的过程中发现有明显的卡顿感，就说明文档的网格线间距设置得过大，此时可以通过缩小文档的网格线间距让图片的移动更流畅，如将网格线间距设置到最小。

设置文档网格线间距的方式如下。

在【布局】选项卡的【排列】功能组中单击【对齐】按钮，在菜单中选择【网格设置】选项，在【网格线和参考线】对话框中把【水平间距】和【垂直间距】都改为最小数值，单击【确定】按钮完成设置。

设置完成后再回到文档中拖曳图片，你会发现操作流畅了许多。

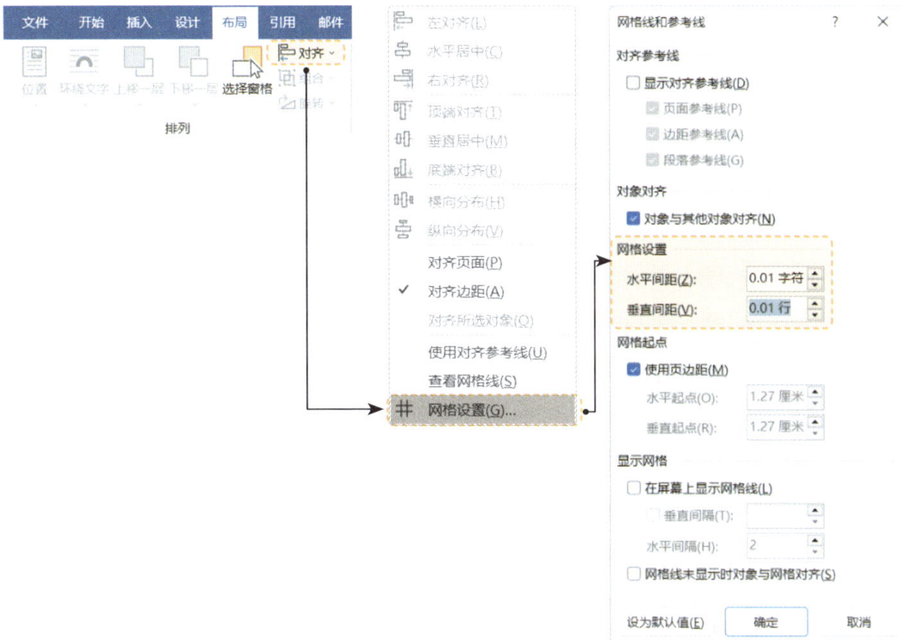

实例 多张图片如何自由移动?

可以对图片进行整体移动吗?

当然可以，利用 Office 自带的【剪贴板】功能就可以实现。

从 Office 2000 开始，Office 就新增了【剪贴板】功能。Office 2021 含有 24 个子剪贴板，也就是说，最多可以收集 24 项需要移动的内容。

具体操作方法如下：选中需要被移动的图片，使用快捷键 Ctrl+X 剪切图片，重复此操作，直至完成所有图片对象的剪切；将光标定位到目标处，在【开始】选项卡中单击【剪贴板】功能组右下角的扩展按钮，在【剪贴板】窗格中单击【全部粘贴】按钮，完成移动。

需要注意的内容如下。

① 若图片对象在 24 个以上，则需要分为几次进行该操作。

② 若同时选中多张图片（需要都是非嵌入型图片），则可以一次性剪切

或复制，并将其作为整体进行粘贴。

③ 有时我们能直接看到图片预览，有时就如下图一样无法预览，但是这不影响操作。

④ 根据剪切的顺序，图片在【剪贴板】窗格中呈倒序排列。

实例 智能的对齐参考线

Word 中的对齐参考线主要是为了让文字与图片对齐而存在的。在 Word（Word 2013 以上版本）中，对齐参考线是自动出现的。

当图片被移动到页面正中或页面边缘处时，页面中会出现绿色的对齐参考线。它提示了页面横向居中、页面左右边界、段落边界等关键位置。

智能的对齐参考线大大方便了排版工作中“对齐”任务的处理。你刚开始往页面中填充各种元素时，就可以利用对齐参考线，实时预览移动的某个元素（如图表、文字、形状或文本框等）之后的效果。

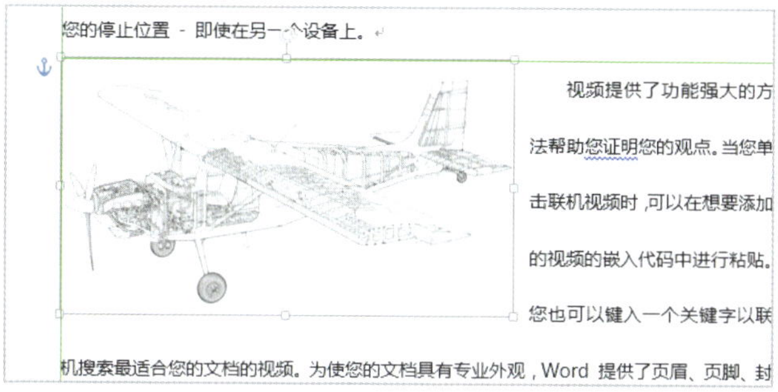

实例 用锚固定图片

如果不想让图片被随便移动，可以把图片固定住吗?

答案是肯定的！先来看看如何将图片固定在某一页。

在移动图片的过程中，我们常常能看到一个锚形的符号 ⚓ 出现在图片的左边，这个符号就是“对象位置符”。当图片被设置为非嵌入型布局时，对象位置符就会出现。

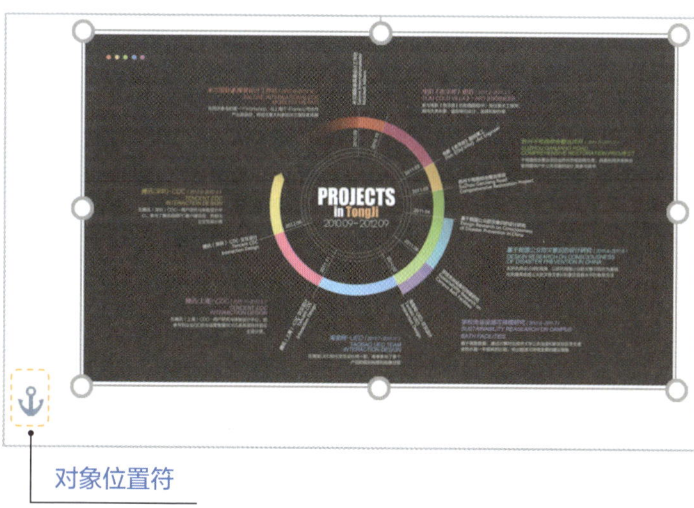

图片总是和对象位置符所在的段落在一起。选中并拖曳对象位置符在同一页移动时，图片不会随之移动。但若是将其拖到了不同页，图片也会立刻被移动至新的页面中。这就是为什么有时明明没有移动图片，图片却跑到了下一页。

如果你不希望这种情况发生，可以选择将对象位置符和图片“捆绑”起来。操作方法如下：在图片上右击，在菜单中选择【大小和位置】选项，在【布局】对话框中切换到【位置】选项卡，勾选【锁定标记】选项，最后单击【确定】按钮即可。设置完成后再看对象位置符，会发现其上有一个小锁。尝试挪动对象位置符，你会发现对象位置符无法被选中。这时，图片可以在页面内移动，但是无法移动到下一页。

如果你不仅想绑定对象位置符和图片，而且希望图片位置不因文字的改变而改变，可以在【布局】对话框中取消勾选【对象随文字移动】选项。这样，图片就被固定在当前位置。

当然，你也可以设置图片插入方式为嵌入型，这样图片也不会随文字的移动而移动。

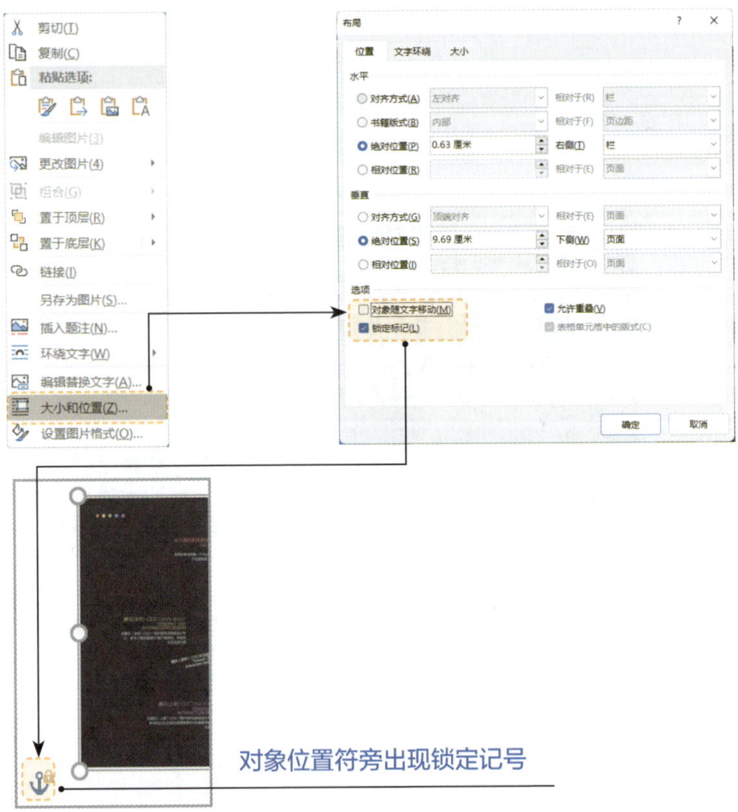

3.2.4 图片“化妆术”

视频案例

如果需要在文档中陆续插入图片，然而插入图片的样式不统一，那么页面就会显得凌乱。

别着急，为了解决这个问题，Word 提供了【图片格式】选项卡。

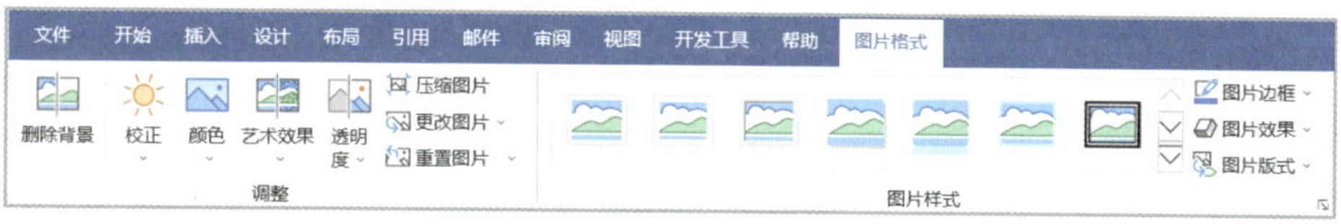

Word 虽然没有办法像 PS（Photoshop）或 AI（Adobe Illustrator）那般处理图片，但是进行一般的美化操作完全没有问题，其拥有以下功能组和功能。

① 统一尺寸、裁切图片的【大小】功能组。

② 给图片去除背景的【删除背景】功能。

③ 给图片更换整体色彩的【颜色】功能。

④ 给图片增加艺术效果的【艺术效果】功能。

⑤ 给图片增加边框、阴影或三维模式的【图片边框】和【图片效果】功能。

⑥ 快速实现多图排版的【图片版式】功能。

……

实例 统一图片尺寸

修改图片的尺寸主要依靠【大小】功能组，可以直接在【高度】、【宽度】文本框中填入所需数据。如果同时选中图片，也可以一次性在此处统一更改图片尺寸。

如果需要填写比例数据，可以单击【大小】功能组右下角的扩展按钮，在【布局】对话框中勾选【锁定纵横比】选项，以避免图片比例失调，然后在【缩放】栏填写比例数据，最后单击【确定】按钮完成设置。

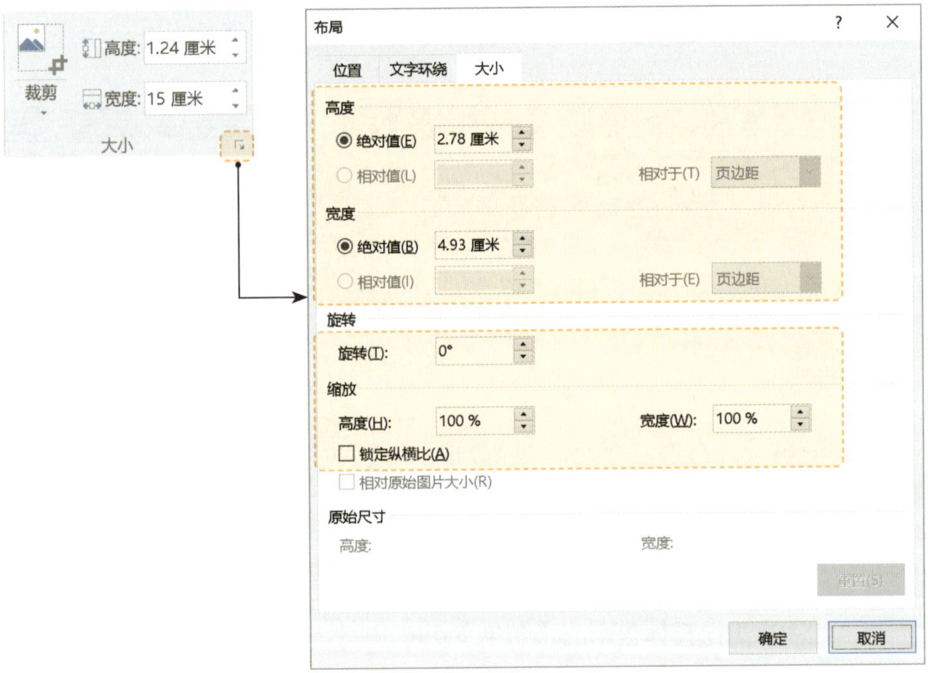

实例 图片裁剪

需要裁剪掉图片多余的部分时，可以在选中图片后，在【图片格式】选项卡中单击【裁剪】按钮。

进入裁剪状态的图片的四周会出现黑色的裁剪框，直接拖曳裁剪框便能裁剪掉不需要的部分。如果单击【裁剪】按钮下方的下拉按钮，则会弹出菜单，在菜单中，你还可以选择将图片裁剪为某种形状，或以某个固定比例进行裁剪。

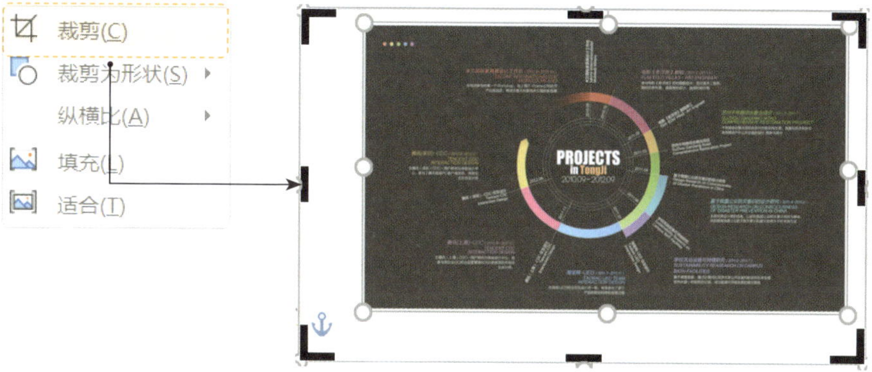

实例 去掉图片背景

图片背景有两种：纯色背景和复杂背景。

如果为纯色背景，就可以使用【设置透明色】功能，具体操作如下。

选中图片，在【图片工具】选项卡中单击【颜色】按钮，在菜单中选择【设置透明色】选项，此时鼠标指针变为吸管样式，单击图片背景的任意位置，即可去掉图片背景。

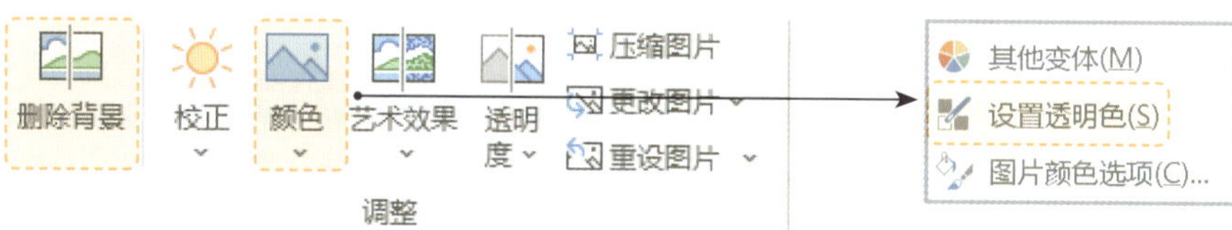

不过，这个方法最适合在图片底色是白色、文档底色也是白色的情况下使用，否则，就会存在很多“背景残渣”。这时，你可以采用另一种方法，即使用【删除背景】功能，具体操作如下：选中图片后，在【图片工具】选项卡中单击【删除背景】按钮，进入【背景消除】选项卡，其内含有关删除背景的各种选项；同时，即将被删除的区域会显示为紫红色。

默认的要删除的背景范围往往不合适，这时可以单击【标记要保留的区域】或【标记要删除的区域】按钮进行手动调整。

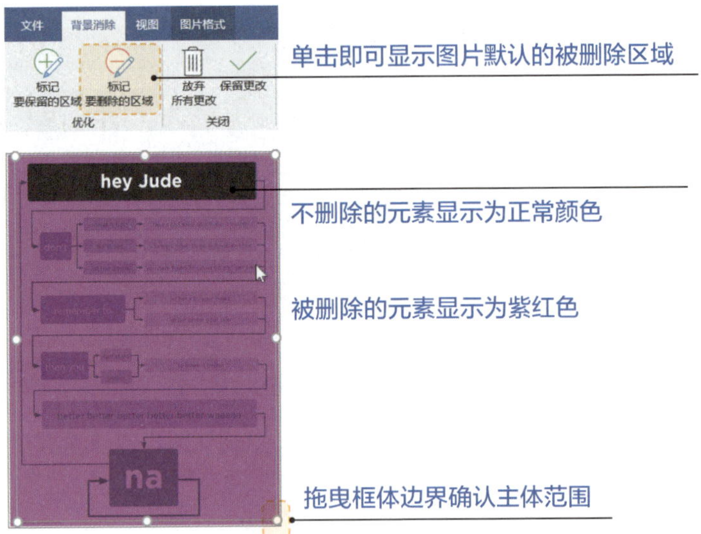

实例 图片重新着色

在【图片格式】选项卡的【颜色】菜单中，除了可以设置透明色外，还可以选择现成的颜色方案，给图片重新着色。你可以直接在【颜色】菜单中预览效果，选中某个颜色方案就能实现图片的重新着色。

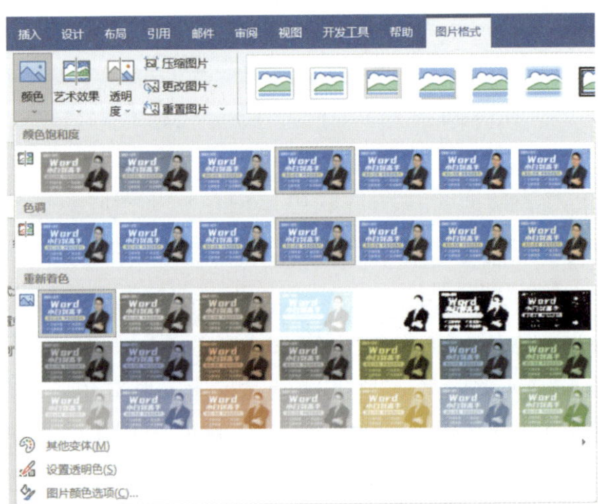

实例 自带PS功能：艺术效果

Word 内置的图片艺术效果十分丰富，和 PS 的滤镜一样好用，具体用法如下：选中图片后，在【图片格式】选项卡中单击【艺术效果】按钮，在菜单中选择相应的效果即可。

实例 图片边框设置

其实统一图片风格，除了统一色调和艺术效果之外，最直接的方法就是给图片添加统一的边框。

添加边框的方法很简单：选中图片后，在【图片格式】选项卡中单击【图片样式】右侧的下拉按钮，在菜单中选择方案即可。如果不满意，可随时单击别的样式进行替换。图片边框的颜色、粗细和线条类型都可以通过【图片边框】功能进行设置。

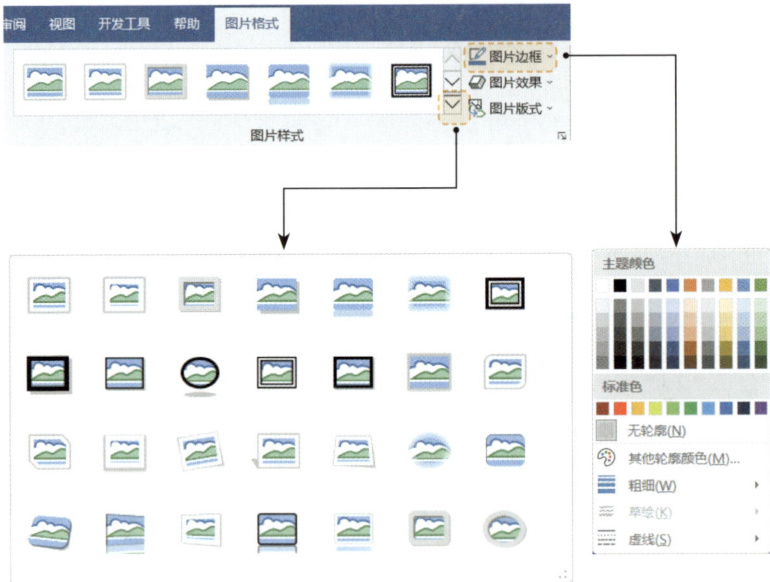

实例 图片透明度设置

在 Word 2021 之前的版本中，如果想要让图片变成半透明的状态，需要先将图片填充到相同大小的形状中，然后调整形状填充的透明度，操作比较复杂。而在 Word 2021 中，可以直接实现该效果，具体操作如下：选中图片后，在【图片格式】选项卡中单击【透明度】按钮，在菜单中选择相应的透明度选项。如果预置的透明度不符合预期，可以选择【图片透明度选项】选项，或者右击图片，在菜单中选择【设置图片格式】选项，在弹出的【设置图片格式】窗格中自定义透明度。

实例 多图自动排列设置

【图片版式】是个很让人惊喜的功能，它能自动编辑图片的排列形式并改变图片的外形。使用该功能后，会自动转入【SmartArt 设计】选项卡，所以该功能其实是一键将图片转为 SmartArt 图形，这样图片中会自动生成文本框，以便进行相关说明文字的编辑。对于图片很多、不知道如何排版的情况，不妨试试使用该功能，也许它能帮你找到灵感，具体的操作如下。

同时选中多张图片后（图片需要先设置为非嵌入型），在【图片格式】选项卡中单击【图片版式】按钮，在菜单中选择合适的 SmartArt 图形即可完成转换。

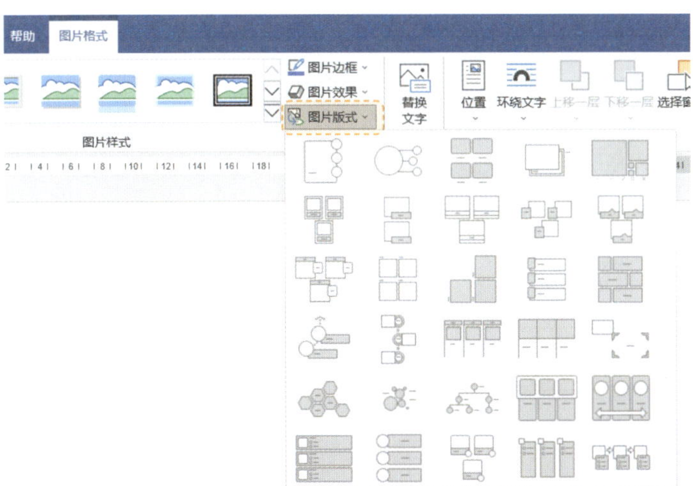

3.3 科技论文的图片编排

科技论文中的图片通常包括曲线图、构造图、示意图、框图、流程图、记录图、布置图、地图、照片等。

每张图片都应有编号、简短并准确的图题，二者共同置于图片下方。必要时，对图片上的符号、标记、代码以及实验条件等，应用最简练的文字进行说明，作为图例横排于题注下方。

在科技论文的图片编排中，一般会出现单图排版、多图排版的情况，接下来将依次介绍其中的技巧与注意点，并介绍图片制作与排版的常见问题。

3.3.1 单图排版

在科技论文的图片编排中，单图排版是最常见的，对此强烈建议将图片设置为嵌入型。这样图片就被当作一个字符对象处理，它和输入的文字一样，不能用鼠标任意移动位置，因此，图片位置相对固定。

在 Word 中，建议通过【插入】选项卡插入图片，不要直接使用复制粘贴的方式插入图片。一般在无缩进的情况下，图片居中对齐，然后在图片下方插入题注即可完成单图排版。

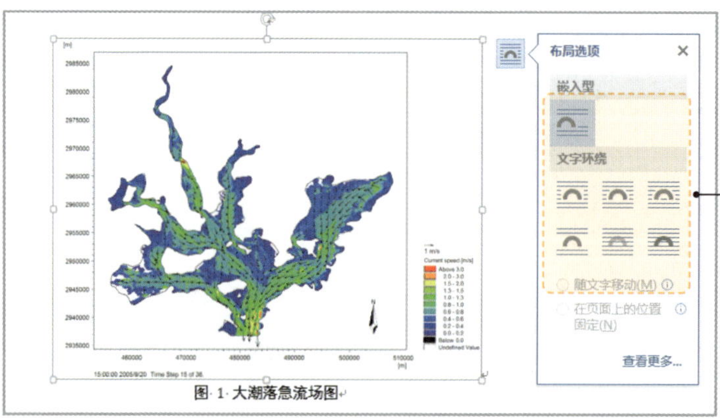

单击图片，右侧会显示【布局选项】对话框，可以更换文字环绕方式

▲插入一幅图片，默认为嵌入型

一般情况下，为方便单图排版，插入的图片默认为嵌入型。

如果默认的不是嵌入型，可以在【Word选项】→【高级】→【将图片插入/粘贴为】中将插入图片设置为【嵌入型】

▲在【Word 选项】对话框中设置插入图片的布局方式

3.3.2 多图排版

在科技论文的图片编排中，多图排版的情况也时常出现。对于多幅相似的图片，如果一行只放一幅图片，既浪费版面又不便于读者观察，所以可以考虑将多幅图片排在一起。由于嵌入型的图片不方便移动并且不方便给图片下方的题注定位，不能单纯通过缩小图片的方式排列多幅图片，因此本节推荐使用无框表格法。下面将以4幅图并排为例，讲解无框表格法的使用步骤。

▲科技论文中 4 幅图并排的形式可以简化为右侧的无框表格形式

实例 多图并排

多图并排的思路就是，根据图片数量插入相应大小的表格，将图片依次插入表格中，并为相应图片插入题注，再将表格框线去除。

相应操作步骤和注意点如下。

步骤一：插入表格并对表格进行设置

需要并排几幅图片就插入几个单元格，比如需要并排 4 幅图片就插入 2×2 的表格。由于需要插入的图片尺寸与表格并不匹配，所以需要对单元格进行设置。

① 如果图片本身就有白色空隙，可将单元格左、右边距均设置为 0 厘米；如果图片与图片之间仍旧需要留空隙，则需更改边距（根据实际情况调整）。

② 在【表格工具 - 布局】选项卡中单击【单元格边距】按钮，在【表格选项】对话框中取消勾选【自动重调尺寸以适应内容】选项，否则图片会过大，从而占满表格。

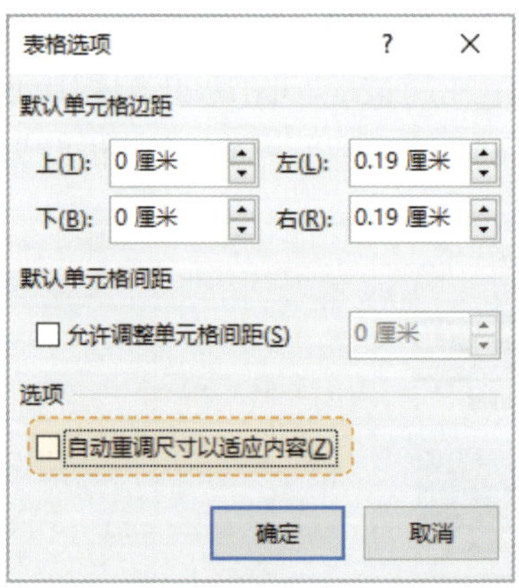

步骤二：插入图片及题注

将图片分别插入对应的单元格中，插入图片后，分别选中图片并插入题注（图片和题注在同一单元格内）。在某些情况下，图片比例可能相差很大，此时需要将单元格的对齐方式调整为靠下居中对齐。

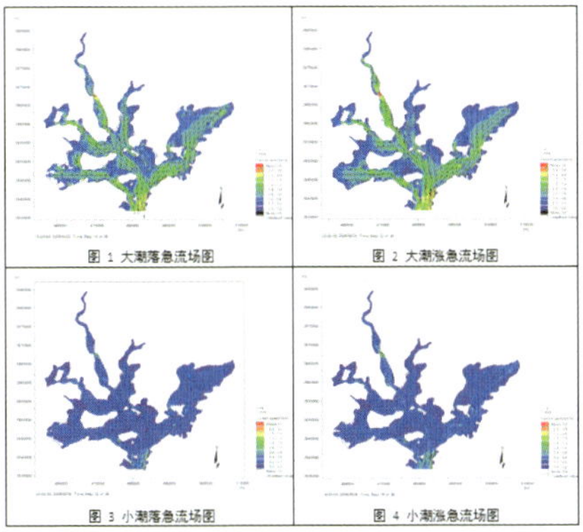

▲ 图片比例一致，正常插入即可

▲ 图片比例不一致，使其靠下居中对齐

步骤三：去除表格边框

选中整个带完整边框的表格，在【表格工具 - 表设计】选项卡中单击【边框】的下拉按钮，在菜单中选择【无框线】选项即可去掉表格边框。

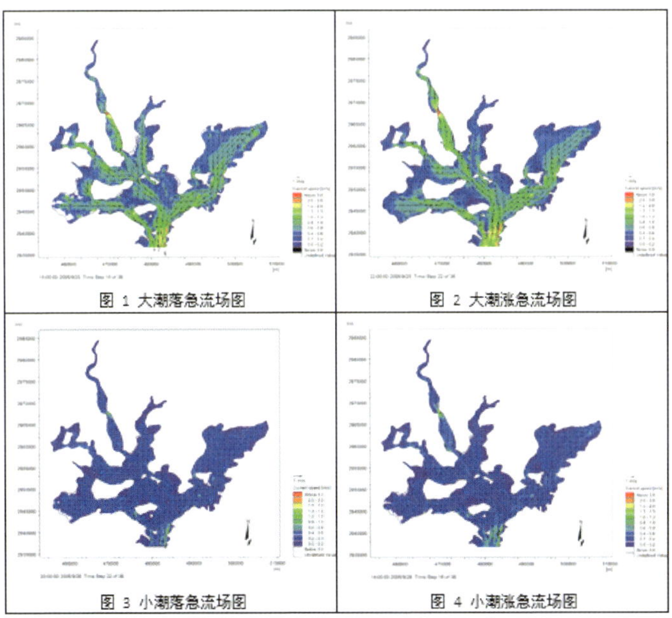

▲ 十分方便地在科技论文中实现了多图并排

3.3.3 图片制作与排版的常见问题

图片制作与排版的常见问题如下。

问题一：用什么软件给论文绘图？

目前常用的绘图软件有 Excel、Origin、SigmaPlot、AutoCAD、Visio 等。除此之外，不同专业的人通常使用不同的绘图软件：金融系的说 Matlab“完爆”其他绘图软件；数学系的说，Mathematica 高贵冷艳；统计系的说，R 语言在绘图领域天下无敌；计算机系的说，Python 低调奢华有内涵……

问题二：用 Excel 制作科技论文插图时需要注意什么？

很多人会使用 Excel 来制作插图，但是如果不注意一些细节，制作出的插图很可能会显得不专业。笔者总结了用 Excel 制作科技论文插图的 6 个注意点。

① 图片上方切忌有标题，使用图注的形式。

② 用 Excel 制作的插图默认最外侧有边框，建议将图片最外侧的边框去除。

③ 图片中不同的线条不宜仅用颜色区分，否则黑白打印的情况下将无法区分，可添加特殊标记进行区分。

④ 横纵坐标区间的选择应当合理，可指定坐标最小值、使用对数坐标等。

⑤ 恰当标出横纵坐标的单位，如果数字较大或较小，可以采用科学计数法。

⑥ 一般科技论文要求图中数字的字体为 Times New Roman，故需要重新设置字体。

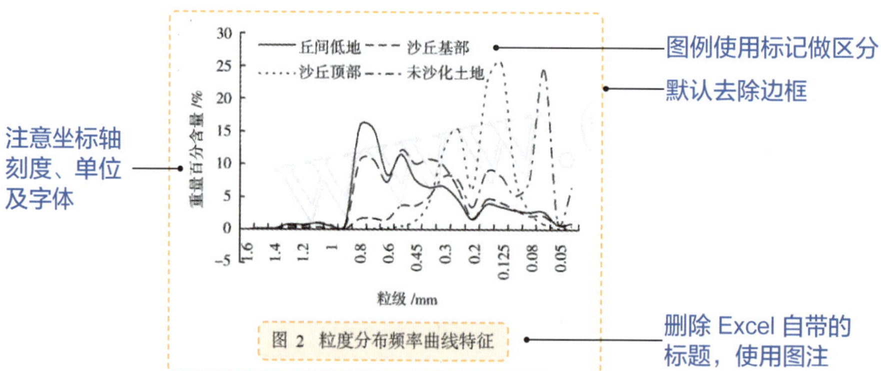

▲ 用 Excel 也可以制作科技论文插图

问题三：某幅图片放不下怎么办？

图片放不下一般有两个原因：当页剩余空间不够、图片尺寸过大。针对这两个原因，有以下 3 种解决方法。

方法一：缩小图片尺寸，不过记得缩放时按住 Shift 键以保持比例一致。

方法二：调整图片与文字的相对位置，比如将图片后方的文字挪到图片之前，以填补原本图片占用的空间。

方法三：图文混排，将图片的存在方式改为四周型环绕，且图片一般放在页面一侧。

▲ 此处放不下该图片，于是页面存在大片空白

▲ 缩小图片尺寸法

▲ 调整图片与文字位置法

▲ 图文混排法

3.4 表格的快速处理

对于表格，不论是绘制，还是删除；不论是更改样式、挪移分割线，还是输入文字、插入图片；不论是添加题注，还是跨页继承表头、跨页断行等，都比较麻烦。

本节将讲解迅速处理表格的技巧。

3.4.1 表格的插入与快速转换

在 Word 中创建表格的方法有很多，在【插入】选项卡中单击【表格】按钮，就可以在对应的菜单中看到插入表格的 5 种方式。

创建表格最简单、快捷的方式就是在上图所示的方块区域中通过移动鼠标指针来创建表格，用这种方式最多可以创建 8 行 10 列的表格。

较常用的创建表格的方式是使用【插入表格】命令。执行该命令之后，将打开【插入表格】对话框，在【列数】和【行数】文本框中输入对应的数值并单击【确定】按钮，就可以创建表格。

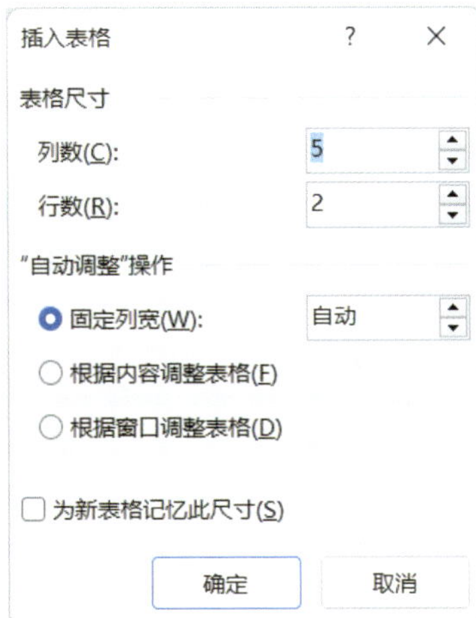

在确定创建表格之前，还可以通过【“自动调整”操作】功能组来调整表格的效果。

【固定列宽】选项指的是创建的表格的列宽会按照所选的选项进行设置，不会随着文档的版心宽度或单元格中内容长度的变化而变化。

【根据内容调整表格】选项指的是创建的表格大小会随着单元格中内容的增减而自动调整。

【根据窗口调整表格】选项指的是创建的表格宽度和文档的版心宽度一致，当文档的版心宽度发生改变时，表格的宽度会随之改变。

下图所示分别是在选择【固定列宽】（2 厘米）、【根据内容调整表格】和【根据窗口调整表格】选项的情况下创建的表格。

3.4.2 表格行列数的迅速增减

对于表格行列数的增减，传统的操作是，选中需要增减行（列）处的单元格，在弹出的悬浮窗中单击【插入】或【删除】按钮，在展开的菜单中选择相应的选项即可。

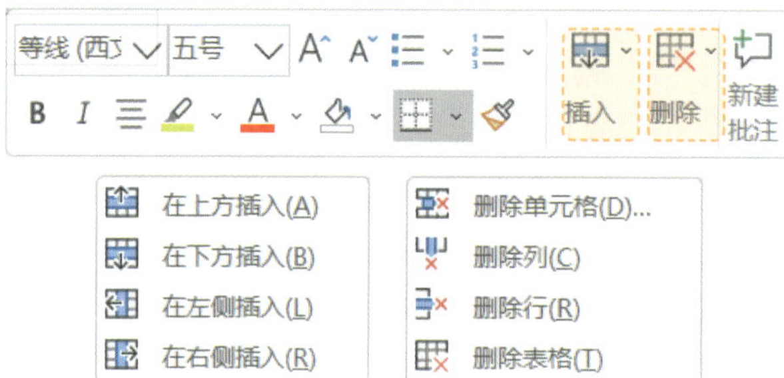

但是如果每一行（列）都需要这样操作，则既费时间，又需要考虑许多问题。应该选哪一行做基准？新增的行（列）是在原来行（列）的上方还是下方，是在左侧还是右侧？

如果你使用的是 Word 2013 或更新的版本，那就无须考虑这些问题。因为从 Word 2013 开始，Word 新增了增添表格行列的简便功能。

需要在某个位置插入行（列）时，只要把光标挪至需要插入的地方，鼠标悬停时就会出现蓝色“十”字符号。

单击蓝色“十”字符号，即可在该处添加行（列）。这样就能迅速地实现行（列）的增加，而且不会搞错新增的行（列）的位置。

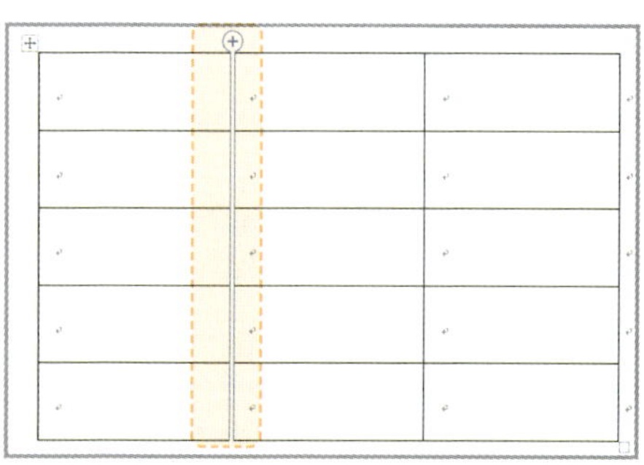

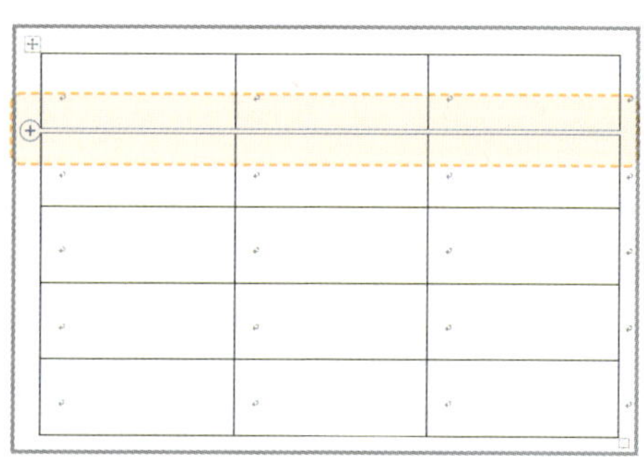

3.4.3 合并和拆分单元格

在实际操作表格的时候，经常会遇到要将一个单元格拆分为多个的情况，比如下图中需要在第一行输入大类，在第二行输入大类包含的小类，这个时候就需要用到【拆分单元格】功能，具体操作如下：选中需要拆分的单元格，在【表格工具 - 布局】选项卡中单击【拆分单元格】按钮，在弹出的对话框中输入拆分后的行、列数，单击【确定】按钮即可。

A 小组		B 小组		C 小组	
产品 1	产品 2	产品 1	产品 2	产品 1	产品 2

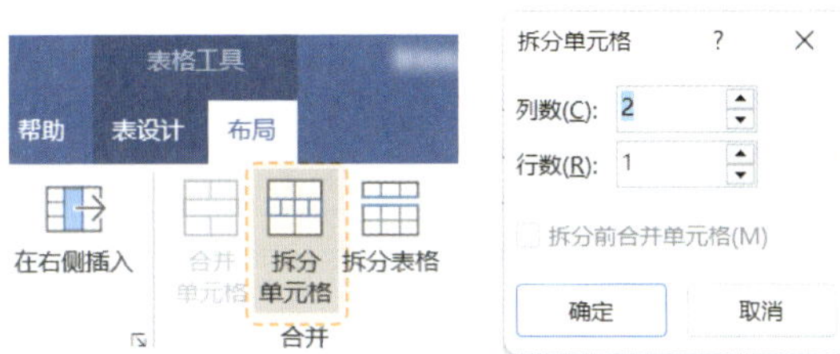

合并单元格操作可以看作拆分单元格的逆操作，其可以将连续的几个单元格合并为一个单元格，比如原来创建的是一个 4 行 6 列的表格，但合并单元格后呈现出来的效果可以是第一行只有 3 个单元格，这就是将原来表格中第一行的单元格两两合并了。合并单元格的具体操作如下：选中待合并的两个单元格，在【表格工具 - 布局】选项卡中单击【合并单元格】按钮即可。

A 小组		B 小组		C 小组	
产品 1	产品 2	产品 1	产品 2	产品 1	产品 2

产品 1	产品 2	产品 1	产品 2	产品 1	产品 2

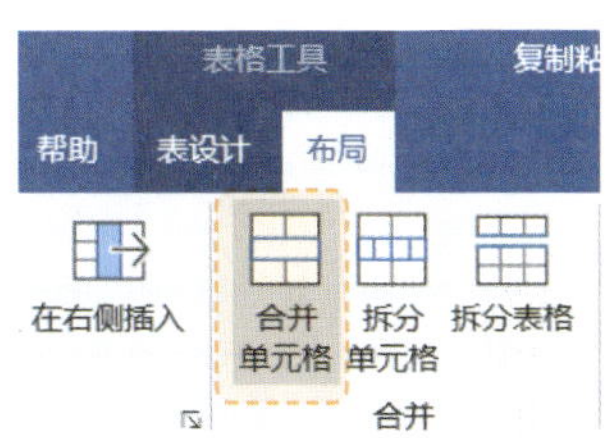

3.4.4 表格框线与底纹设置

Word 默认创建的表格具有相同粗细的框线，且每个单元格都没有底纹填充。为了让表格更美观或让部分行、列更醒目，可以为表格设置边框和填充底纹。表格框线和底纹的设置与单元格选定范围有关。设置表格框线和填充底纹的具体操作如下。

在【表格工具 - 表设计】选项卡中单击【边框】的下拉按钮，在菜单中选择【边框和底纹】选项。

选中对应的单元格区域后，右击，在菜单中选择【表格属性】选项，在弹出的对话框中单击【表格】选项卡，单击【边框和底纹】按钮即可进入【边框和底纹】对话框。

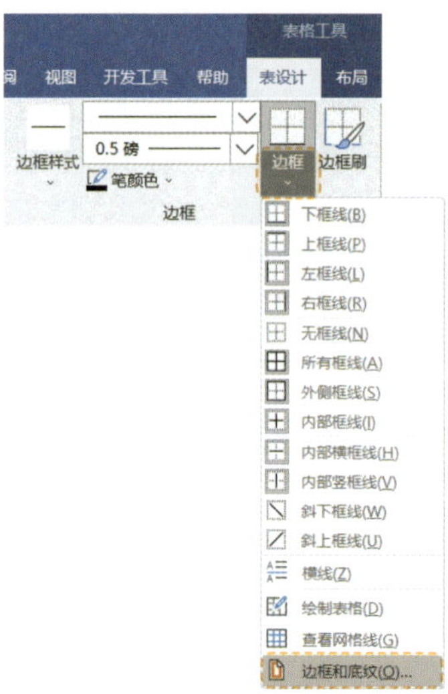

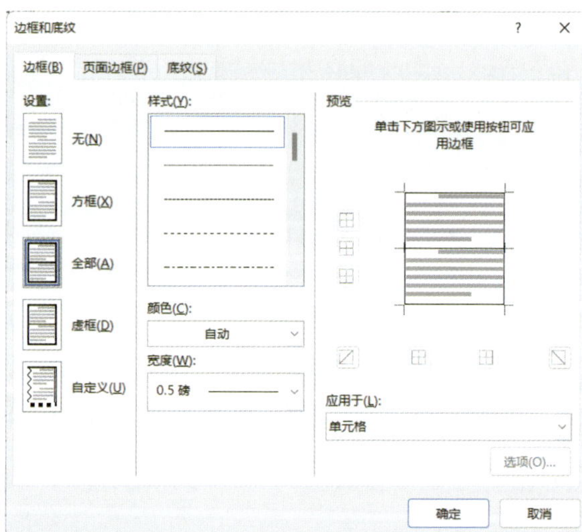

表格的边框可以分成几个部分，分别对应边框设置预览中的6个小框体。一般我们在选定线条的样式、颜色和宽度后，就可以直接在预览区域进行操作，完成后单击【确定】按钮即可。

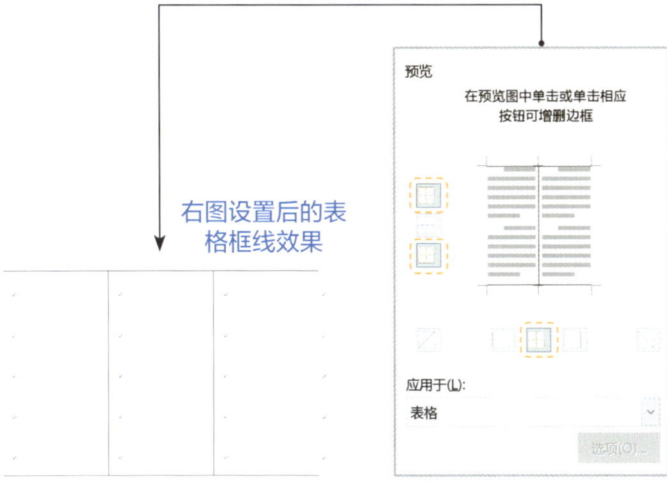

如果想制作如上图一般没有中间横向框线和最外侧左右竖线的表格，在预览图中单击相应边框，使其消失即可。

实例 表格中不规则框线的添加

虽然在线填写表格的情况越来越多，但纸质表格在职场中仍然占有一席之地。有些项目表格中信息较多，常常会出现各种不规则框线。可是，怎样才能用 Word 添加不规则框线呢？

这里以添加“上半年项目预算使用基本情况表”中的斜线为例进行介绍。

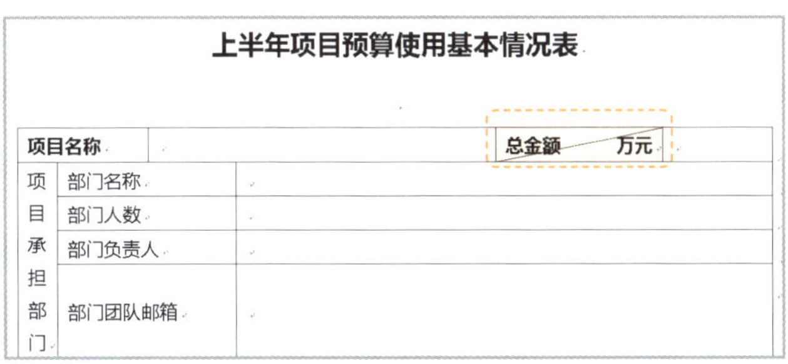

其实斜线的添加十分简单：选中需要添加斜线的单元格，右击，在菜单中选择【表格属性】选项，在弹出对话框中单击【边框和底纹】按钮，选择向左或向右的斜线即可。

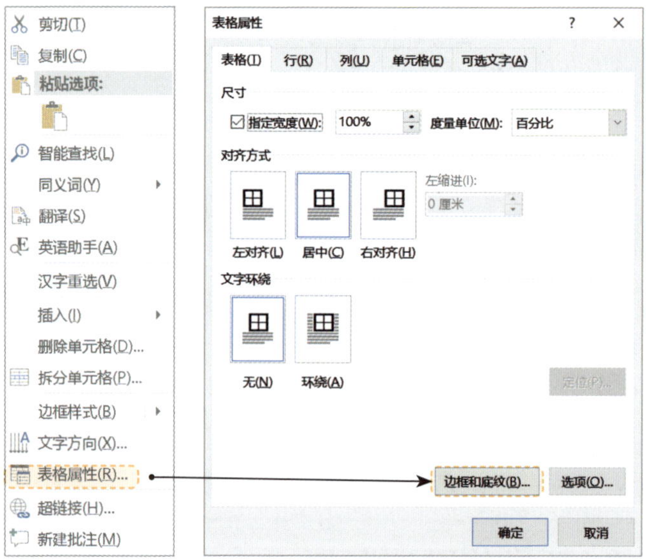

但如果是要添加两条斜线呢？

Word 2010 之后的版本取消了【绘制表头斜线】这一功能，因此要在单元格中添加两条及以上的斜线，需要借助【形状】功能来完成。

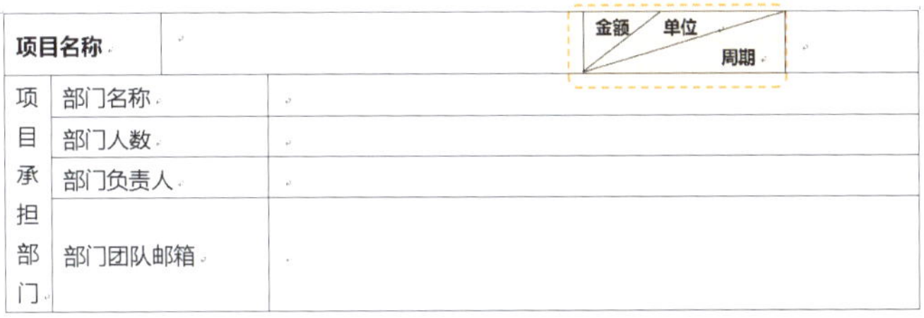

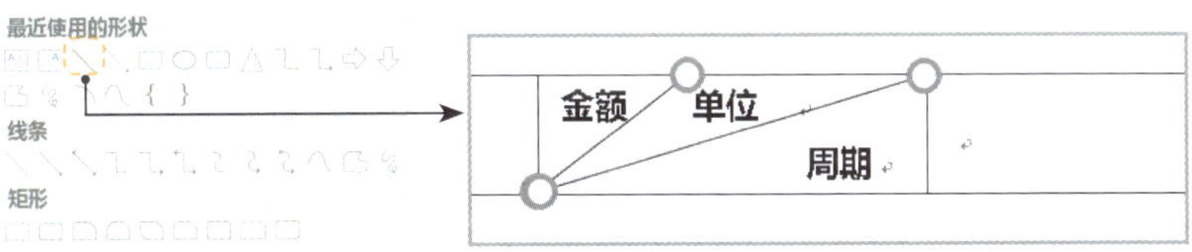

实例 表格中框线的移动与添加

如果要进行简单的直线分割，是否可以直接移动表格框线，比如是否可以直接移动下表中橙色标记处的框线。

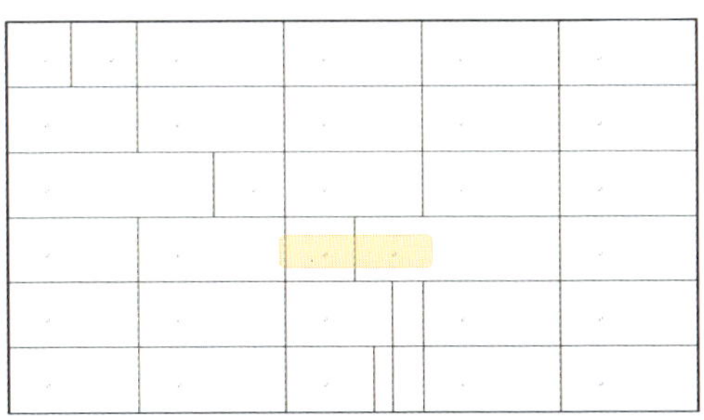

但在移动时会发现表格中的框线是联动的，也就是说，当你移动一列中

的某段框线时，整列的框线都会移动。

单独移动某段表格框线的方法如下。

选中包含即将被移动框线的单元格，将鼠标指针悬停在该框线上，此时鼠标指针变身为双向箭头形状，按住鼠标左键拖曳就可以单独移动这段框线。

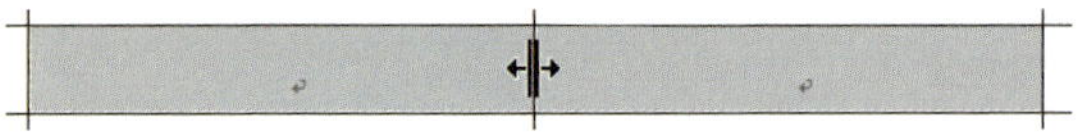

还有一种更简便的方法，就是直接画——当然不是用直尺和笔在打印稿上添加，而是在表格中直接绘制。

将光标定位到需要增加线的单元格中，在【表格工具 - 表设计】选项卡的【边框】功能组中设置框线的颜色和粗细，然后单击【边框】的下拉按钮，在菜单中选择【绘制表格】选项，当鼠标指针变为画笔图标，就可以直接在单元格中绘制框线。

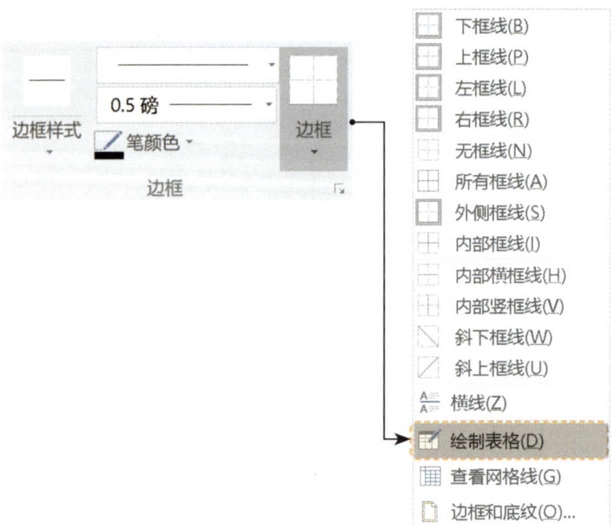

按住鼠标左键，在单元格中按需要绘制框线，Word 会自动校对框线角度，以达到绘制横线、竖线、斜线的目的。

如果你需要添加大量的不规则框线，建议使用这种方法，它能帮你大大缩短操作时间。

3.4.5 表格样式的快速设置

你好不容易设置好了某个表格的样式，是不是特别想将样式一键复制到下一个表格中？这个时候就需要借助【表格样式】功能。

如果你接受 Word 内置的表格样式，那就只需选中表格，然后进入表格样式库，选择所需样式即可，具体操作如下：选中表格，在【表格工具－表设计】选项卡中单击【表格样式】功能组右侧的下拉按钮，在展开的菜单中选择 Word 内置的表格样式。

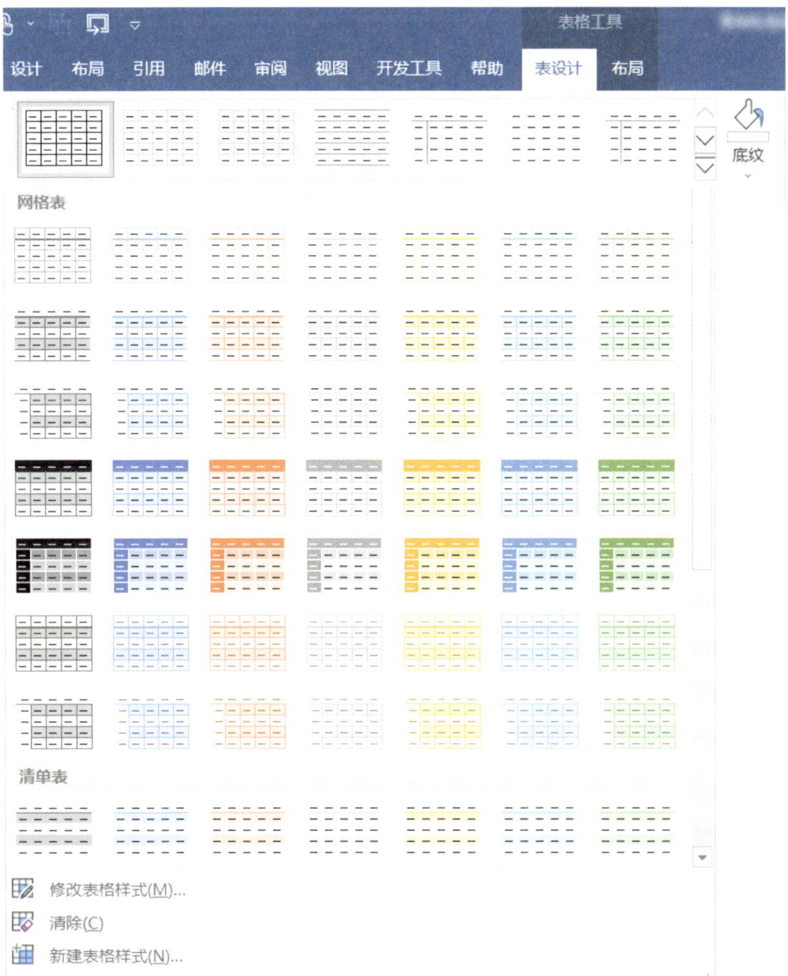

如需更换样式，在表格样式库中直接选择其他样式即可。

如果你不满意表格样式库里的样式，希望在这些样式的基础上进行修改，可以在应用表格样式后，选择表格样式菜单中的【修改表格样式】选项，然后在【修改样式】对话框中修改样式名称，以便与基准样式区别开，之后就可以对表格的字体、字号、颜色、框线等进行自定义设置。

如果需要修改框线，单击【修改样式】对话框左下角的【格式】按钮，在菜单中选择【边框和底纹】选项，再在新弹出的对话框中进行设置即可。

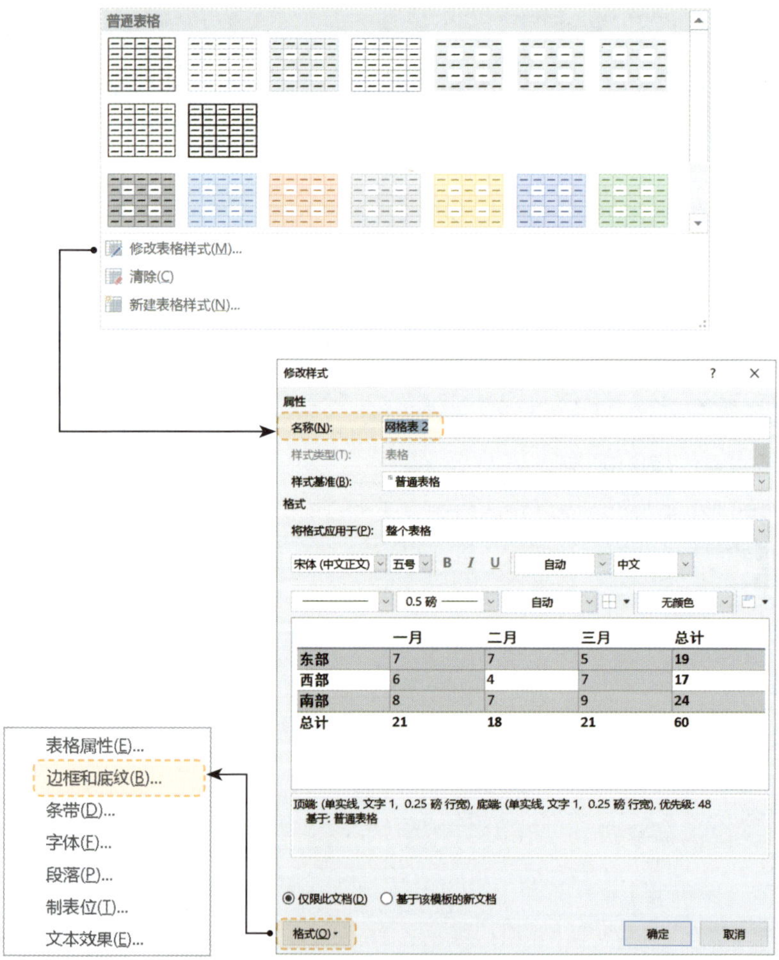

当然，我们也可以新建样式：在表格样式菜单中选择【新建表格样式】选项，你会发现弹出的【根据格式化创建新样式】对话框和【修改样式】对话框几乎一样，二者最大的区别在于，【根据格式化创建新样式】对话框默认将表格框线全部删除，需要重新创建。

按照修改样式的操作流程，新建你喜欢的样式，完成后单击【确定】按钮。在表格样式库内，新建的自定义样式已经出现在第一位。

选中表格，单击新建的自定义样式，即可完成套用。

3.4.6 三线表的制作

在科技论文中，三线表是推荐的基本样式。

三线表能使科技论文内容的逻辑性增强，已成为现代科技论文中不可缺少的表述方式。规范合理的三线表不仅可使某些内容的表述更加简洁、清晰、准确，提高论文的说服力，还可缩小篇幅、节约版面。

三线表通常只有 3 条线，即顶线、底线和栏目线（见下图，注意没有竖线）。其中，顶线和底线为粗线，栏目线为细线。

当然，三线表并不一定只有 3 条线，必要时可加辅助线，但无论加多少条辅助线，其仍是三线表。三线表的组成要素包括：表序、表题、项目栏、表身、表注，以及对应的顶线、栏目线、底线和辅助线。

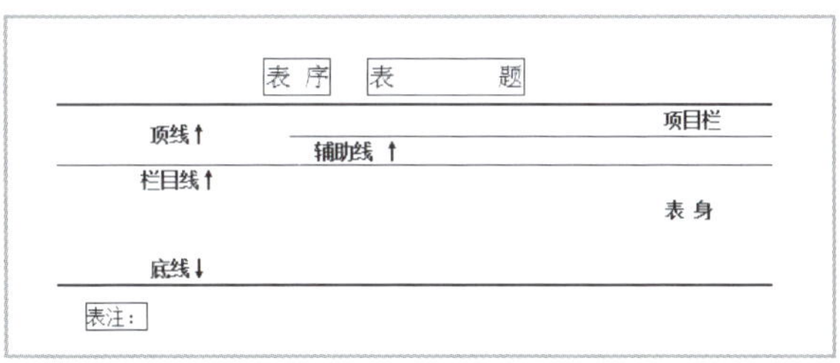

▲ 三线表图示（图示中含一条辅助线）

不管是何种形式的三线表，它在 Word 中都体现为表格的部分框线被隐藏、部分框线被加粗。

表 1 高三理科月考平均成绩

Tab.1 Senior three science monthly exam average score

班级	语文	数学	英语	物理	化学	生物
高三 1 班	124	127	143	80	62	100
高三 2 班	141	120	143	78	89	91
高三 3 班	122	127	136	92	97	79

▲ 黄色虚线为隐藏框线，顶线和底线为加粗的框线

将光标放入 Word 表格中，会出现【表格工具 - 表设计】选项卡，在【边框】功能组中可以设置表格框线的有无，以及表格框线的粗细（磅数）。

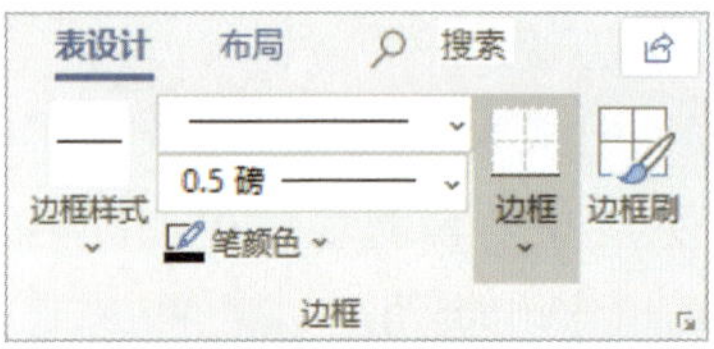

▲ 选中任意一行单元格，设置好框线粗细（磅数），单击【边框】的下拉按钮，再选择需要显示的框线，表格框线就会发生相应变化

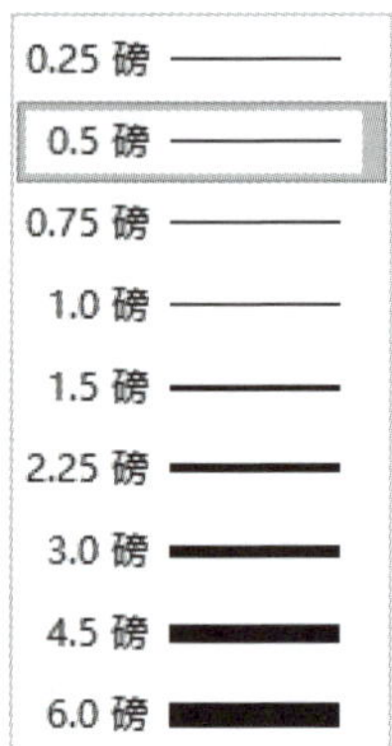

实例 基本款三线表的制作

基本款三线表的制作步骤如下。

步骤一：将表格框线全部删除

由于三线表的框线比较少，所以采用在无框线表格的基础上，增加部分

框线并加粗部分框线的方法来制作基本款三线表。选中整个带完整边框的表格，单击【表格工具 - 表设计】→【边框】→【无框线】，即可去掉表格框线。

为了操作方便，可以单击【表格工具 - 布局】→【查看网格线】，将去掉的框线以虚线的形式呈现。

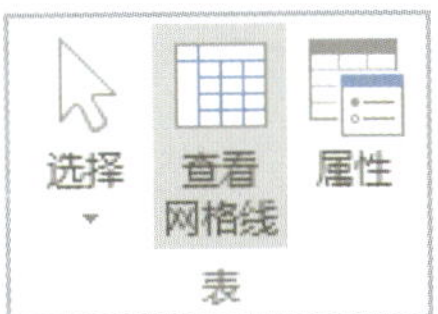

表 1 高三理科月考平均成绩

Tab.1 Senior three science monthly exam average score

班级	语文	数学	英语	物理	化学	生物
高三 1 班	124	127	143	80	62	100
高三 2 班	141	120	143	78	89	91
高三 3 班	122	127	136	92	97	79

▲ 上图中以虚线形式呈现被去掉的框线

步骤二：添加部分框线

基本款三线表需要有两条粗框线（顶线和底线），以及一条细框线（栏目线）。选择表格项目栏（第一行），设置框线粗细为 0.5 磅，单击【表格工具 - 表设计】→【边框】→【下框线】；然后设置框线粗细为 1 磅，选择第一行单元格，设置上框线；选择最后一行单元格，设置下框线。

表 1 高三理科月考平均成绩

Tab.1 Senior three science monthly exam average score

班级	语文	数学	英语	物理	化学	生物
高三 1 班	124	127	143	80	62	100
高三 2 班	141	120	143	78	89	91
高三 3 班	122	127	136	92	97	79

0.5 磅 1 磅 1 磅

▲ 上述不同粗细的框线在普通视图下显示不出太大差别，但打印出来后差别较明显

实例 进阶款三线表的制作

进阶款三线表有两个特点：一是增加了一条栏目线（细线），二是两组项目之间存在间断。

目之间存在间断。

表 2 高三文理科语数外平均成绩对比

Tab.2 Senior three liberal arts and science monthly test average score comparison

班级	理科			文科		
	语文	数学	英语	语文	数学	英语
1 班	124	127	143	129	130	147
2 班	141	120	143	146	137	121
3 班	122	127	136	125	150	120

▲ 增加栏目线及间断线

学习完基本款三线表的制作，我们基本就能完成进阶款三线表的制作，但由于该表含有“新安江”和“富春江”两组并列的项目，所以为了区分，我们需要在两者之间制造间断效果。

✿ 新步骤：添加白色框线做间断处理

间断处理本质上还是修改框线。选择较粗（如 3 磅）的框线，将线条颜色更改为白色，单击【边框刷】按钮，光标会变为一支笔的形状，在需要制造间断处拖曳即可形成间断效果。

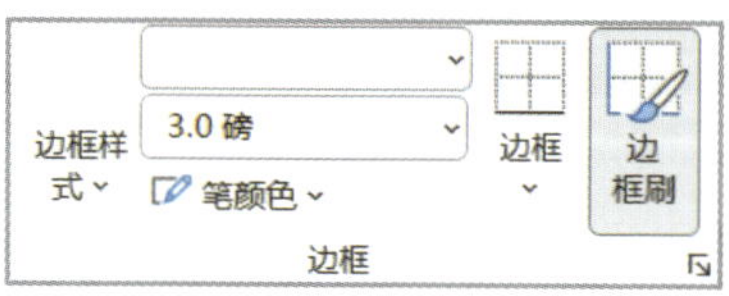

▲【边框刷】功能本质上和【边框】功能一样，都用于添加表格边框，二者的区别在于使用【边框刷】功能后需要手动添加边框

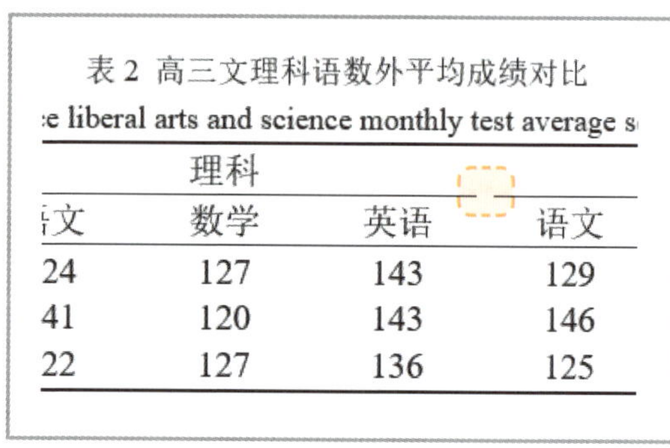

表 2 高三文理科语数外平均成绩对比

:e liberal arts and science monthly test average s

理科			
文	数学	英语	语文
24	127	143	129
41	120	143	146
22	127	136	125

除了以上方法，我们还可以在需要制造间断处添加一列无框空列。

本节仅讲解两款典型的三线表的制作方法，实际制作时还可以添加辅助线。

如果需要频繁用到三线表，可以参照本书 3.4.5 小节介绍的方法，将三线表制作成表格样式，保存在 Word 中，以便重复选用。

3.4.7 表格自动计算

视频案例

说到数据计算，很多人自然就联想到 Excel——Excel 具有 Word 所没有的强大的函数功能。

Word 主攻图文排版，Excel 主攻数据计算。但实际上，简单的函数功能对 Word 来说不在话下：Word 能轻松搞定求和、求积、求个数、求余数，还能实现四舍五入、逻辑运算等。

因此，如果是基本的运算，完全可以在 Word 中完成，比如要对下表中的数据求和，便可以直接用 Word 完成计算。

上半年	下半年	合计
2.00098	5	X1
2000098	1234.7	X2
102	12034	X3

实例 在表格内设置自动计算函数

将光标放在 X1 所在单元格内，在【表格工具 - 布局】选项卡中单击【公式】按钮，在弹出的对话框中单击【确定】按钮，即可完成数据的求和计算。

Word 会根据表格对公式做自动推理，如下图所示，会自动出现求和公式。

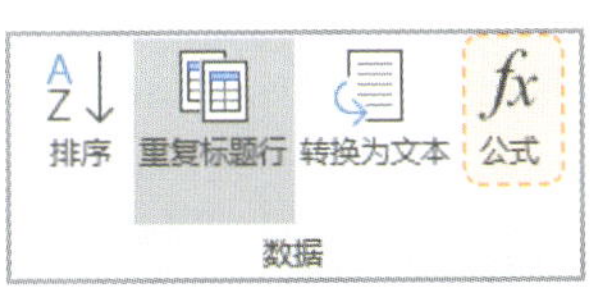

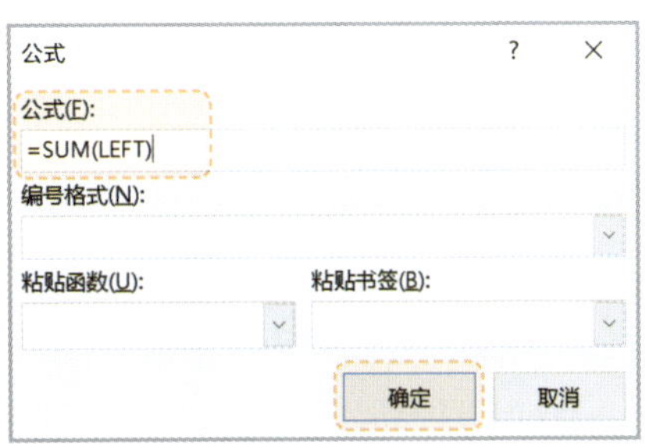

如果默认的公式并不是你需要的，你也可以对其进行更改。假设 X1 单元格中的计算并非是求和，而是求乘积，则删除【公式】文本框中“=”后的 SUM 函数部分，单击【粘贴函数】的下拉按钮，在下拉列表中选择【PRODUCT】选项，在【公式】文本框中“PRODUCT”后的括号内输入计算的范围，然后单击【确定】按钮，即可得到计算结果。

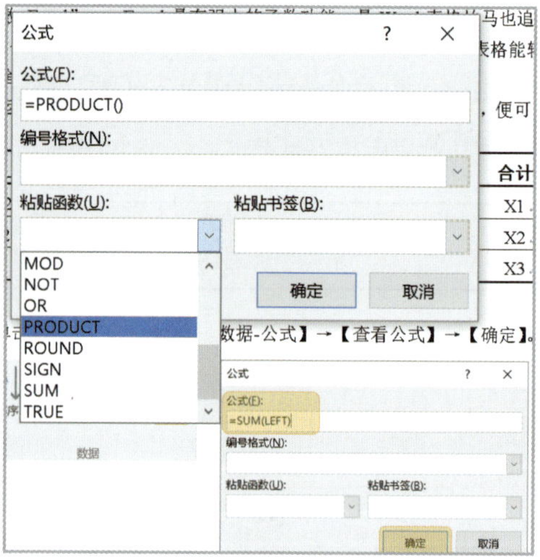

在【公式】对话框中，也可以设置最后显示数据的格式。例如，要使计算结果保留两位小数，只需在【公式】对话框的【编号格式】的下拉列表中选择【#,##0.00】选项即可。

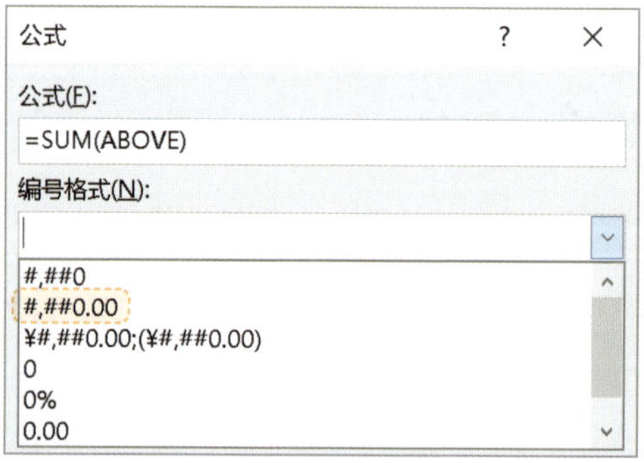

不过，Word 的内置函数功能有一个缺点：无法自动更新。也就是说，一

且数据源有改动，计算结果不会自动更新，即使关闭文档后重新打开，数据也不会自动更新。不过，你可以手动更新。选中需要更新的计算结果，右击，在菜单中选择【更新域】选项即可。

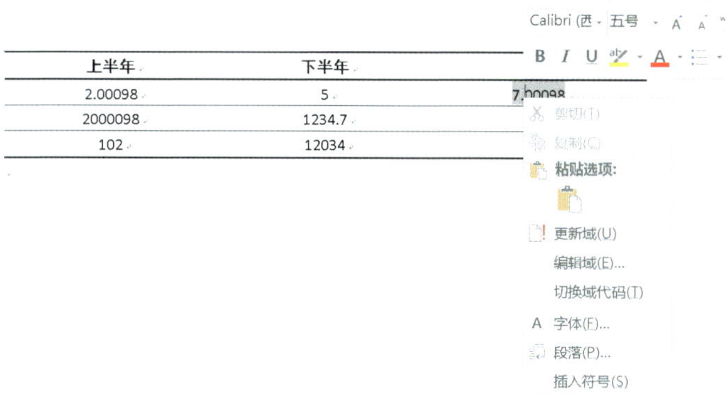

如果是要计算第二列第三行与第三列第三行的和呢？

其实 Word 和 Excel 的单元格命名方法相同，如下表（表中的“1”“2”“3”“4”是为方便读者理解添加的，并不算作一列）：第一列第一行对应的单元格是 A1，第二列第一行对应的单元格是 B1，依次类推。这里要求的就是 B3 与 C3 的和。

	A	B	C
1	上半年	下半年	合计
2	2.00098	5	7.00098
3	2000098	1234.7	X2
4	102	12034	X3

在【公式】对话框的【公式】文本框内输入相关参数就能求出结果。

另外，【公式】功能不仅在表格中可以使用，在页眉和页脚、正文以及文本框内也可以使用。

3.4.8 表格排版常见的“疑难杂症”

在对表格进行排版的过程中可能会遇到各种各样的问题。表格的排版一般需要根据文档内容而定，表格应紧邻相关文字，但有时限于排版结构，表格会跨页。表格本身容量较大，如横向尺度过大时，可以将页面设置为横向；纵向尺度过大时，可以在跨页处重复显示标题行。

1. 跨页表格排版

在学位论文中，原则上不允许出现表格的一部分出现在前一页，另一部分出现在后一页的情况。但若出现了这种情况，一般可以通过以下几种方法进行调整。

调整文字位置法

将表格后方的文字挪到表格前方，使表格能完整地出现在一页。这种方法简单有效，但需要在文中注明表格的编号信息，让读者能根据交叉引用和题注信息找到表格位置。

调整表格大小法

从内容角度讲，可以将表格简化，如减少表格中的项目；从表格设置角度讲，可以调整表格间距，如将表格的行距设置为单倍行距，或者将其设置为较小磅数的固定值，以缩小表格的高度，便于将表格调整到一页中。

编号	姓名	学号	专业	年级
1	张三	141303020029	港航	14 级
2	李四	141303020040	海岸带	14 级
3	王五	141303032018	港航	13 级

▲ 1.5 倍行距

编号	姓名	学号	专业	年级
1	张三	141303020029	港航	14 级
2	李四	141303020040	海岸带	14 级
3	王五	141303032018	港航	13 级

▲ 单倍行距或较小磅数的固定值行距

重复标题行法

在怎么调整都没有用的情况下，只能允许表格跨页，但为了弥补跨页表格在阅读上的不便，我们需要设置跨页表格的重复标题行。设置重复标题行的方法有两种。方法一：右击标题行，在菜单中选择【表格属性】选项，在【行】选项卡中勾选【在各页顶端以标题行形式重复出现】选项。方法二：选中标题行之后，在【表格工具 - 布局】选项卡中单击【重复标题行】按钮，此时跨页表格顶端就会出现标题行。

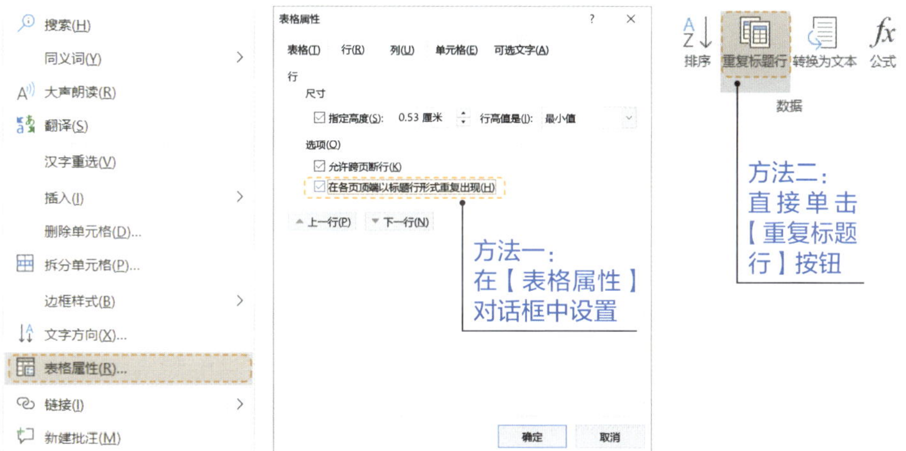

使用重复标题行法时，需要注意以下两点。

① 不论标题占了几行，在跨页处都要重复显示标题行。

② 如果使用该方法，只能对表格最初的标题行进行编辑和修改，在其余各页中无法选中标题行。

实例 表格跨页断行

你是否也曾遇到过明明是同一个表格同一个单元格里的内容，写到一页的最后时，整个单元格都跑到下一页去了。

要想解决这个问题，就需要设置单元格的跨页断行，具体操作如下。

选中表格区域或单元格，右击，在菜单中选择【表格属性】选项，在【表格属性】对话框中切换到【行】选项卡，取消勾选【指定高度】选项，然后勾选【允许跨页断行】选项，最后单击【确定】按钮即可。

这时，你再往单元格里输入内容就会发现，如果输入的内容超出原本单元格的容量，超出的部分会自动切换到下一页中。

2. 恢复表格中的内容

工作中时有遇到表格中的内容“失踪”了的情况。

为什么表格中的内容会失踪？因为纸张（页面）不够大，装不下表格了。换句话说，就是表格和纸张的尺寸不匹配。所以，我们只要调整表格尺寸，或者调整纸张尺寸，问题就会迎刃而解。

通常 Word 页面会被限定为 A4 纸张大小，所以一般选择调整表格尺寸。

如何调整表格尺寸？找到页面标尺，根据标尺找到超出页面内容的边界，然后通过拖曳鼠标指针，将表格缩小至与纸张大小匹配即可。

例如，下图中，把有关内容粘贴到表格中后，最右侧的一些文字“失踪”了。

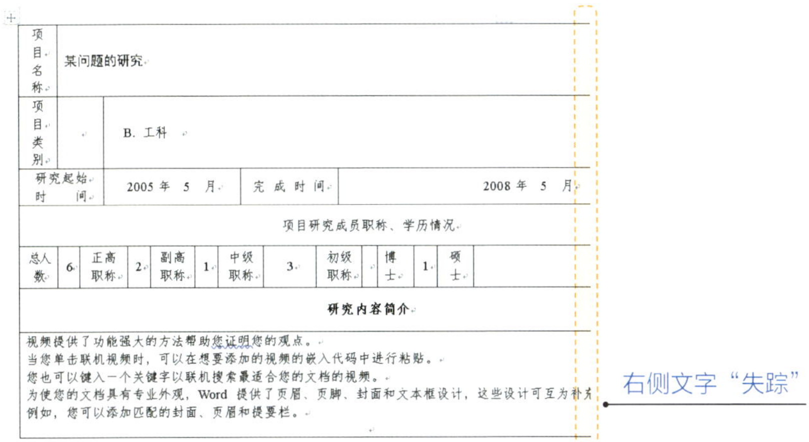

这时想要调整表格尺寸，去哪里找表格最右侧的框线呢?

首先，你要确保 Word 页面显示了标尺。

标尺位于页面顶端，如下图所示。

如果页面顶端没有显示标尺，在【视图】选项卡中勾选【标尺】选项即可让它显示出来。

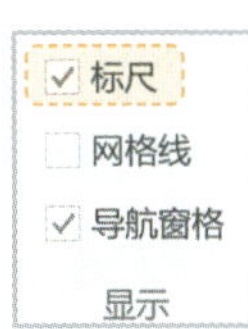

此时，你会注意到标尺的右侧有一段灰色的区域，区域末尾有个向上的小三角，小三角的位置就是超出页面的右侧框线所在的位置。

如果找不到这个小三角，可以适当缩小页面显示比例。在页面右下角可

调整页面显示比例。

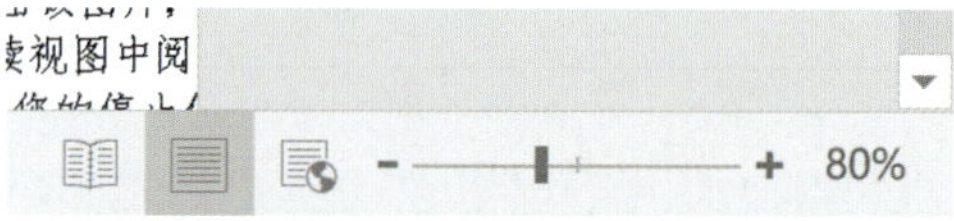

接下来要做的就是选中表格，将鼠标指针移动至灰色区域最右侧的小三角处，此时鼠标指针会变成双向箭头形状；按住鼠标左键并向左移动鼠标指针，直至“失踪”的内容全部回到页面中。在移动过程中，会有虚线出现，而随着虚线向左移动，表格也在变化。

同理，如果表格中左侧的内容“失踪”，那需要调整的就是左侧的标尺。

不过，Word 给我们的解决方案向来不止一种。

单击表格左上角的⊞按钮选中整个表格，右击后在菜单中选择【自动调整】→【根据窗口自动调整表格】，此时表格尺寸就会根据页面版心的大小自动调整，“失踪”的内容也就出现了。

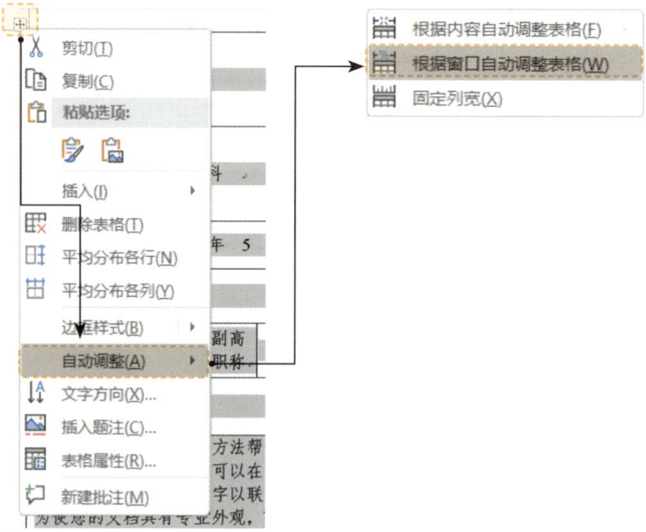

实例 过宽表格的排版

由于表格项目众多，导致表格横向尺寸过大，无论如何调整都很难将其容纳在一页文档上时。在这种情况下我们能做的就是将该页纸张横过来。将整个文档中的某一页横过来时，若要保证其前后页仍旧是竖页，这就需要使用分隔符中的一个工具：分节符（下一页）。将表格所在页横过来的操作如下。

第一步：在竖页底端插入一个分节符（下一页），则在该节之前的页面同属于一节，均为竖页。

第二步：插入分节符（下一页）后，光标会移到下一页（也就是横向尺寸过大的表格所在的页面），将光标移动到页面底端，插入一个分节符（下一页），于是文档有了第二节。

第三步：将光标置于第二个分节符所在页中，在【布局】选项卡的【页面设置】功能组中单击【纸张方向】按钮，在菜单中选择【横向】选项。

▲ 在竖页底端插入分节符（下一页）

▲ 在下一页底端再次插入分节符（下一页），然后在【布局】选项卡的【页面设置】功能组中单击【纸张方向】按钮，在菜单中选择【横向】选项

实例 表格后空白页的删除

有时表格制作完成后，其后会有一张空白页。这是因为表格把上一页填

得太满了，导致表格后固定跟随的段落标记进入了下一页。

所以要删除这种空白页，我们要做的就是在不改变表格布局的情况下，让段落标记回到上一页中。具体的做法就是缩小段落标记所在段落的行距。

将光标放在段落标记所在段落处，在【开始】选项卡中单击【段落】功能组右下角的扩展按钮，在【段落】对话框中将【行距】设置为【固定值】，将【设置值】设置为【1 磅】，最后单击【确定】按钮，完成行距的设置。

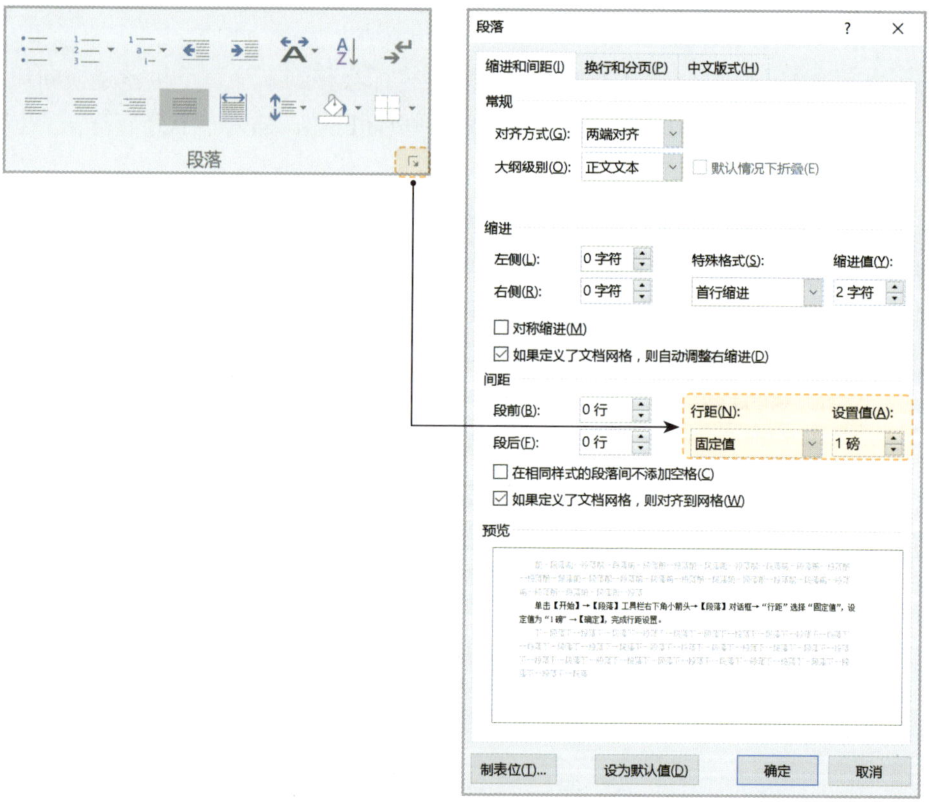

3.5 图表：不止有图和表

即使使用 Word 2003，我们也可以做出非常专业的图表。现在我们有 Word 2021，没有道理让文档中的图表显得很业余。

3.5.1 完整图表的必备元素

一个完整的图表应该具备的元素如下：图表区中的图表标题、数据来源，绘图区中的数据系列、数据标签、网格线、坐标轴、图例。

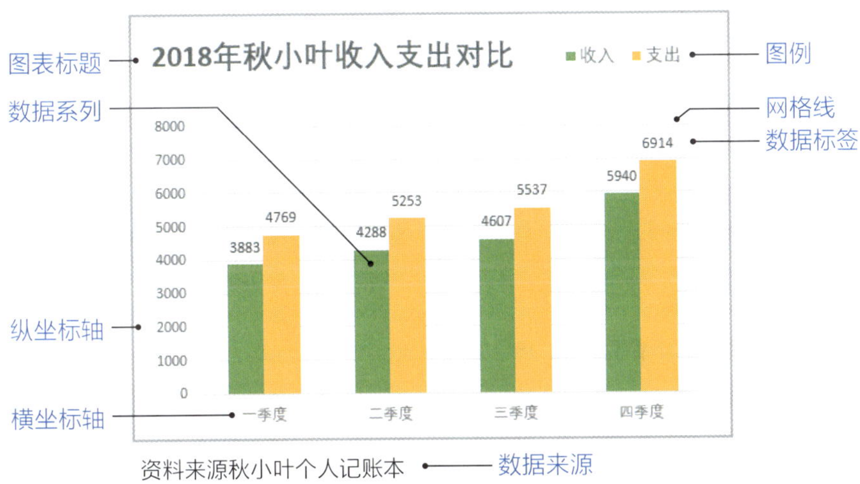

在严肃、正式的工作文档中，这 7 个元素有些可以省略，比如图例、网格线；有些则不能省略，比如图表标题、数据来源。

图表标题不是图表 1、图表 2 等，而是可以概括图表内容的一句话。标题让阅读者能够第一时间明白图表的主旨。

数据来源是不可缺少的，正是权威的数据来源，才让图表显得严谨且专业。

下次制作图表时，不妨从增加这两个元素入手，这样文档的整体效果会有大幅提升。

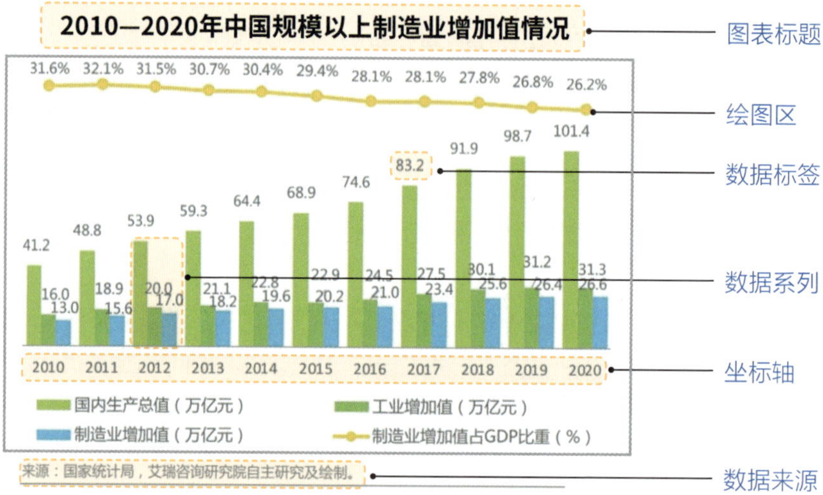

增加相关元素时，千万要注意字体和字号的搭配。建议标题的字体和图表中的英文及数字字体保持一致，且标题的字号要大于图表中文字的字号，否则会显得不和谐。

下图中标题格式为黑体、加粗，但图中的数字则使用了斜体，且字号还大于标题字号，显得不和谐。

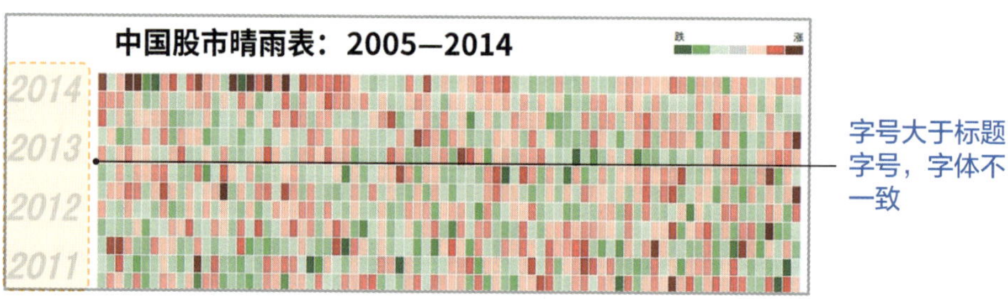

3.5.2 如何插入图表

视频案例

1. 数据型图表的插入

在撰写文档的过程中，我们往往需要不断修改文档内容。文字好改，图表怎么办？每次都重新绘制吗？

如果采取先在 Excel 中绘制，然后复制粘贴到 Word 中的方法，那么每次都需要重新绘制和插入才能使图表与更改后的数据源同步。

有更简单的方法吗?

当然有，那就是选择性粘贴。

首先，在 Excel 中完成图表的绘制，复制图表后返回 Word 文档，在【开始】选项卡中单击【粘贴】的下拉按钮，在菜单中选择【链接与保留原格式】或【链接与使用目标格式】选项。

完成之后，如果 Excel 文件中的原图表发生了变化，只需在 Word 文档中的图表上右击，在菜单中选择【更新链接】选项即可同步更新图表。

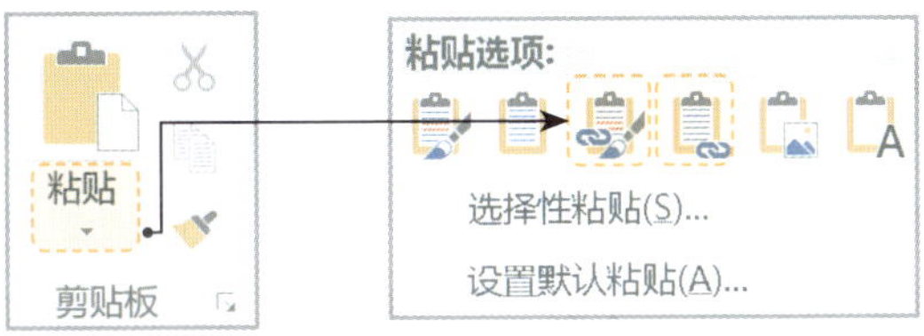

当然，如果是简单的图表，也可以直接在 Word 中绘制。

在【插入】选项卡中单击【图表】按钮，你会发现弹出的【插入图表】对话框中的图表类型和 Excel 中的几乎一模一样。

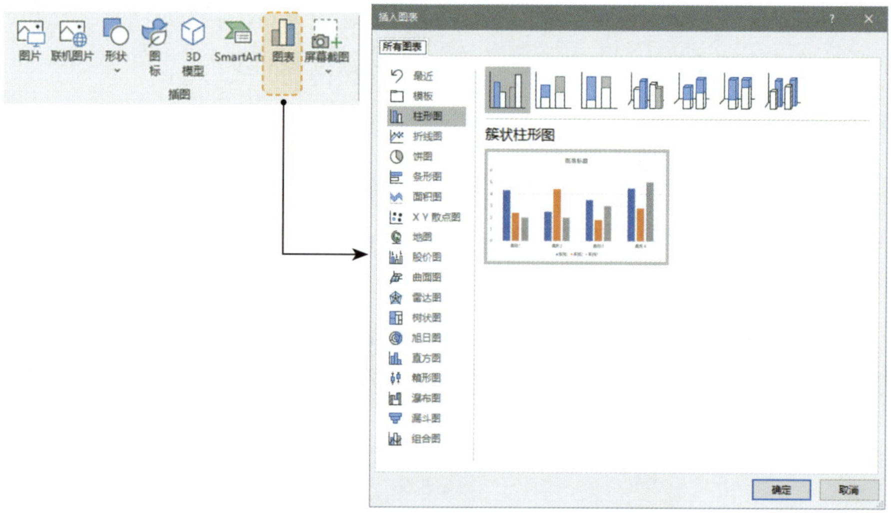

选择一种图表类型，比如簇状柱形图。单击【确定】按钮后，文档中会出现绘图区和【图表工具】选项卡，以及 Excel 表格。

接下来，你只需要在 Excel 表格中编辑数据即可。当有数据要修改时，在数据系列上右击，在弹出的菜单中选择【编辑数据】选项就可以打开相应对话框。

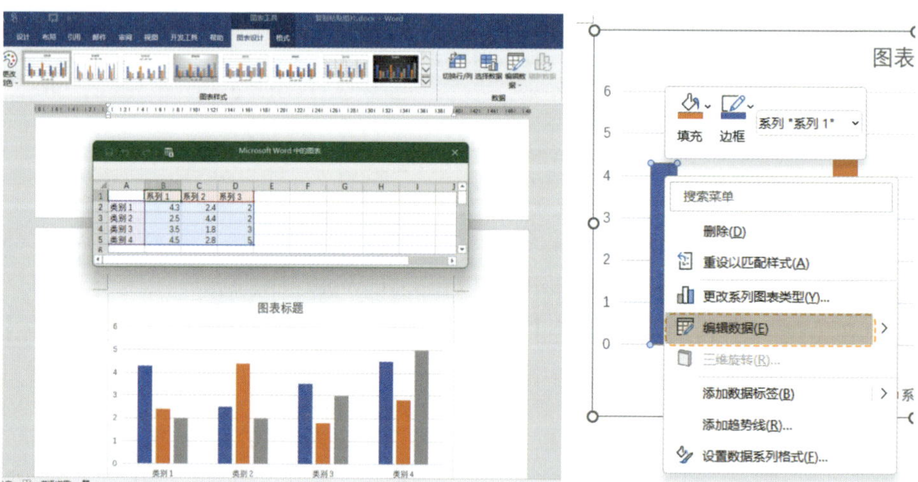

2. 非数据型图表的插入

有时需要制作非数据型图表，比如流程图、组织结构图等，可以使用 SmartArt 功能。

在【插入】选项卡中单击【SmartArt】按钮，在弹出的【选择 SmartArt 图形】对话框中选择需要的方案。

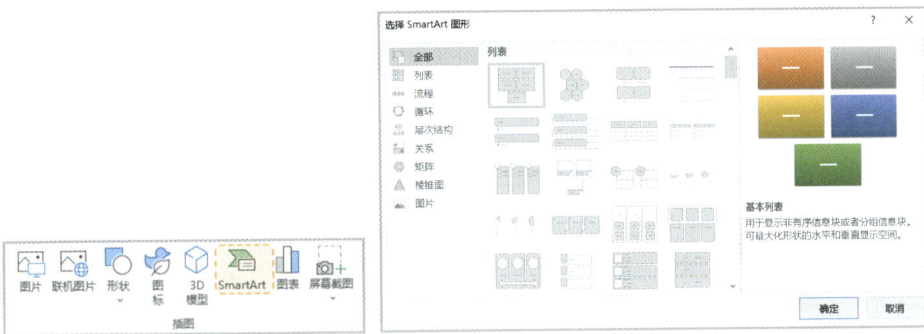

无论是列表、流程，还是循环、层次结构、矩阵等，都可以在这里找到。

使用【SmartArt】功能的优点就是，图表的绘制高度自动化。

框线、填充等都可以一键设置。添加文字时，文字和文本框都会根据字数的多少和页面的大小自动调整，甚至从流程图 A 改为流程图 B，也能一键设置。

使用【SmartArt】功能，你就省去了绘制图形、文本框，设置图形格式，编辑文本框和设置字体、字号等一系列琐事，十分省事。

实例 组织结构图的快速绘制

在做关于公司宣传的文档时，我们通常需要绘制公司的组织结构图。但公司部门太多，如何才能快速绘制组织结构图呢？

在【插入】选项卡中单击【SmartArt】按钮。

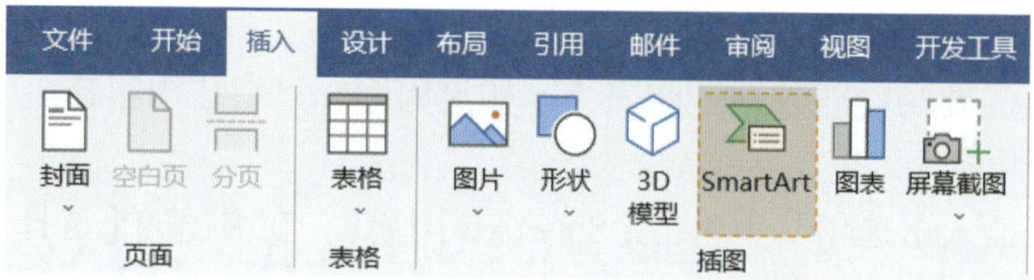

在弹出的【选择 SmartArt 图形】对话框中选择【层次结构】选项，并在右侧界面中选择【组织结构图】选项，单击【确定】按钮插入一个空白的组织结构图。

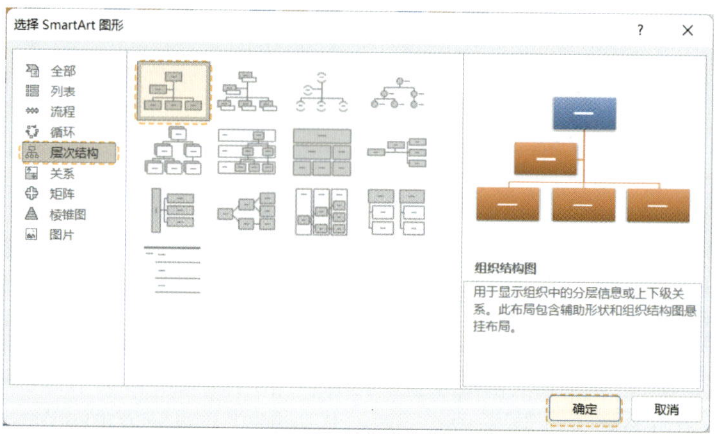

在 SmartArt 图形左侧的【在此处键入文字】窗格中，根据公司组织架构填入对应的内容即可。

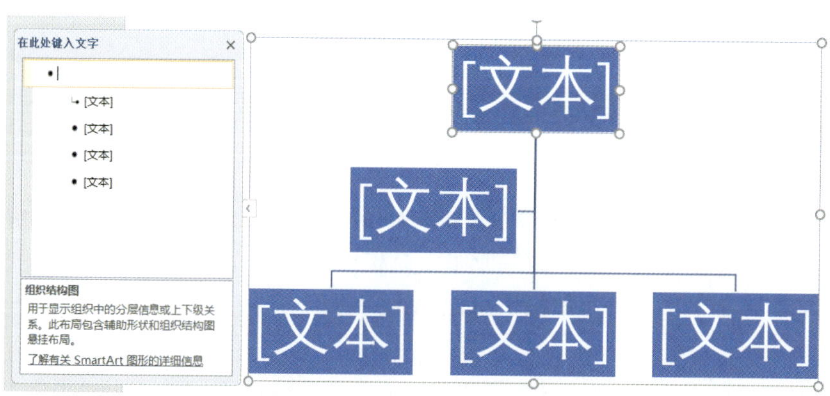

如果默认插入的图形中色块不够，可以在【SmartArt-设计】选项卡中单击【添加形状】按钮进行色块的添加。内容顺序、级别的调整也可以通过【创建图形】功能组中的相关按钮来实现。

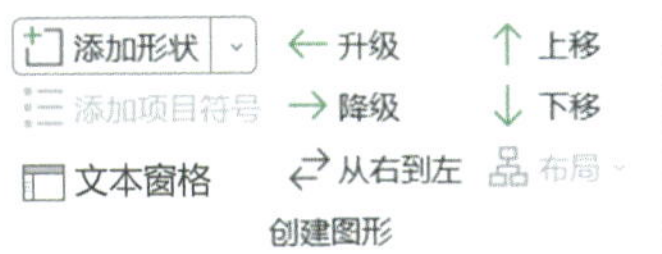

选中上一级色块，单击【布局】按钮，在菜单中选择对应的选项，就可以调整下一级色块的布局效果。

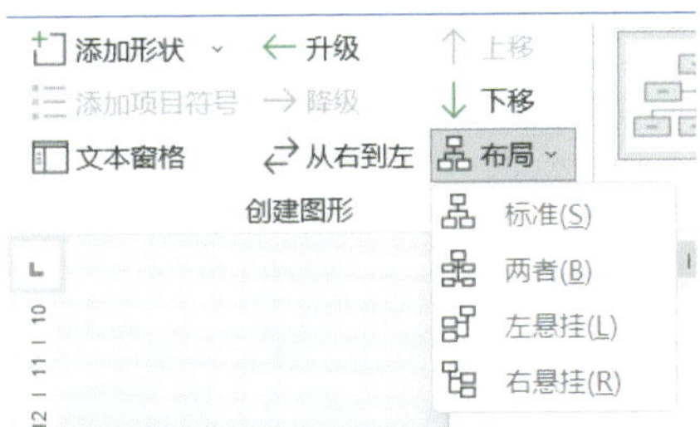

3.6 公式的录入

视频案例

公式在数学、物理、化学、生物等学科中比较常见。恰当的公式能够准确表现不同物体之间相等或不等的关系。

于是，就有了在 Word 中进行公式的录入与排版的需求，而在此过程中也容易出现一些问题，因此我们需要进行专门的学习。一般而言，录入公式有两种方式，分别是键盘录入并配合上下标法和 Word 内置公式插入法。

实例 键盘录入并配合上下标法

如果是非常简单的公式，可以直接使用键盘录入字符，并根据实际情况设置上下标，变量字母应设为斜体。

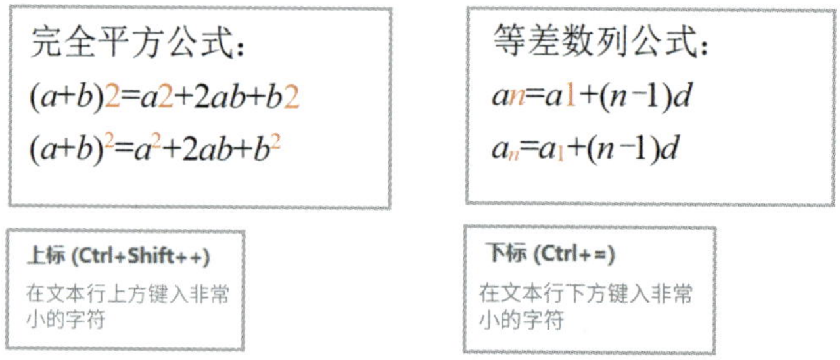

▲ 在常见简单公式输入过程中，使用上下标比较方便（推荐上述快捷键）

实例 Word内置公式插入法

在 Word 2021 中可以直接插入或编辑公式，只需在【插入】选项卡中单击【公式】按钮，在菜单中选择【插入新公式】选项，即可切换至【公式】选项卡。

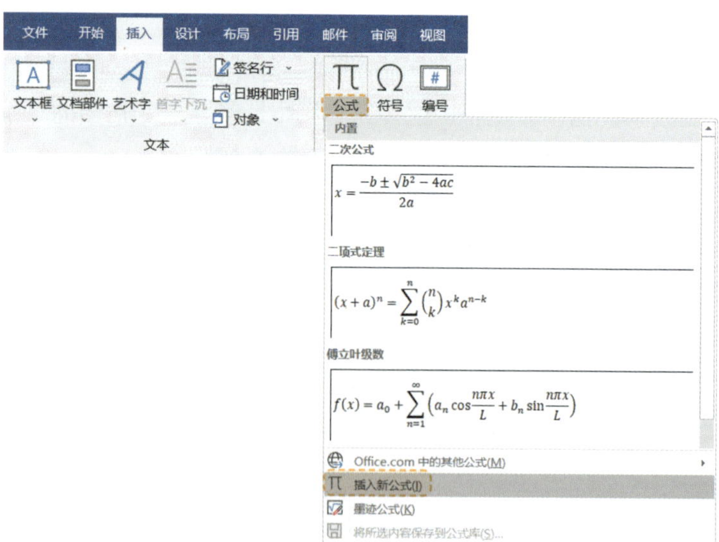

【公式】选项卡的功能比较全面，基本能满足常见的需求，操作也比较简单：用键盘录入字符，并配合公式模板即可在 Word 中快速录入公式。

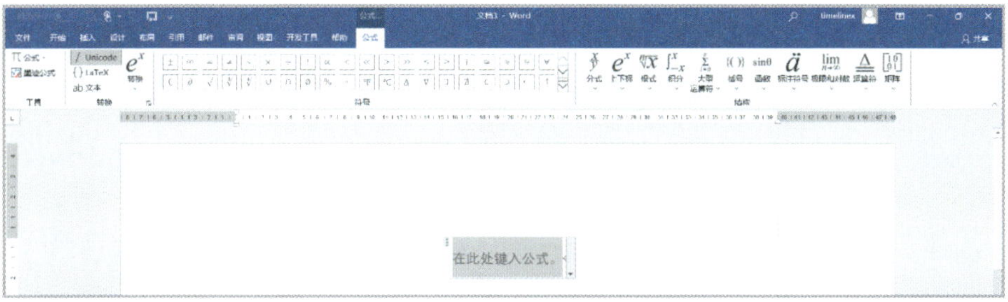

▲ 按快捷键 Alt+= 即可快速插入公式。插入公式后会增加【公式工具】选项卡，通过该选项卡就可以完成公式的录入

值得注意的是，如果【公式】按钮为灰色，表示文档版本较老且处于兼容模式，需要单击【文件】→【信息】→【转换】，将文档转换到最新版本，以使用新的增强编辑器。

另外，通过公式编辑器插入的公式，其字体默认为 Cambria Math，只能将公式改为普通文本后才能修改其字体，但此时无法保持公式原有的格式。

下面介绍将公式改为符合论文常见格式要求的方法。

$$x = \frac{-b \pm \sqrt{b^2 - 4ac}}{2a}$$

◀ 默认为 Cambria Math 字体，效果虽好但不满足论文格式要求（一般要求使用 Times New Roman 字体）

$$\mathrm{x}=\frac{\mathrm{-b}\pm\sqrt{\mathrm{b}^2\mathrm{-4ac}}}{\mathrm{2a}}$$

◀ 在【公式】选项卡中，利用【文本】功能将公式转换为普通文本，在【字体】下拉列表中更改字体为 Times New Roman

$$x = \frac{-b \pm \sqrt{b^2 - 4ac}}{2a}$$

◀ 重新将变量字母设为斜体，并调整字符间距

使用 Word 内置公式插入法的缺点有以下两个。

① 无法使用较老版本的 Word 来更改新公式。

② 字体修改有限制，操作比较烦琐。

所以这个方法适用于对兼容性要求不太高的非论文文档。

4

排版特技

被你忽视的排版技巧

制作文档的时候，你会发现细节才是制胜的关键。本章将介绍被你忽视的排版技巧。

4.1 样式：Word排版的核心

4.1.1 样式是什么？用它有什么好处？

我们在第 1 章曾简单介绍过样式为 Word 排版带来的好处，简单来说就是，无样式不成排版。样式是字体格式和段落格式的集合，在编排重复格式时反复套用样式，可以减少重复性的操作。

因此，我们在排版之前应该考虑文档中可能会用到的样式。

标题样式：大标题、一级标题（章标题）、二级标题（节标题）、三级标题……

正文样式：正文、图题、表题、表格内容、公式……

一般来说，我们会事先设置好各级标题样式和正文样式，但随着排版内容的增加我们也会不断增加样式。

1. 内置样式

Word 的【样式】功能组中列出的样式称为内置样式，它们位于【开始】选项卡的【样式】功能组中。样式库中默认显示 16 个内置样式。

内置样式并不能完全满足实际需求：一方面，其包含的格式美观性不足，通常需要手动修改；另一方面，只有一部分内置样式会被用到，有时需要新建样式。

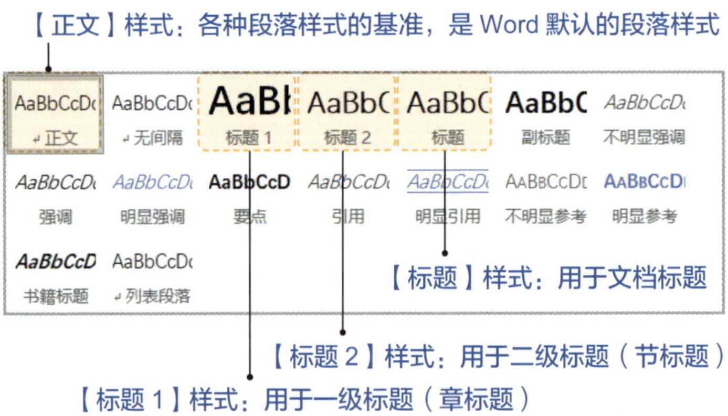

【正文】样式是文档中使用的基于 Normal 模板的默认段落样式，也是 Word 内置段落样式的基准。也就是说，一旦【正文】样式发生改变，不仅会影响正文原本的格式，而且会影响以此为基准的【标题】样式。

所以在此特别强调，不推荐修改内置的【正文】样式。

不推荐这么做还有一个原因:【正文】样式不包含“首行缩进 2 字符”格式，这与中文文档段落首行空 2 个汉字的习惯不符。为此，我们推荐根据正文格式的要求新建样式或使用隐藏的【正文缩进】样式。

在样式库中展示的标题样式有【标题】【副标题】（不常用）、【标题 1】【标题 2】（类似还有隐藏的【标题 3】等，后续会讲解如何使其显示出来）等，这些标题样式与实际文档内容的对应关系如下。

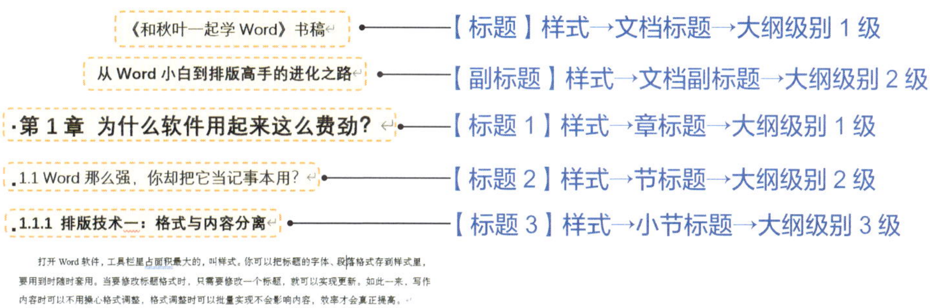

大纲级别是为文档中的段落指定等级结构（1 级～9 级）的段落格式，用于描述文档的层次关系。下图所示的【导航】窗格可通过在【视图】选项卡的【显示】功能组中勾选【导航窗格】选项打开，打开【导航】窗格方便展示文档结构。内置样式因为包含了大纲级别，所以可以反映文档的层次关系。

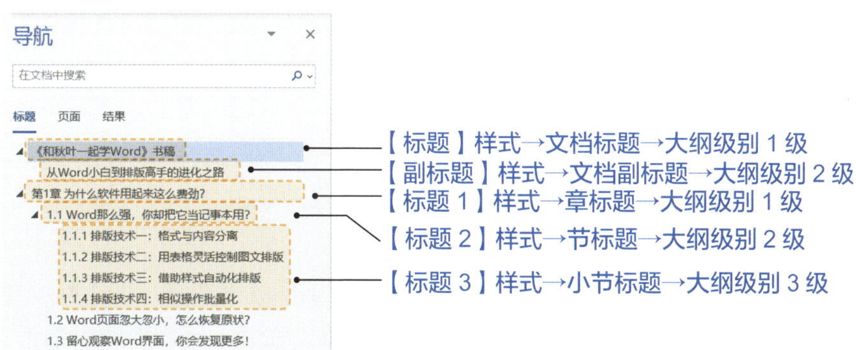

内置样式的核心设置符合 Word 内部引用规则，比如目录的调用、自动编号的调用，使用它们会使操作更加便捷、可靠。不过内置的标题样式并不美观，用户通常需要在此基础上进行调整。

以上样式都是针对段落而言的，会同时设置段落格式和字体格式，属于链接段落和字符样式，是较为常用的。

实际上，和字体、段落格式相关的样式一共分为 3 类：字符、段落、链接段落和字符，下表就是不同类型样式的说明。

样式类型	符号	包含格式	作用
字符	a	字体格式	为选中的字符应用字体格式
段落	↵	字体格式 + 段落格式	为选中字符所在段落或光标所在段落同时应用字体格式和段落格式
链接段落和字符	¶a	字体格式 + 段落格式	为选中段落或光标所在段落，同时应用字体格式和段落格式； 为段落中被选中的字符应用字体格式

这 3 种类型的样式中，除了链接段落和字符样式外，比较常用的还有字符样式，字符样式会对选中的字符应用字体格式，比如样式库中内置的【书籍标题】样式，选中文字后即可为其应用相应的字体格式。

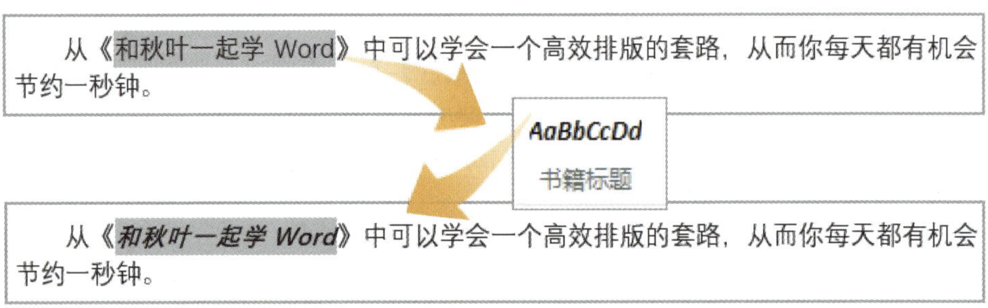

字符样式中可以设置的格式包含字体、边框、语言、快捷键及文字效果。如果文档中需要频繁使用字符样式，配合快捷键使用会十分方便。

2. 让更多“隐身”的样式现身

样式库中推荐的样式并不全面，如果标题级别多就需要调出如【标题 3】【标题 4】等样式；如果需要使用首行缩进 2 字符的样式，则需要调出【正文缩进】样式。

如果想让隐藏的标题样式显示出来，可以在【开始】选项卡中单击【样式】功能组右下角的扩展按钮，此时会弹出【样式】窗格（也可以使用快捷键 Alt+Ctrl+Shift+S 快速调出），在窗格中单击【标题 2】样式即可快速调出【标题 3】样式，单击【标题 3】样式即可快速调出【标题 4】样式，以此类推。

如果需要调出【正文缩进】样式，则需要单击【样式】窗格下方的【管理样式】按钮，在【管理样式】对话框中切换到【推荐】选项卡，找到并选中【正文缩进】样式，单击【指定值】按钮，调整优先级值为【1】，单击【确定】按钮，然后依次单击【显示】和【确定】按钮即可。

样式窗格　　【管理样式】按钮　　调出【正文缩进】样式

可以发现，刚刚调出的【标题 3】样式和【标题 4】样式会直接出现在样式库中，但【正文缩进】样式却没有直接出现在样式库中。对于这样的情况，可以在【样式】窗格中的【正文缩进】样式上右击，在菜单中选择【添加到样式库】选项即可。对于不需要的样式可以用相同的方法选择【从样式库中删除】选项，这样我们就可以打造属于自己的样式库了。

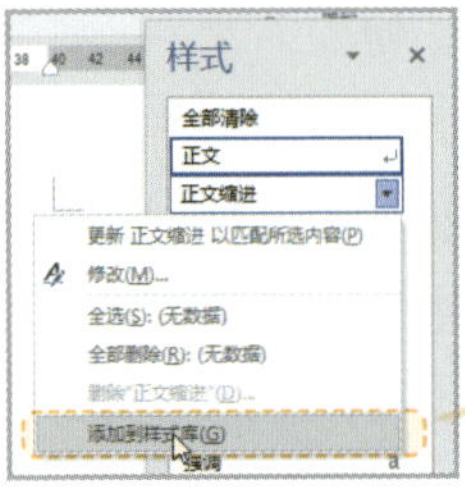

▲ 添加到样式库

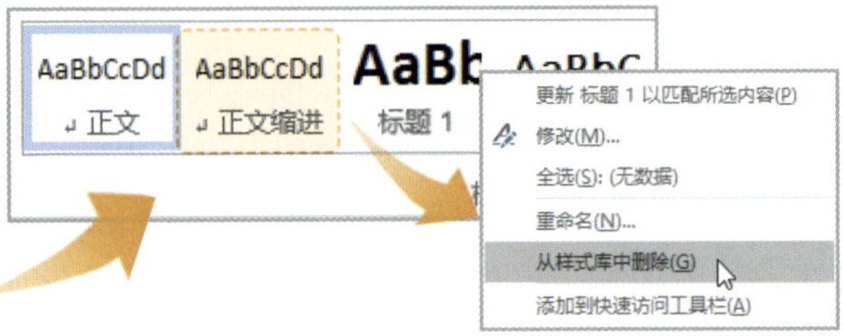

▲ 从样式库中删除

4.1.2 模板、主题与样式

从宏观上讲，模板是我们制作各类规范文档的“贴心助手”，配合主题使用可以使文档更具个性与特色。样式则是模板和主题的根基，是一组预设的格式类型。

模板是一个现成的文档，能够帮助我们快速设计具有专业外观的文档，其中包含了各种样式，还有现成的图片、文本等。

一般模板文件的后缀名为“.dotx”，双击打开模板文件，Word 就会自动根据该模板文件创建一个新的以“.docx”作为后缀名的文档文件，有利于进行标准化、便捷化的操作。

模板文件有多种类型，比如常见的新闻稿模板、简历模板和论文模板等，可以满足大多数需求。

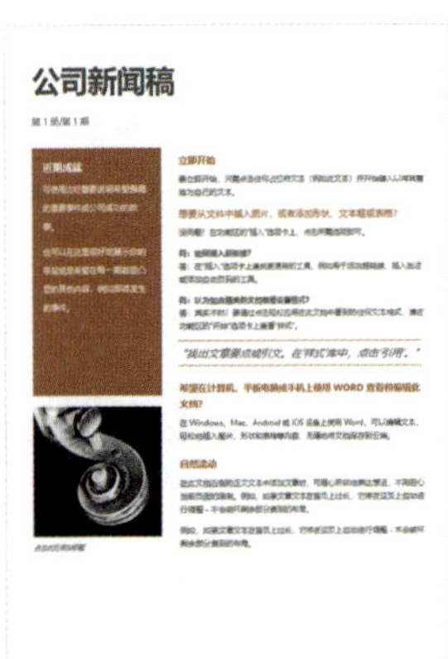

公司新闻稿

PHP工程师简历

APA样式论文

主题能为文档添加高质量的外观。通过使用主题，用户可以快速改变Word文档的整体外观，主要包括字体、字体颜色和图形对象的效果。主题的字体方案和配色方案等会被保存到快速样式集中。文档的主题可以在【设计】选项卡中进行调整。

样式是在Word中进行格式化操作的根本。模板的核心是其包含的各种实用的样式（文档的各个部分对应着不同的样式）。主题呈现出来的效果——快速样式集，本质上也是一组样式。

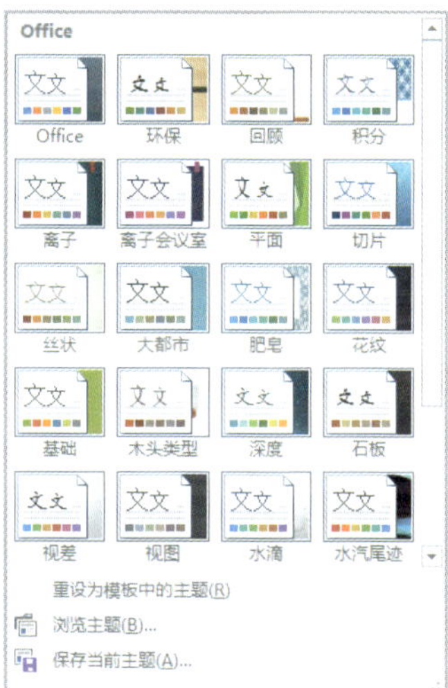

▲ Word 内置主题

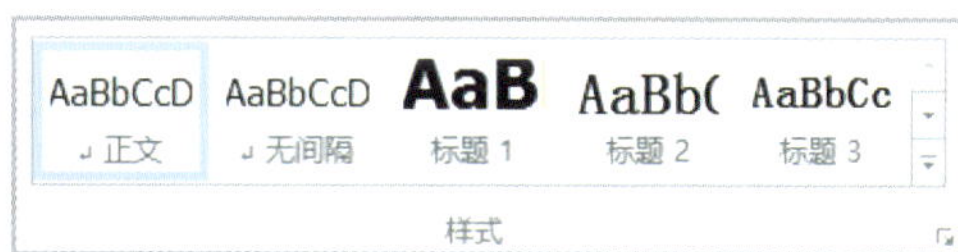

▲ Word 内置样式

4.1.3 样式的修改、新建、命名与套用

明白了样式的内涵后，再对其稍加改造，就能让其很好地为我们所用。样式包含了多种基本格式，如字体、段落、制表位、边框、语言、图文框、编号、快捷键、文字效果等。

本小节以修改【正文缩进】样式为例来详细介绍样式的修改、新建、命名与套用。将鼠标指针放在样式库的【正文缩进】样式上并右击，在菜单中选择【修改】选项，弹出【修改样式】对话框，单击左下角的【格式】按钮，可以在菜单中选择要详细设置9类格式中的哪一类。

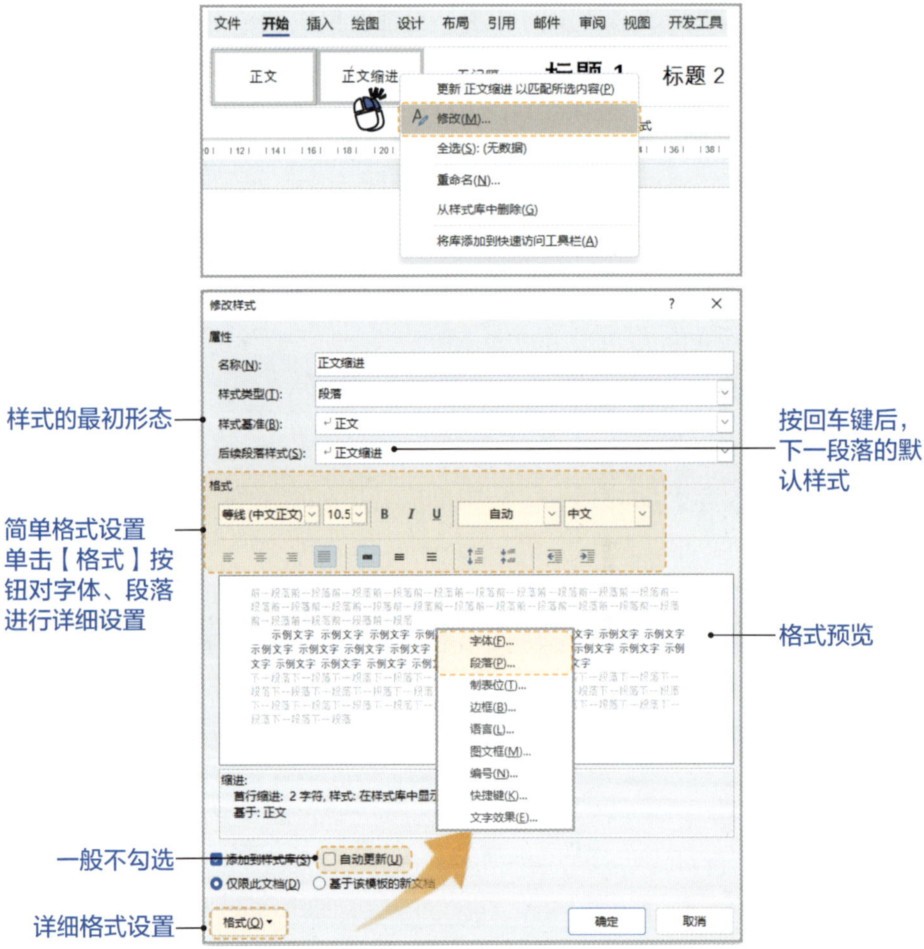

是否勾选【自动更新】选项是个值得注意的问题。自动更新的含义是，应用了某种样式的内容格式一旦改变，其他应用该样式的内容也会自动更新格式。

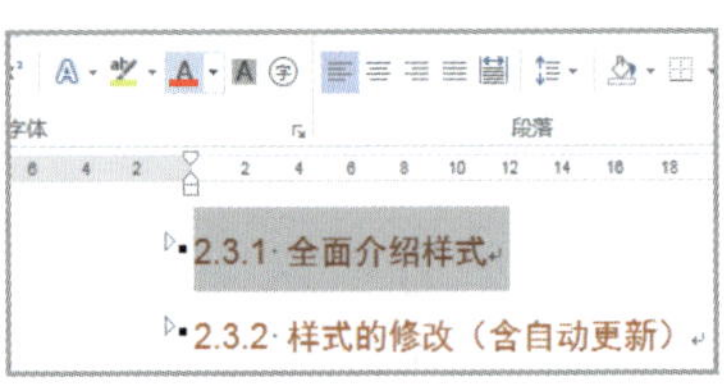

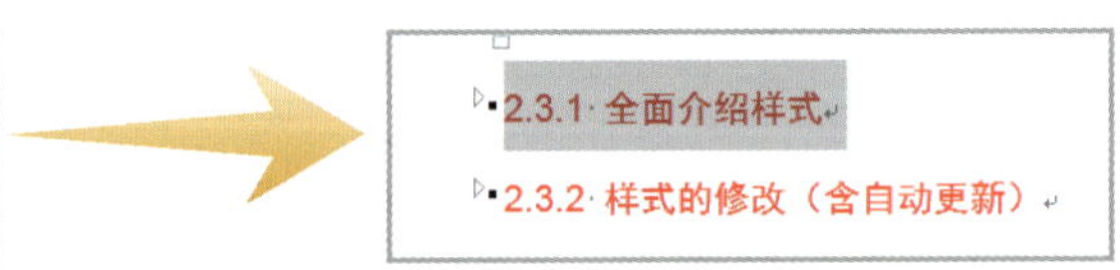

◀勾选【自动更新】选项后，
更改 2.3.1 的颜色，2.3.2 的颜色也会立即改变

对于标题样式，建议勾选【自动更新】选项——只需更改任意一个标题，其他标题也会自动更新；对于正文样式则不建议勾选——正文各段落内的格

式可能会有局部的改动，且可能不需要应用于全文。

1. 样式的修改——字体、段落

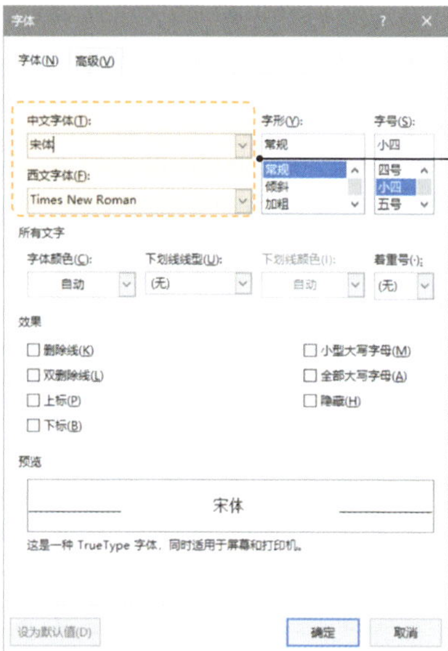

操作：单击【修改样式】对话框中的【格式】按钮，在菜单中选择【字体】选项即可开始设置字体格式

注意，对于一篇文档，可以分开设置中、西文字体，比如一般设置中文字体为宋体、西文字体为Times New Roman，在文档中输入文字时，系统就会自动识别中、西文，并分别为其匹配相应字体

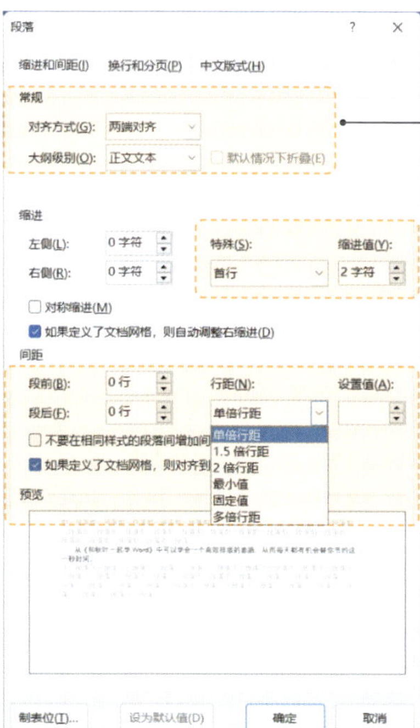

操作：单击【修改样式】对话框中的【格式】按钮，在菜单中选择【段落】选项，即可进入【段落】对话框

对齐方式：如果需要居中则选择【居中对齐】，其余均选择【两端对齐】

大纲级别：【标题】【标题1】对应1级，【标题2】对应2级，以此类推，其他正文等非标题类选择【正文文本】

缩进：对正文设置首行缩进2字符

间距：有两种单位（行和磅），若需修改，可删除“0行”，直接输入相应磅数

行距：选择【固定值】，即可设定为磅数（如25磅）；选择【多倍行距】，即可设定为非整数倍行距（如1.2倍行距）

注意：缩进、间距、行距具体设定的值视具体要求或实际美观度而定

上述设置了常用的字体与段落，而 9 类格式中的制表位、边框、语言、图文框、文字效果等在样式内极少应用，因此不做介绍。尽管【编号】功能对于实现 Word 编号的自动化非常有效，笔者也不建议在此处修改，后续会讲解如何将多级编号链接到样式以实现多级编号的自动化。

2. 样式的新建

打开样式库菜单，选择【创建样式】选项，或者单击【样式】窗格左下角的【新建样式】按钮即可新建样式。【根据格式化创建新样式】对话框的设置与【修改样式】对话框的类似，设定好格式后，新建的样式会自动出现在样式库中。

实例 新建样式的两个入口

新建样式的两个入口如下。

入口一：在【开始】选项卡中单击【样式】功能组右侧的下拉按钮，在菜单中选择【创建样式】选项。

入口二：在【开始】选项卡中单击【样式】功能组右下角的扩展按钮，打开【样式】窗格，单击左下角的【新建样式】按钮。

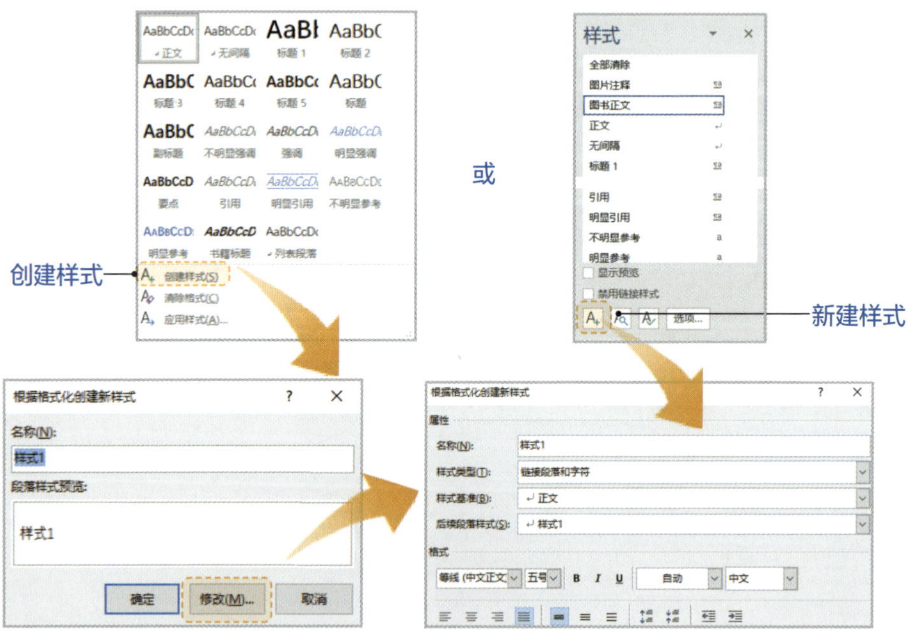

在【根据格式化创建新样式】对话框中，建议自行设置【名称】。【样式类型】一般分为【字符】【段落】及【链接段落和字符】，其中，【链接段落和字符】样式为在选中文字时仅对文字起作用，否则对整个段落起作用，所以一般选择【链接段落和字符】样式即可。【样式基准】一般设置为【正文】，【后续段落样式】一般设置为文档正文所选用的样式。需要新建的样式，一般要在前期规划好；在排版过程中发现某一组样式需要被经常使用，可以再增加样式。

3. 为样式命名和指定快捷键

随着样式的增加，如何记住这些样式的功能并快速调用这些样式呢？答案是合理地命名和设置易于记忆的快捷键。合理地命名可参考以下两个原则。

第一个原则：样式代表了什么就命名为什么，但不能与已有样式重名。

第二个原则：在样式名称中带上快捷键。命名时如果一并输入快捷键（快捷键可以自定义），易于记忆和操作。

综合以上两个原则，我们可以将新建的正文样式命名为“正文 alt+z”，代表该样式为正文样式且快捷键为 Alt+Z，同时也不与已有样式重名。

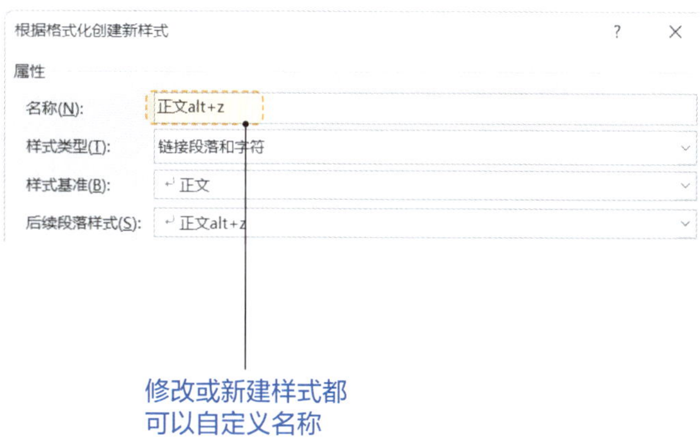

单击【修改样式】对话框左下角的【格式】按钮，在菜单中选择【快捷键】选项，弹出【自定义键盘】对话框，在其中可快速设置快捷键。在【自定义键盘】对话框中输入一组未指定的快捷键之后，单击【指定】按钮，然后单击【关闭】按钮。

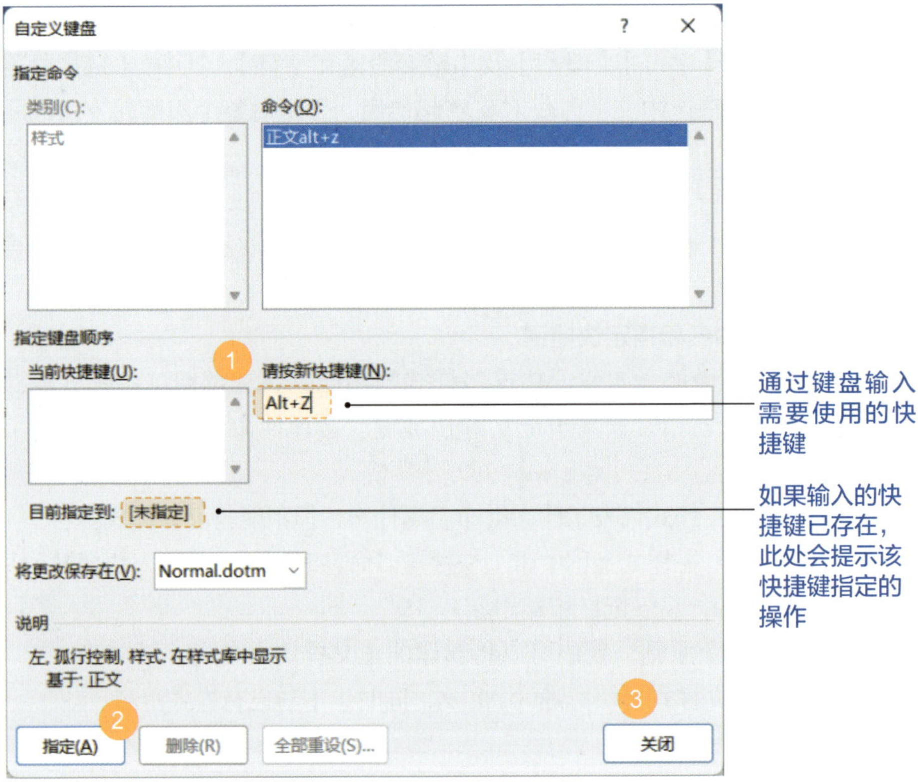

当然，自定义的快捷键也要以易于记忆并且容易操作为宜，比如可将【标题 1】样式、【标题 2】样式、【标题 3】样式对应的快捷键分别设置为 Alt+1、Alt+2、Alt+3。

4. 样式的套用

设定好的样式使用起来是非常简单的，由于之前设定的都是段落样式，所以只需要**将光标定位到文字所在段落处，单击样式库中的样式即可**。如果已经为样式指定了快捷键，比如给【标题 1】样式设置了 Alt+1 的快捷键，就可以直接按对应的快捷键进行样式的套用。

另外，之前设定的【后续段落样式】都是【正文缩进】样式，也就是说一级标题设定完成，按回车键后，新段落的样式会自动变为【正文缩进】样式，如果没有二级标题，就可以直接录入正文文字了，既简单又方便。

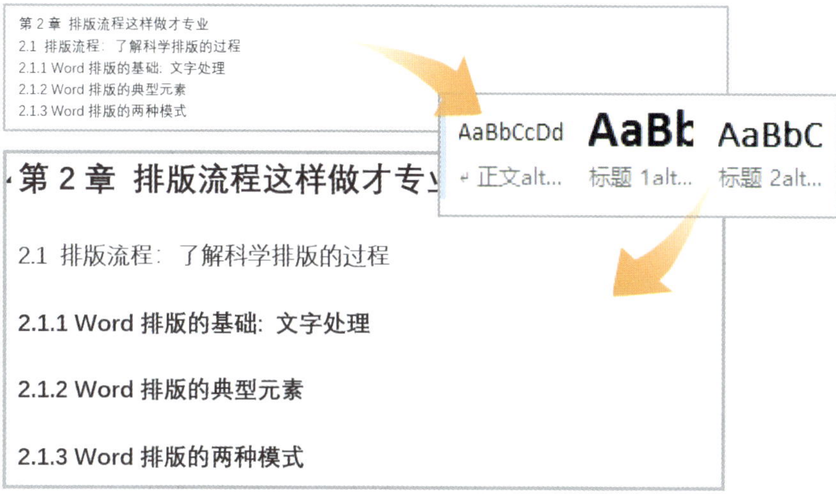

除了为文字应用样式，也可以反过来，把文字的样式匹配更新到样式中。如果你发现为正文应用的样式不符合你的需求，可以直接在文中修改样式，如将光标置于段落内，在需要更新的样式上右击，选择【更新正文 alt+z 以匹配所选内容】选项。

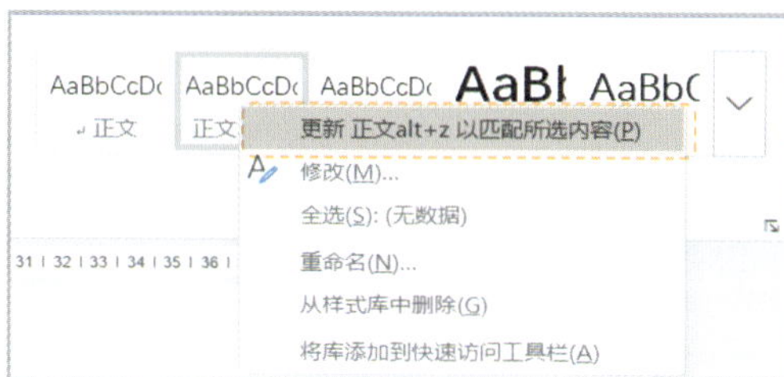

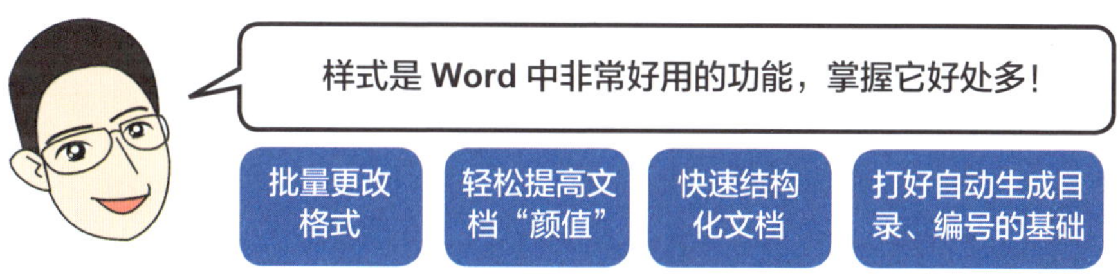

4.1.4　论文中段落样式的使用

前面已经全面讲解了【样式】的功能，样式是 Word 排版的核心，有了样式，在编排重复格式时，就可以减少重复化的操作。

接下来以论文排版为例，介绍【样式】功能在长文档排版中的应用。

在进行长文档排版之前，我们应事先设置好各级标题样式和正文样式，同时随着排版内容的增加不断增加样式，以提高效率。

1. 正文样式

论文的主体内容都需要应用正文样式。其实 Word 内置有【正文】样式，但没有设置首行缩进 2 个字符。不推荐修改内置的【正文】样式，因为如果擅自修改，可能会造成一些混乱。

一方面，学校专属的论文封面、独创性及授权说明都默认使用该样式，并重新设定了格式，此时，如果把内置的【正文】样式修改了，就会造成已有文字的格式混乱；另一方面，各级标题样式都是基于【正文】样式建立的，如果增加“首行缩进 2 字符”的设置会导致各级标题均缩进 2 个字符，而各级标题都应该顶格。

因此，关于正文的排版，我们首先需要一个全新的正文样式，最简单的方法是新建一个正文样式（或者选择内置的【正文缩进】样式并修改）。

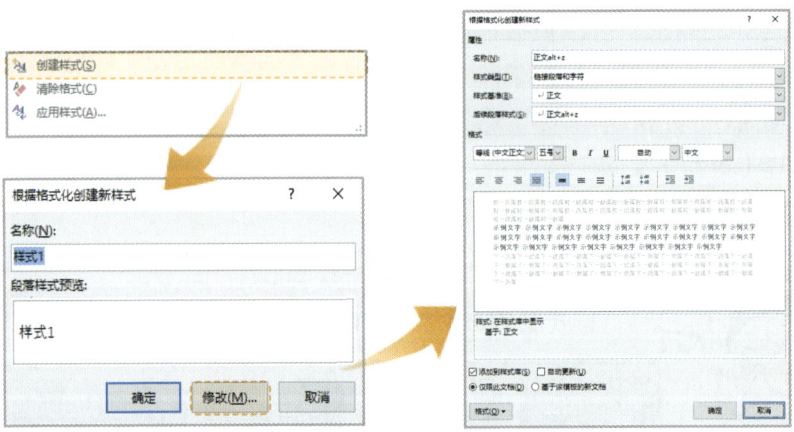

▲按论文要求新建正文样式，并命名为“正文 alt+z”

在正文排版的过程中，还有以下几点值得注意。

注意一：后续段落样式选择本文需要的正文样式

当每个段落的内容录入完毕，按回车键换行时，Word 会自动应用当前正文样式，这样我们无须频繁地套用新建的正文样式，既方便录入文字，又节省时间。

注意二：西文字体务必改为 Times New Roman

在 Word 2021 中，默认的西文字体为等线，该字体在电子屏幕上的显示效果不错，但用于正式的学术报告、论文中却不合适，所以在正文样式的字体设置中，务必将西文字体改为 Times New Roman（中文字体一般使用宋体）。

▲ 默认字体不对，在【修改样式】对话框的左下角单击【格式】→【字体】进行设置

注意三：文本为两端对齐，避免文本右侧边缘参差不齐

在 Word 样式中，默认的段落对齐方式是【两端对齐】，使用该对齐方式有个好处，就是能在中文、英文和数字混排的情况下，保证文本右侧边缘在一条线上。如果发现文本右侧边缘参差不齐，就要考虑更换段落对齐方式。

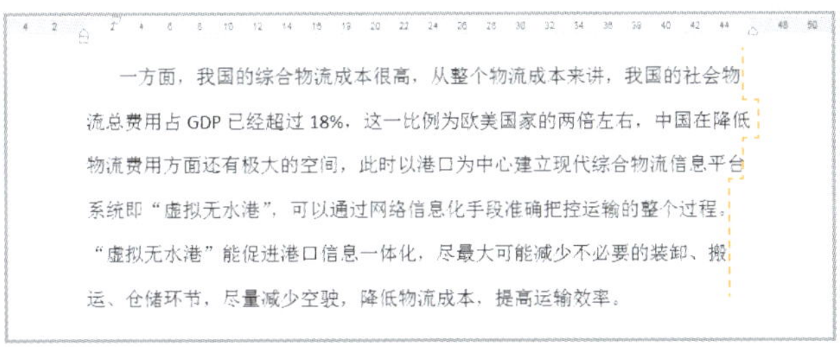

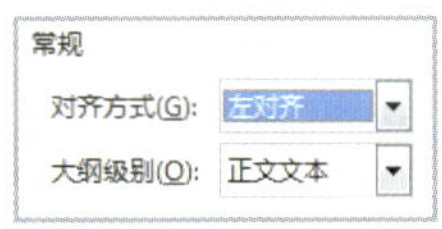

▲ 左对齐，导致文本右侧边缘参差不齐

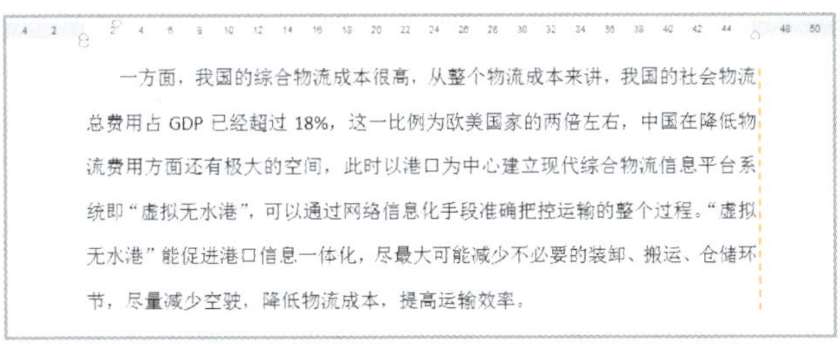

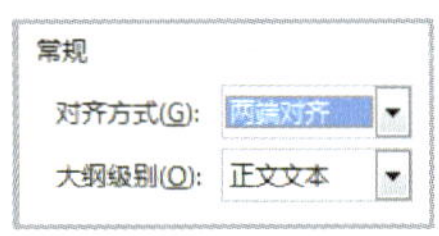

▲ 两端对齐（推荐），使文本右侧边缘在一条线上

▲ 在【修改样式】对话框的左下角单击【格式】→【段落】进行设置

注意四：将行距设为固定值，会导致图片、公式显示不全

有时要求将论文中段落的行距设定为固定值，这样的设置会造成图片、

公式显示不全，这时只需将图片或公式所在段落的行距改为单倍行距即可。

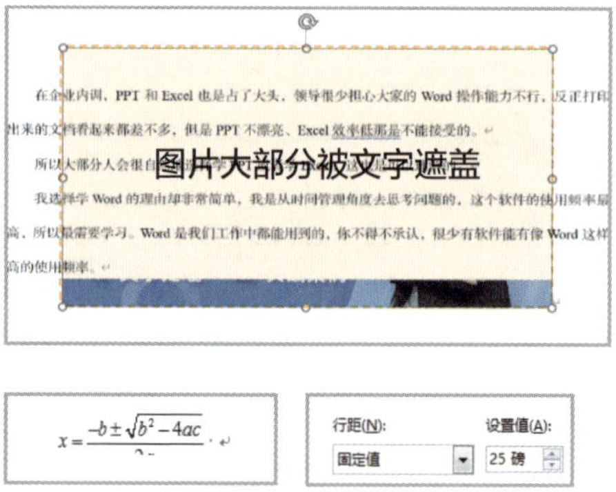

▲ 将行距设定为固定值，导致图片、公式显示不全

▲ 将行距改为单倍行距，图片、公式即可显示完全

注意五：中英文混排导致文字间距过大

在 Word 中将中英文混排时，易出现文字间距过大的情况，这显得非常不美观。我们只需要在【段落】对话框中选择【中文版式】选项卡，勾选【允许西文在单词中间换行】选项即可。

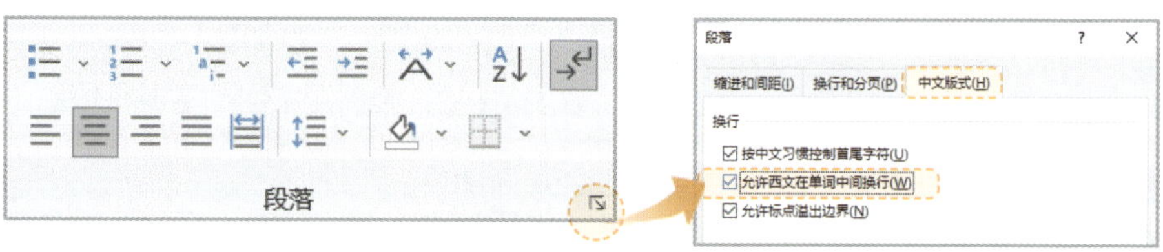

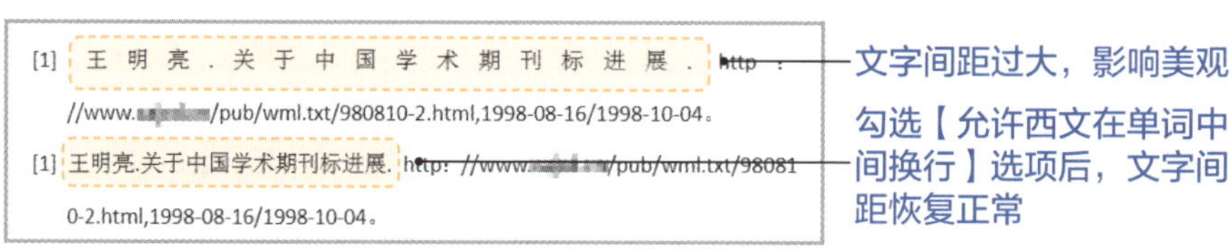

2. 标题样式

在学位论文中，标题层级比较多，规范使用标题样式能够方便管理文档内容。默认情况下，Word 内置 9 种标题样式，分别对应 9 级大纲级别（1 级～9 级）。一般章标题为一级标题，其次是二级标题、三级标题等。论文标题样

式可在内置标题样式的基础上进行修改。

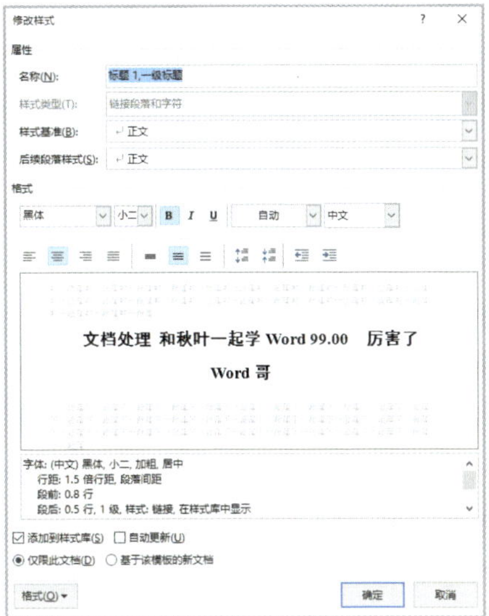

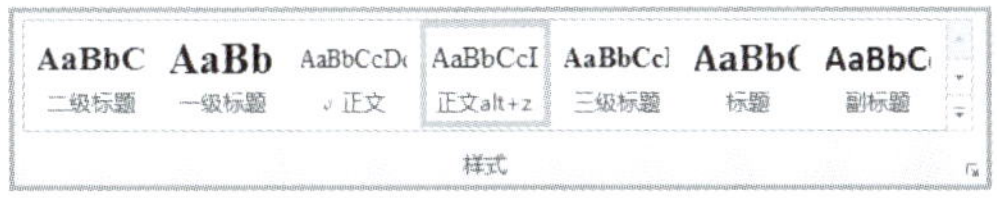

◀ 根据论文要求修改，建立论文专属的标题样式，并设定好快捷键

撰写论文时，在使用标题样式的过程中也有一些值得注意的地方。

注意一：各级标题的后续段落样式应设置为新建的正文样式

由于文档中含有多级标题，且标题后大多数情况下是跟正文，因此这里建议将一级标题、二级标题、三级标题等标题样式的后续段落样式设置为本文档的正文样式。

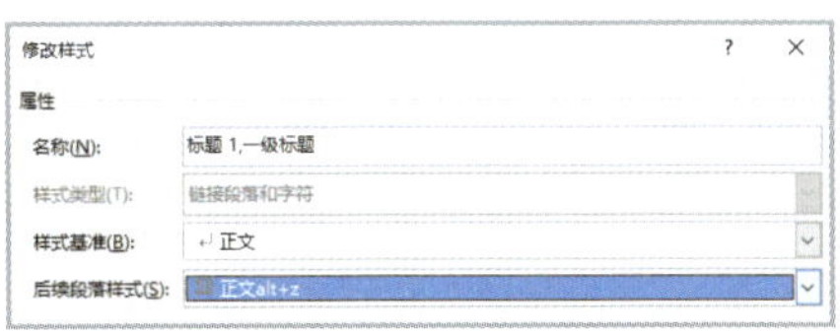

▲ 后续段落样式为【正文 alt+z】

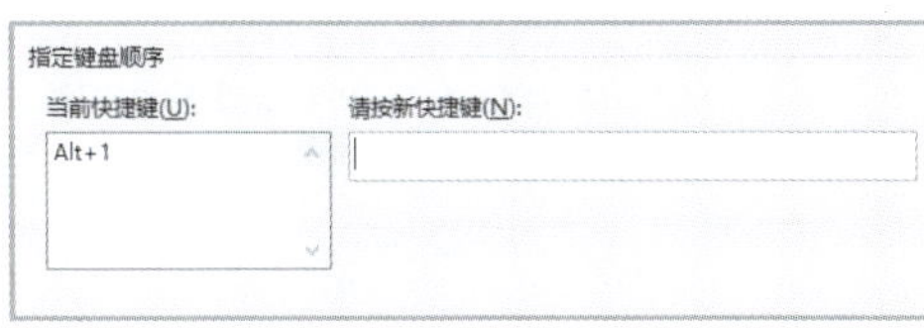

▲ 指定一级标题快捷键为 Alt+1

注意二：为各级标题样式指定快捷键，以提高效率

标题样式需要被频繁用到，每次通过鼠标来选择势必烦琐，所以可以为标题样式指定易于记忆的快捷键。

注意三：打开文档结构图以实时了解章节信息

文档结构图位于【导航】窗格内，可通过在【视图】选项卡中勾选【导航窗格】选项将其打开。其中展示了文档结构，方便我们实时了解章节信息，也有助于我们发现应用标题样式后的空行并及时进行删除。

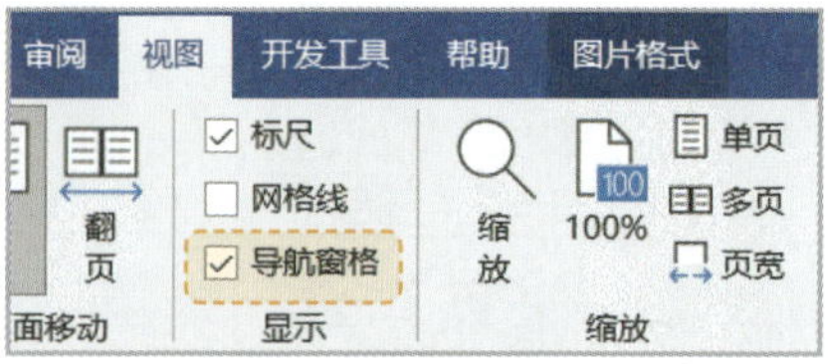

▲ 在【视图】选项卡中勾选【导航窗格】选项（在较老的版本中叫【文档结构图】），可显示文档结构图

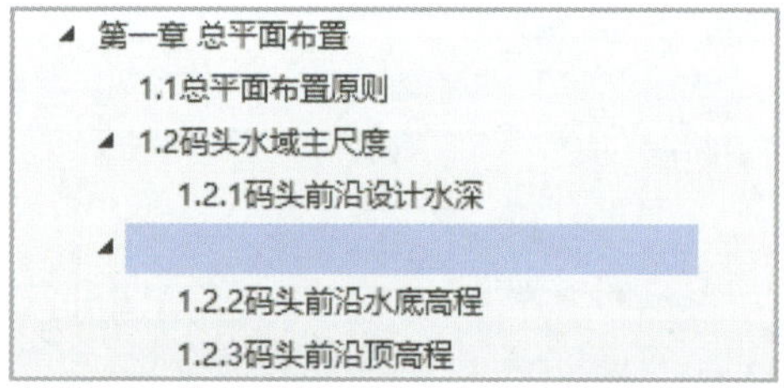

▲ 在文档结构图中发现空行，意味着这段空行误用了标题样式

注意四：标题太长要换行，不是按回车键就行

在编排论文的过程中，如果标题太长，Word 会自动换行，这可能会割裂标题内容的语气及词语结构，如果直接在恰当的地方按回车键，则会导致一个标题的两行同时出现在文档结构图中，也会在目录中被当作两个标题。此时，我们可以在换行处按快捷键 Shift+Enter 插入一个手动换行符进行换行。

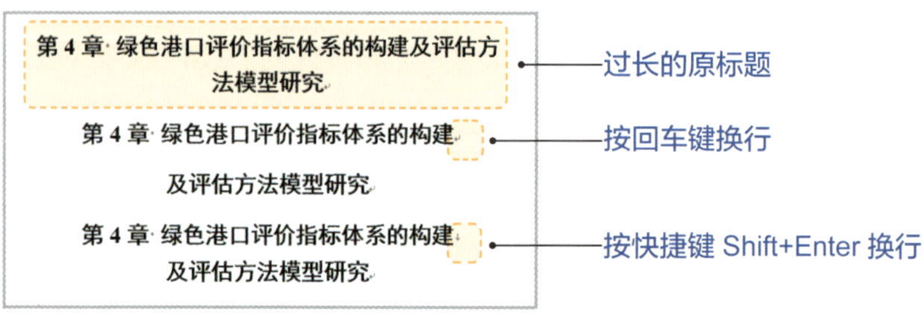

注意五：应用内置标题样式可有效避免背题

背题是指标题被排在某页的末尾，这种情况必须要避免，否则标题在前一页末尾，正文在下一页顶端，会影响阅读者的阅读体验。应用内置标题样式后，标题左侧会出现小黑点。打开【段落】对话框，会发现默认勾选了【与下段同页】【段中不分页】选项，若发现未勾选这两个选项，应将其勾选，这样可有效防止背题。

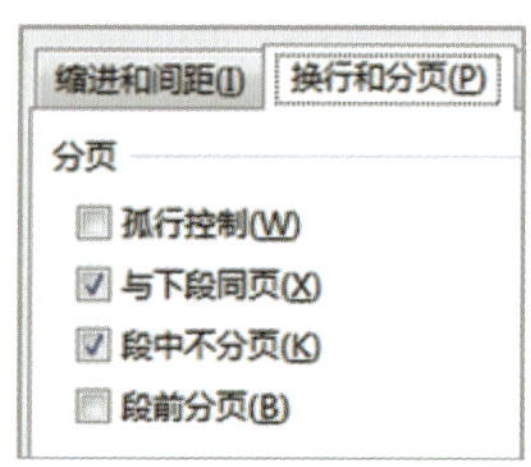

4.2 编号：实现多级标题自动编号的多级列表

长文档中常常包含多级标题，不同级别的标题都有编号，如一级标题前的编号为“第 1 章”“第 2 章”等，二级标题前的编号为“2.2”“3.3”等。

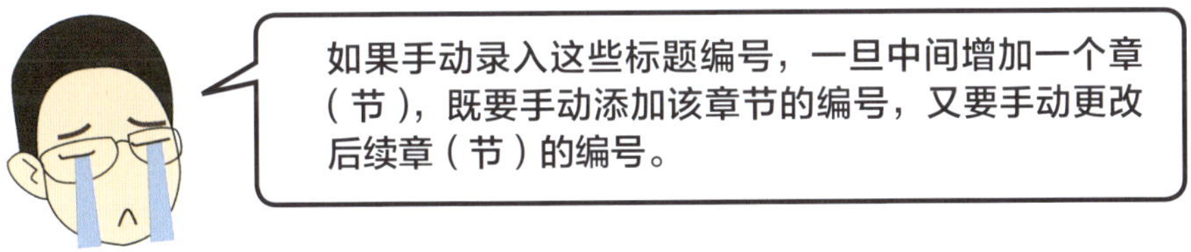

其实 Word 可以自动修改标题的编号，即只改动一处，就能更新全部编号。在 Word 中实现多级标题自动编号的功能叫【多级列表】，与 Word 默认的自动编号不同的是，【多级列表】可以实现标题编号的多层嵌套，常与【样式】功能配合使用。如果用【多级列表】功能使标题编号自动更新，后期排版会更轻松。

下图所示将第 2 章内容与第 4 章内容交换位置，手动录入编号的后果就是标题编号集体失效，而使用【多级列表】功能就能实现标题编号的自动更新。

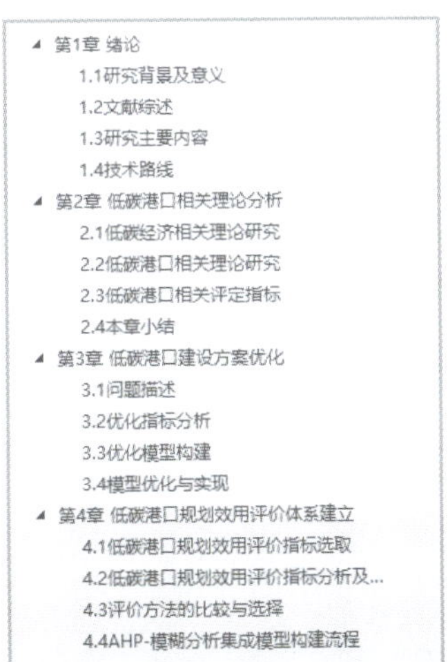

▲ 手动录入标题编号

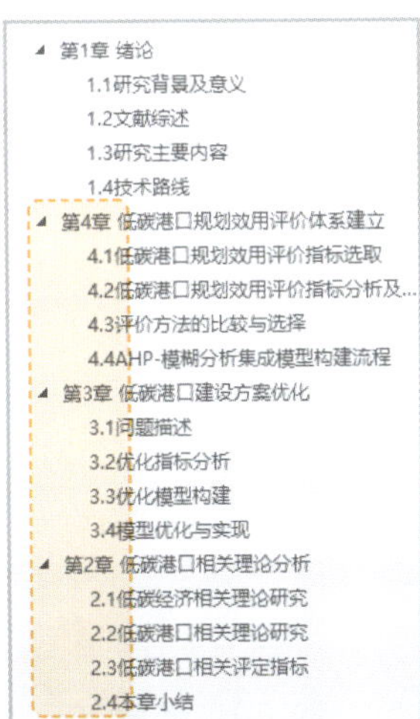

▲ 两章内容交换位置后，标题编号集体失效

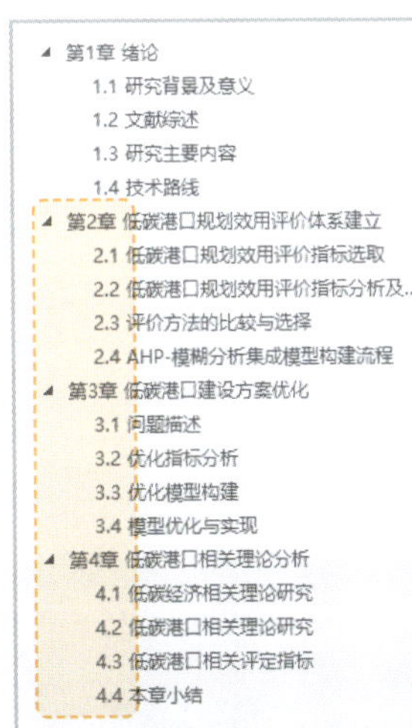

▲ 使用【多级列表】功能实现标题编号的自动更新

实例 将多级列表链接到标题样式

设定好标题样式后，使用【多级列表】功能可以实现标题的自动编号，具体操作步骤如下。

步骤一：按要求设定好各级标题样式

根据格式要求设定好标题样式，此处共设定三级标题。

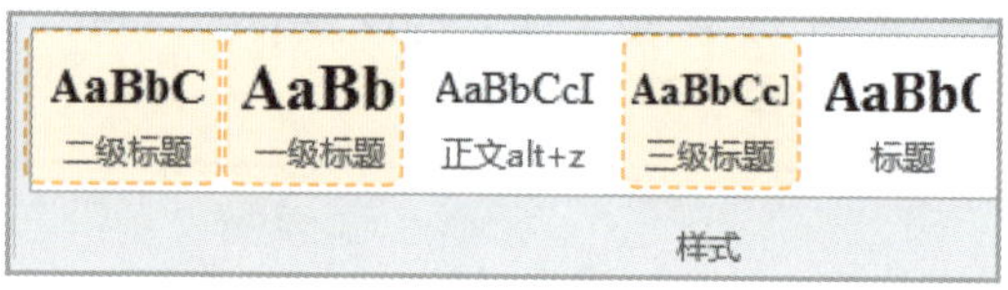

步骤二：定义新的多级列表

依次单击【开始】→【段落】→【多级列表】→【定义新的多级列表】，弹出【定义新多级列表】对话框，单击左下角的【更多】按钮显示完整的设置界面。

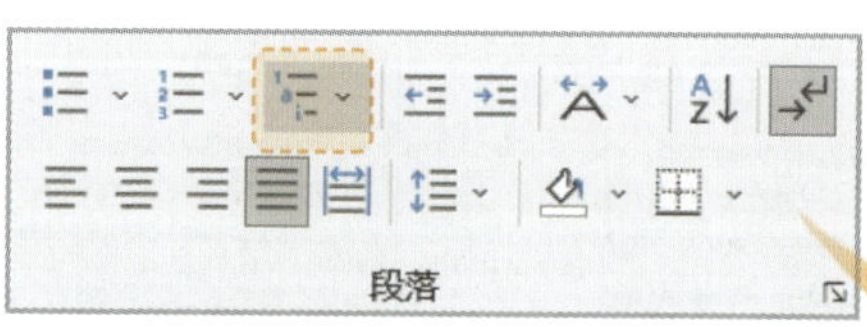

▲单击【多级列表】按钮，选择【定义新的多级列表】选项

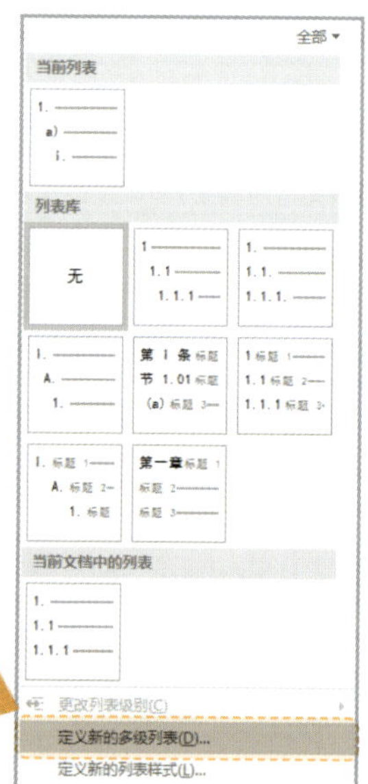

⚙ 步骤三：详细设置多级列表

设置一：将一级标题的“1”改为“第 1 章”

在【输入编号的格式】文本框中，在“1”的左侧输入“第”，在右侧输入“章”即可，注意此处的章号不设置为汉字编号“一”，否则会导致后续产生一系列问题。

设置二：将【将级别链接到样式】设置为【标题 1】

由于是在内置的【标题 1】样式的基础上进行修改的，因此此处选择【标题 1】。

设置三：将【文本缩进位置】设置为【0 厘米】，将【编号之后】设置为【空格】

此处根据实际情况设置，推荐标题顶格排列。单击【设置所有级别】按钮，将缩进位置全部改为 0 厘米，将编号和标题之间默认的制表符改为空格。

▲单击【更多】按钮后的对话框

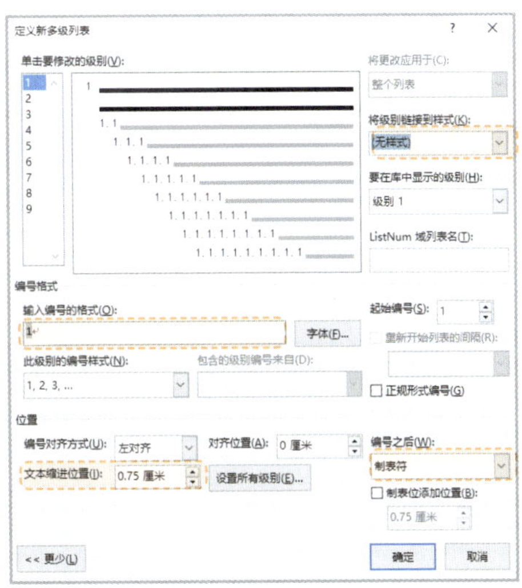

▲链接到一级标题的设置方式

继续进行类似的操作，分别单击要修改的级别 2、级别 3 等，设置二级标题、三级标题的链接方式。

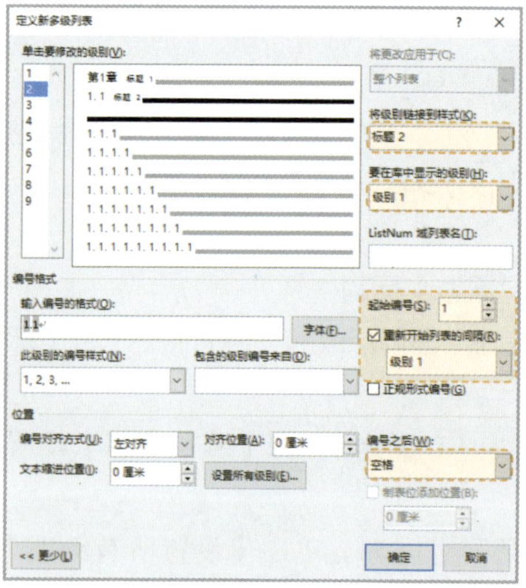

▲ 链接到二级标题的设置方式

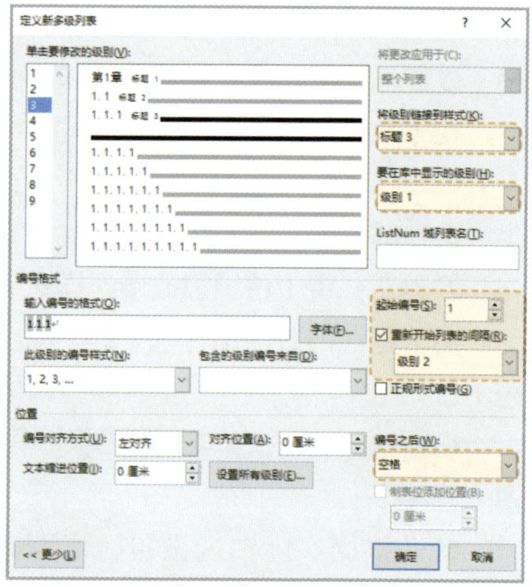

▲ 链接到三级标题的设置方式

下面以链接到二级标题的设置为例，介绍与链接到一级标题的设置有所区别的注意点。

注意一：进行二级标题的链接设置时，将【将级别链接到样式】设置为【标题 2】

选择级别 2，进行二级标题的链接方式设置，将【将级别链接到样式】设置为【标题 2】。

注意二：将【起始编号】设置为【1】，勾选【重新开始列表的间隔】选项，并选择【级别 1】选项

该部分保持 Word 默认的设置即可，此处进行强调是为了解释其原理：二级标题的编号会重新从数字 1 开始，即第 1 章后的二级标题从数字 1 开始编号，如“1.1”“1.2”，第 2 章后的二级标题也从数字 1 开始编号，如“2.1”“2.2”。

链接到三级标题的设置方法类似，此处不再赘述。根据实际情况设置链接到某级标题，一次性将各级样式链接完毕，最后单击【确定】按钮。

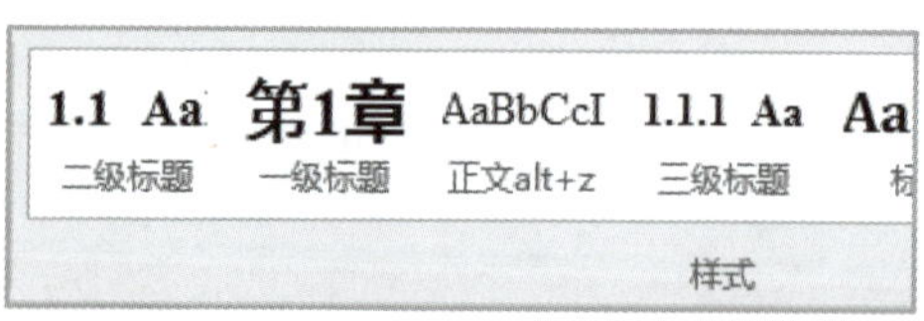

▲ 样式库中的标题样式发生了变化，带上了自动编号。在文档中应用这类标题样式的标题前会自动生成编号（注：原文已经手动输入了相同的编号）。

在 Word 2013 及以上版本中，可以直接在【导航】窗格中拖曳文本，如将第 3 章内容拖曳到第 2 章内容前面，相应内容即可交换位置。由于设置了【多级列表】，文档中的标题编号能够自动更新。

结合【样式】和【多级列表】功能，在长文档中实现文档自动化操作的推荐操作如下。

① 新建【我的正文】样式，保护原有内容不随样式的变化而变化。

② 修改【标题 1】等样式，便于内部引用并生成目录与编号。

③ 将多级编号链接到各级样式，让文档标题编号自动化。

④ 撰写文档大纲，定出章节标题，一次性应用各级样式。

4.3 题注：图表自动编号全靠它

4.3.1 题注是什么？它由什么组成？

为了编排文档中的图片与表格等，通常会在图片下方、表格上方添加一段文字，这段文字我们称为题注。也就是说，题注就是给图片、表格、公式等项目添加的自动编号和名称。

图 1-1 《和秋叶一起学 Word》

在 Word 中使用【题注】功能可实现长文档中图片、表格、公式等项目的自动编号，如此，我们就不用再担心图表的删减与位置调整导致编号混乱，此外，可以实现图表编号的自动更新，还能生成图表目录。

4.3.2 如何正确地插入题注？

插入题注的步骤如下：在正文插入图片或表格之后，选中图片或表格，在【引用】选项卡中单击【插入题注】按钮，在【题注】对话框中选择合适的题注标签，修改【题注】文本框中的内容，最后单击【确定】按钮完成题注的插入。

重复插入题注，其编号可自动累计，默认为图 1、图 2（表 1、表 2）等流水编号形式。需要注意的是，在删除包含题注的图片或表格后，可以按快捷键 Ctrl+Shift+End 选中后续所有的内容，再按 F9 键进行题注的手动更新。

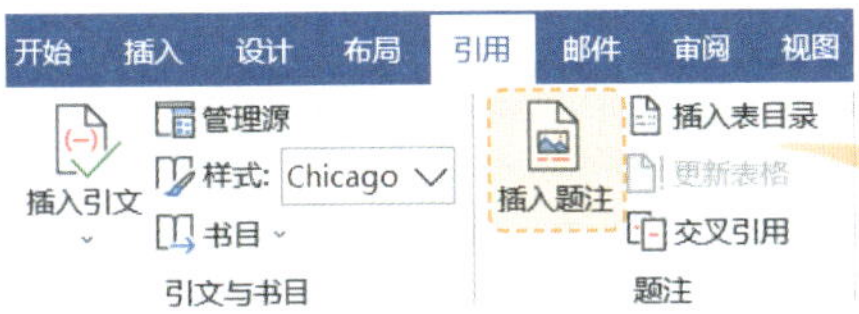

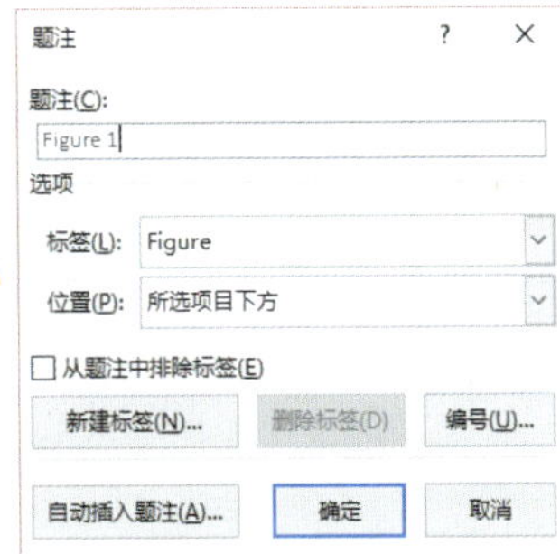

▲单击【引用】→【插入题注】

在【题注】对话框中，有一个默认选择的标签，也可以单击【新建标签】按钮，设置满足自身需求的标签，如“图”“表”。在设置不同标签的情况下，题注的位置是不同的，我们可在【位置】选项中进行选择，一般将图片题注的位置设置为【所选项目下方】，将表格题注的位置设置为【所选项目上方】。最后，在【题注】文本框中会自动生成“标签 + 编号”的题注信息，我们可以在该文本框中继续输入图表的名称。

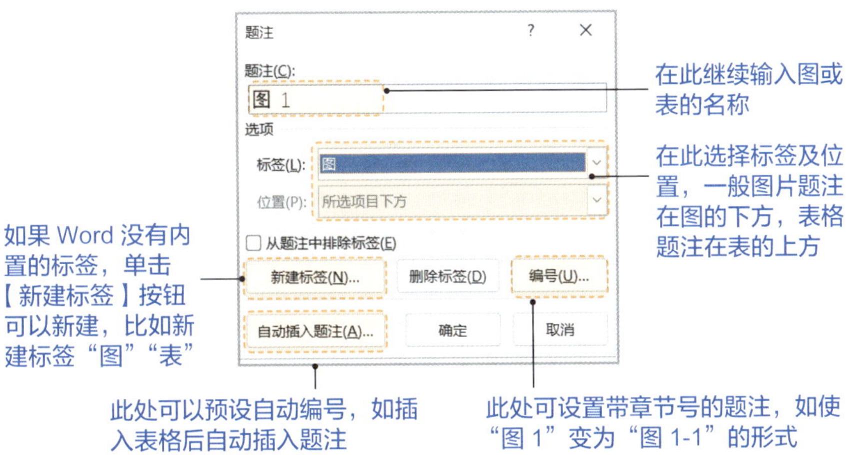

在长文档的撰写过程中，我们常常需要在图表编号中把章节号也体现出来，比如，第 1 章的第 1 幅插图是“图 1-1”，第 2 章的第 3 幅插图是“图 2-3”。要设置这样的编号格式，我们就需要单击【编号】按钮，在【题注编号】对话框中勾选【包含章节号】选项，然后单击【确定】按钮，完成设置。

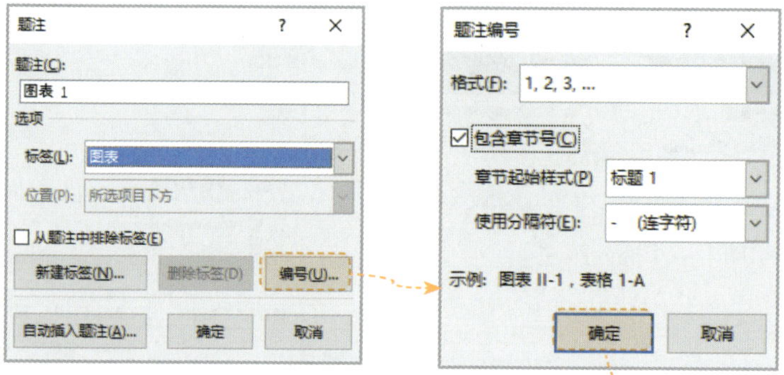

▲ 单击【编号】按钮可设置带有章节号的题注编号格式

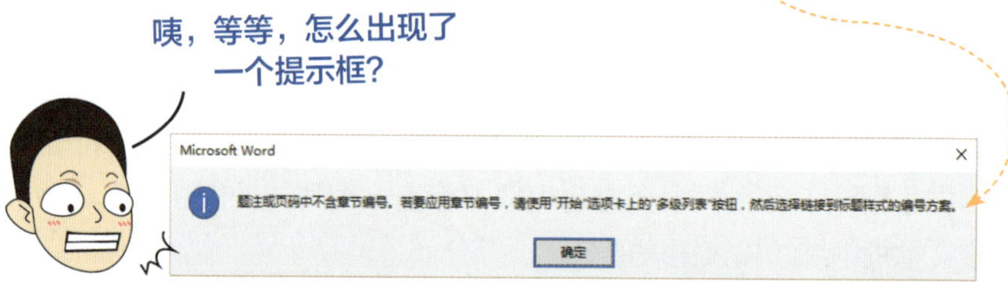

这里需要注意的是，如果没有对各级段落应用样式和多级列表，会出现提示框，提示题注或页码中不含章节编号等。我们需要给各级标题套用多级列表后再执行以上操作。

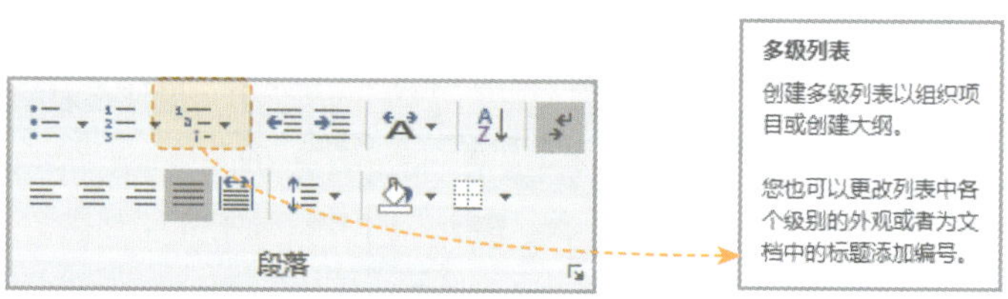

实例 公式的编号与排版

一般而言，科技论文对于公式的编排要求是，**公式居中对齐，编号右对齐**。要满足这些要求，就需要将制表符与制表位搭配起来使用。

为段落设置制表位，再利用 Tab 键录入制表符，就可以在不使用表格的情况下快速对齐文本，因此，我们可以通过制表符控制公式和编号的位置。

具体操作步骤如下。

步骤一：录入公式及编号

按照 3.6 节讲解的方法完成公式的录入，按方向键→，将光标移动到公式之后，插入一个空格，然后使用插入题注的方式插入公式编号（记得勾选【从题注中排除标签】选项，并在【题注编号】对话框中勾选【包含章节号】选项）。

$$x=\frac{-b\pm\sqrt{b^2-4ac}}{2a}$$

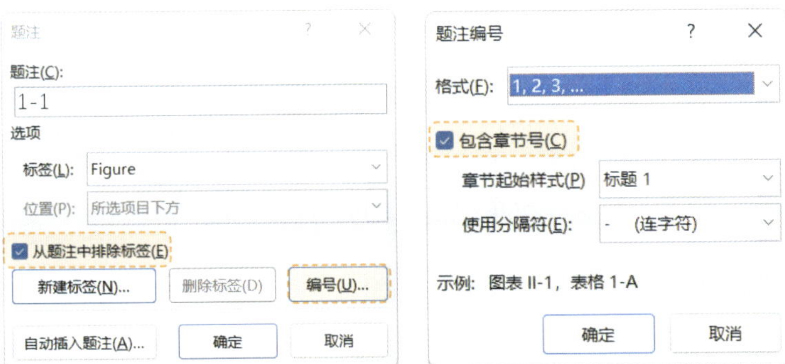

$$x=\frac{-b\pm\sqrt{b^2-4ac}}{2a}\ 1\text{-}1$$

步骤二：设置制表位

完成公式及编号的录入之后需要手动插入制表符，一种精确的方法是将光标定位在公式所在段落中，右击，在菜单中选择【段落】选项，然后在【段落】对话框中单击左下角的【制表位】按钮，进入【制表位】对话框。

设置制表位时需要考虑制表位位置、对齐方式和引导符。根据实际情况，我们需要进行以下操作：将公式居中对齐；在文档最右侧插入一个右对齐的制表符，不需要引导符。这里以 Word 默认的纸张大小和页边距为例，进行制表位的设置。

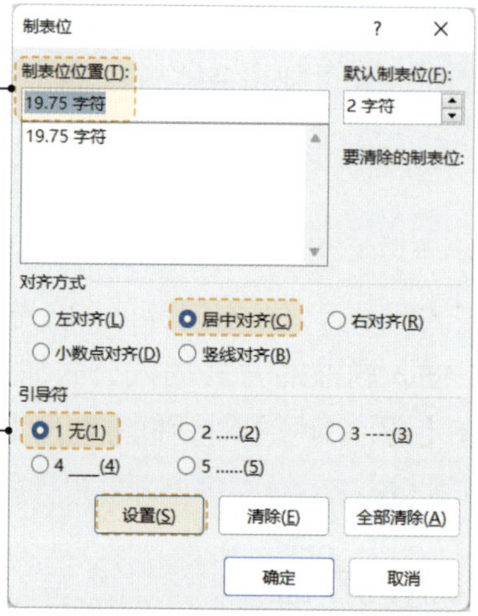

▲为公式设置制表位

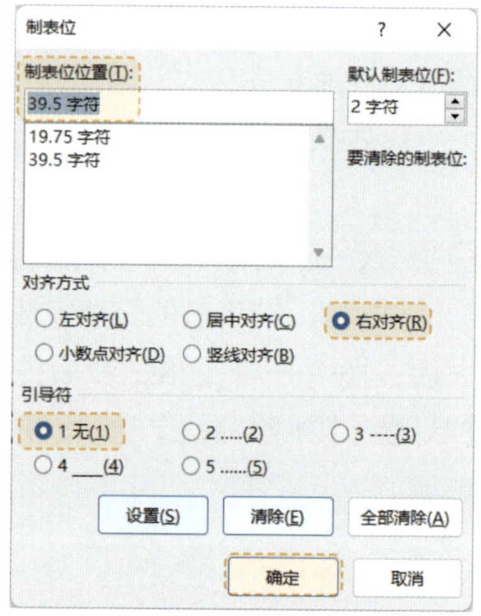

▲为公式编号设置制表位

⚙ 步骤三：按 Tab 键，插入制表符

要制表位起作用，需要搭配 Tab 键。在公式左侧按一次 Tab 键，使公式居中对齐；在编号左侧按一次 Tab 键，使编号右对齐。

▲按 Tab 键之前，制表位不起作用

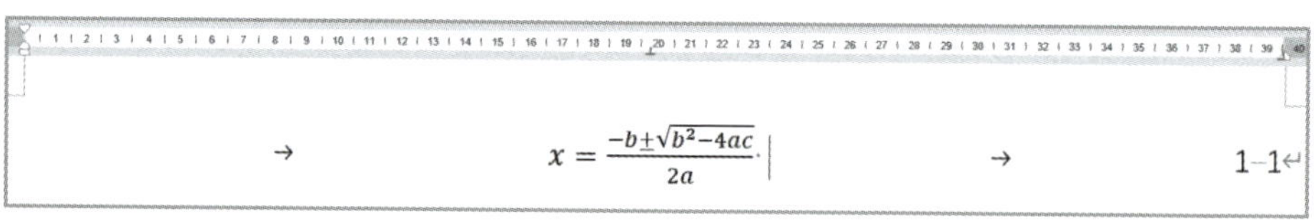

▲按 Tab 键之后，制表位使公式和编号整齐排布

4.3.3　插入表格时自动添加题注

在【题注】对话框中有一个【自动插入题注】按钮，这个按钮真的能实

现自动插入题注吗？

单击【自动插入题注】按钮，在打开的对话框中，除了可进行标签和位置的设置外，还可查看所有支持自动插入题注的文件类型，也就是说，只有当你插入这些类型的文件时，题注才会自动生成。

尽管可选的类型很多，但最常用的是【Microsoft Word 表格】。勾选该选项并设置好标签和位置后，当再有该类型的文件被插入文档时，题注就会自动生成。

需要注意的是，设置完自动插入题注后，只有此后插入的文件才会自动添加题注，此前已经存在的文件即使符合文件类型要求，也不会有题注生成。

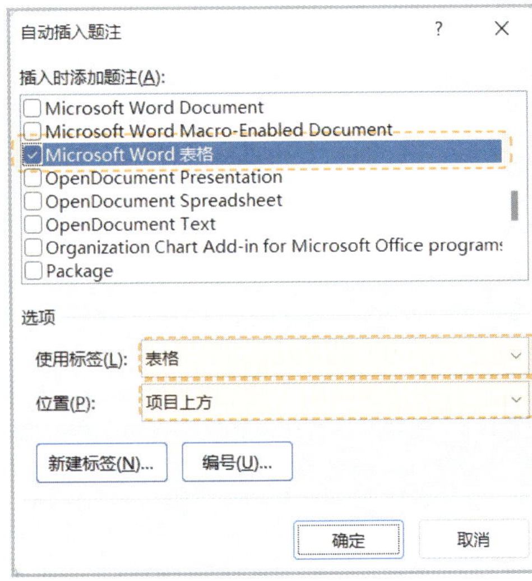

▲ 勾选【Microsoft Word 表格】选项并设置好标签和位置，后续插入的表格会自动生成题注

4.3.4 题注的格式修改与引用

视频案例

1. 题注的格式修改

当插入一次题注后，样式库内就会出现内置的【题注】样式，用户可以根据文档要求对其进行修改。在【开始】选项卡中单击【样式】功能组右侧的下拉按钮，在【题注】样式上右击，在菜单中选择【修改】选项，即可进入【修改样式】对话框。

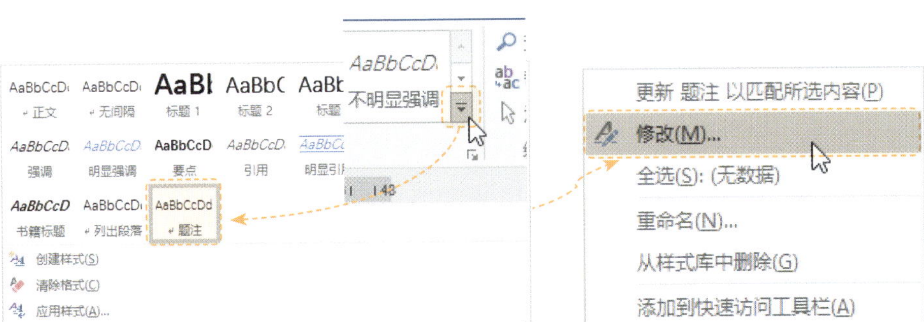

2. 题注的引用

图表编号可以通过插入题注自动生成，而文档中有时还需要引用图表编号，这时需要用到【交叉引用】功能。常见的引用对象包括标题、脚注、书签、题注、编号段落等。

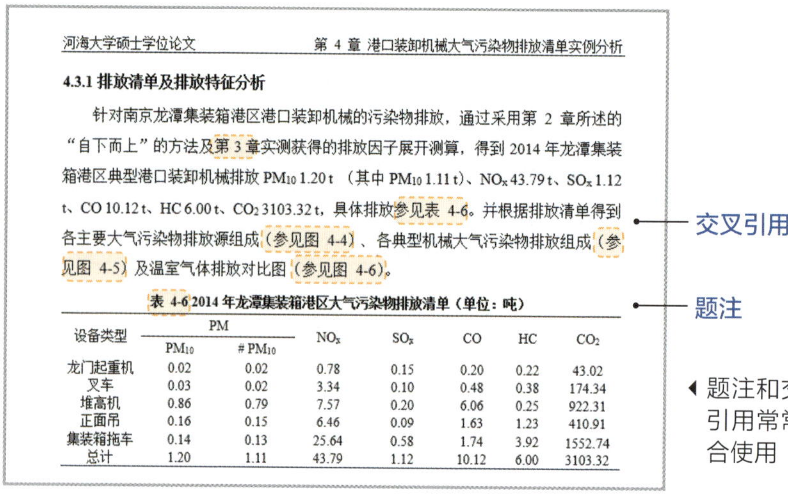

河海大学硕士学位论文　　第 4 章 港口装卸机械大气污染物排放清单实例分析

4.3.1 排放清单及排放特征分析

针对南京龙潭集装箱港区港口装卸机械的污染物排放，通过采用第 2 章所述的“自下而上”的方法及第 3 章实测获得的排放因子展开测算，得到 2014 年龙潭集装箱港区典型港口装卸机械排放 PM_{10} 1.20 t（其中 PM_{10} 1.11 t）、NO_x 43.79 t、SO_x 1.12 t、CO 10.12 t、HC 6.00 t、CO_2 3103.32 t，具体排放参见表 4-6。并根据排放清单得到各主要大气污染物排放源组成（参见图 4-4）、各典型机械大气污染物排放组成（参见图 4-5）及温室气体排放对比图（参见图 4-6）。

表 4-6 2014 年龙潭集装箱港区大气污染物排放清单（单位：吨）

设备类型	PM		NO_x	SO_x	CO	HC	CO_2
	PM_{10}	# PM_{10}					
龙门起重机	0.02	0.02	0.78	0.15	0.20	0.22	43.02
叉车	0.03	0.02	3.34	0.10	0.48	0.38	174.34
堆高机	0.86	0.79	7.57	0.20	6.06	0.25	922.31
正面吊	0.16	0.15	6.46	0.09	1.63	1.23	410.91
集装箱拖车	0.14	0.13	25.64	0.58	1.74	3.92	1552.74
总计	1.20	1.11	43.79	1.12	10.12	6.00	3103.32

题注和交叉引用常常配合使用

把光标移至需要插入引用内容的位置，在【引用】选项卡中单击【交叉引用】按钮，打开【交叉引用】对话框，在【引用类型】下拉列表中选择对应的类型，在下方的【引用哪一个题注】列表中选择所需项目，最后单击【插入】按钮即可。

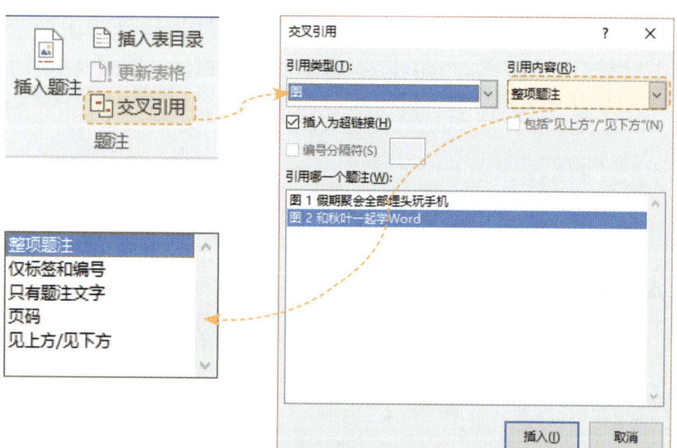

【引用内容】下拉列表中有【整项题注】【仅标签和编号】【只有题注文字】

【页码】和【见上方 / 见下方】共 5 个选项，其设置效果见下图。

实例　如何让段落编号“第一章”与题注编号“1-1”共存？

4.2 节演示的一级标题中的数字采用阿拉伯数字，如“第 1 章”“第 2 章”等，如果文档中要求使用汉字编号，如“第一章”“第二章”，就会与该章后的二级标题、图表题注发生冲突，比如题注“图 1-1”会变为“图一 -1”，原来的“1.1”会变成“一 .1”。

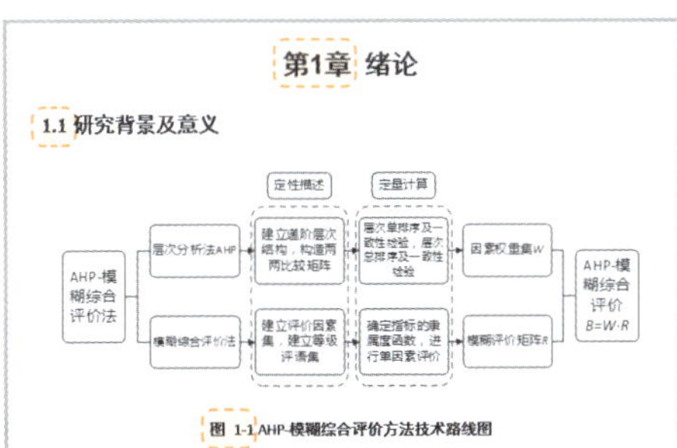

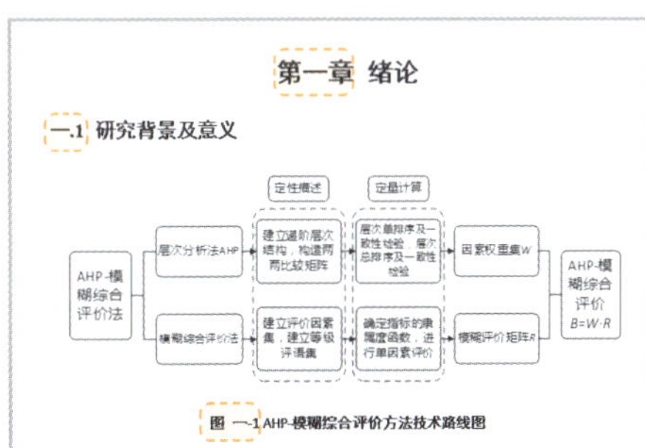

▲ 牵一发而动全身，后续标题编号的首位全部变为汉字编号

以上问题的关键就是“**第一章”不能和“1.1”“图 1-1”等共存**。

为此，Word 给出了一种解决方案，即在【定义新多级列表】对话框中有一个【正规形式编号】选项，勾选之后，文档中一律使用阿拉伯数字编号。在【定义新多级列表】对话框中，将一级标题编号样式更改为汉字编号“一、二、三”后，对应的后续标题编号变为“一.1”“一.1.1”等，从二级标题开始**均勾选【正规形式编号】选项**，后续标题编号更新为“1.1”“1.1.1”等。

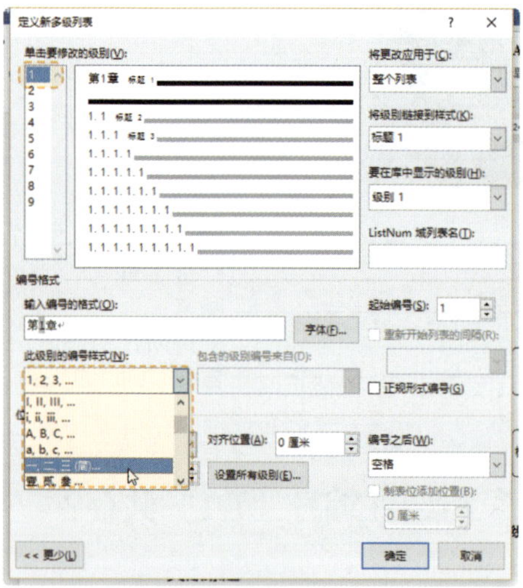

▲ 编号样式选择汉字编号“一、二、三”

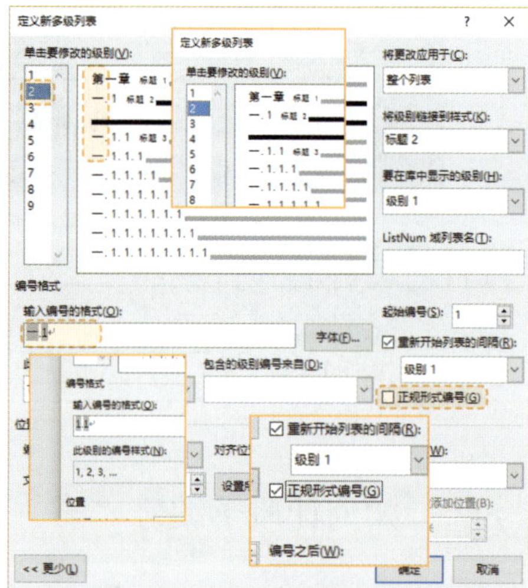

▲ 勾选【正规形式编号】选项后转换为阿拉伯数字

【正规形式编号】固然好用，但对图表编号（题注）不太适用，即插入图表题注后，自动编号依旧为“图一.1”“图二.1”等。

对此，一个简单的解决方案是，**在插入所有题注之后再在【定义新多级列表】对话框中勾选【正规形式编号】选项，且不再按 F9 键更新题注**，即可使“第一章”和“1.1”“图 1-1”共存。

但是，考虑到长文档中图表编号的数量往往比一级标题编号的数量多，采用勾选【正规形式编号】选项的方法可能会导致大量题注发生异常，故笔者推荐另一种折中的办法来实现该效果，即**隐藏一级标题的自动编号，具体操作步骤如下**。

步骤一：将自动编号“第 1 章”文字隐藏

选中自动生成的标题编号“第 1 章”，右击，在菜单中选择【字体】选项，打开【字体】对话框，勾选【隐藏】选项，单击【确定】按钮。

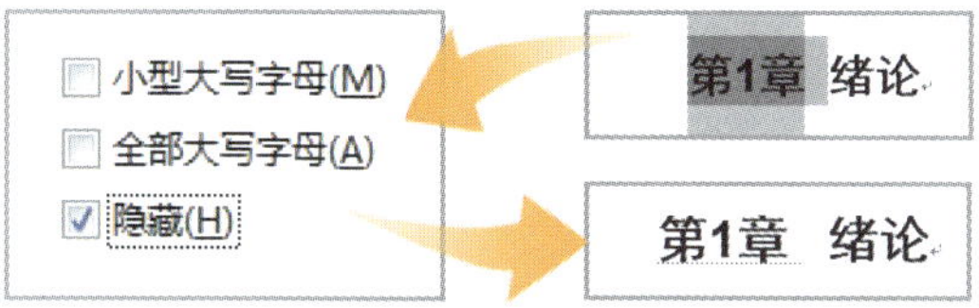

此处设置为在隐藏的标题编号下方显示虚线，打印出来时虚线不可见（单击【文件】→【选项】进行设置）

步骤二：输入“第”“章”两个字并设置域名和域属性

在一级标题前（截图处为“绪论”两个字的左侧）输入“第”“章”两个字和一个空格，然后将光标放在两个字之间，在【插入】选项卡中单击【文档部件】按钮，在菜单中选择【域】选项，在【域】对话框中的【域名】列表框中选择【AutoNum】选项，在【格式】列表框中选择【一、二、三（简）...】选项。

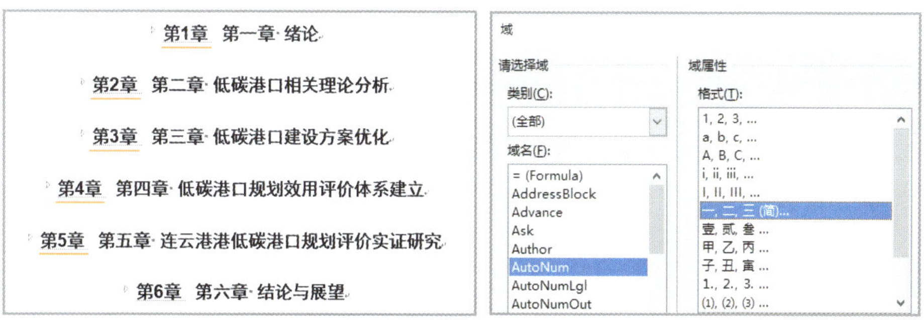

步骤三：在插入第二章标题时，复制粘贴新插入的“第一章”

在插入第二章标题前复制粘贴“第一章”，标题将自动更新为“第二章”，以此类推。

当然，勾选【正规形式编号】选项和隐藏一级标题的自动编号两种方法在使用过程中各有局限性：前者无法更新图表题注，一旦更新图表题注，编号中仍会带有汉字编号（往往打印文档时会自动更新题注）；后者即使隐藏了默认的标题编号，但在别人的电脑上显示时，可能会由于设置等问题，依旧能在屏幕上看到隐藏字符，这可能会给文档阅读者造成不必要的误会。

所以在实际使用中，不建议将“第 1 章”改为“第一章”，如果一定要改，应权衡利弊后，选择合适的方式解决“第一章”无法和“1.1”“图 1-1”共存的问题。

4.4 复杂情况下的页眉

页眉和页脚（页码）的设置在长文档排版中，是困扰大部分人的一个问题。当你能够为一篇长文档恰当地设置页眉和页脚后，你就算是掌握了页眉和页脚的设置原理。

4.4.1 文档中的节和分节符

在同一个文档中，不同章节的页眉和页脚往往不同，要达到这样的效果，我们首先要理解“节”的概念。节是版式的容器，**版式主要包括文字、图表、页眉、页脚、页面纸型及方向等，不同节的版式可以不同**。

节是文档格式化的最大单位（或指一种排版格式的范围），在 Word 中实现节的功能的就是分节符，它是一节的结束符号。在未分节的默认情况下，Word 将整个文档视为一节，故对文档的页面设置是应用于整篇文档的。

需要对同一个文档中的不同部分采用不同的版面设置时，比如在论文排版中需要设置不同的页面方向、页边距、页眉和页脚等，类似这样在一页之内或多页之间采用不同的版面布局的需求，我们只需插入分节符将文档分成几节，然后根据需要设置每节的格式即可。

有了分节符，在同一个文档内，以下内容在前后节中都可以被设置为不同格式。

① 纸张方向：可以横竖交替。

② 纸张大小：可以是不同大小的纸张。

③ 页面边距：可以宽窄不同。

④ 文本对齐方式：可以按不同的缩进量对齐。

⑤ 页眉和页脚：可以设置为不同的内容。

⑥ 页码编号：可以中断后重新计数。

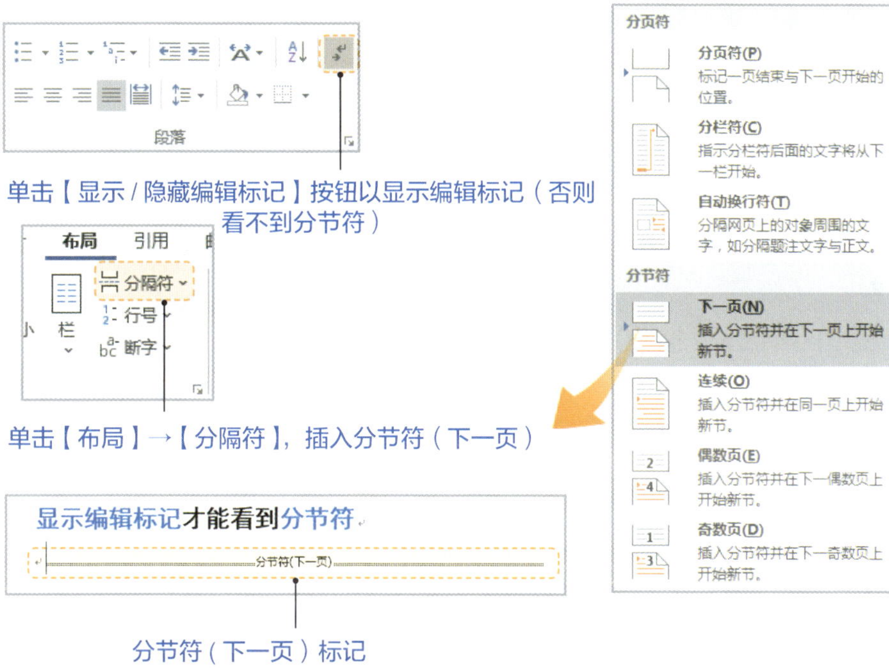

Word 共有 4 种类型的分节符，了解了它们各自的功能才能随心所欲地使用它们。

✪ 分节符（下一页）

插入分节符（下一页）使新的一节从下一页开始。如果在文字中间插入分节符（下一页），含原始文字的下一页前会出现一段空行，因此我们需要将空行删除。这是使用频率比较高的分节符类型，建议在撰写文档的过程中插入分节符（下一页）后再录入下一节的文字。

注意：手动删除空行可能会导致标题样式发生改变，这就需要重新设置该标题的样式，故建议在撰写文档的过程中插入分节符（下一页）后再录入下一节的文字。

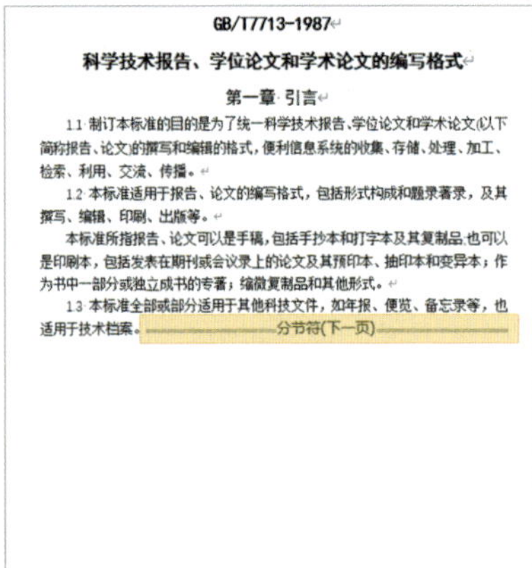
GB/T7713-1987

科学技术报告、学位论文和学术论文的编写格式

第一章 引言

1.1 制订本标准的目的是为了统一科学技术报告、学位论文和学术论文(以下简称报告、论文)的撰写和编辑的格式，便利信息系统的收集、存储、处理、加工、检索、利用、交流、传播。

1.2 本标准适用于报告、论文的编写格式，包括形式构成和题录著录，及其撰写、编辑、印刷、出版等。

本标准所指报告、论文可以是手稿，包括手抄本和打字本及其复制品；也可以是印刷本，包括发表在期刊或会议录上的论文及其预印本、抽印本和变异本；作为书中一部分或独立成书的专著；缩微复制品和其他形式。

1.3 本标准全部或部分适用于其他科技文件，如年报、便览、备忘录等，也适用于技术档案。分节符(下一页)

▲ 在文字中间插入分节符（下一页）

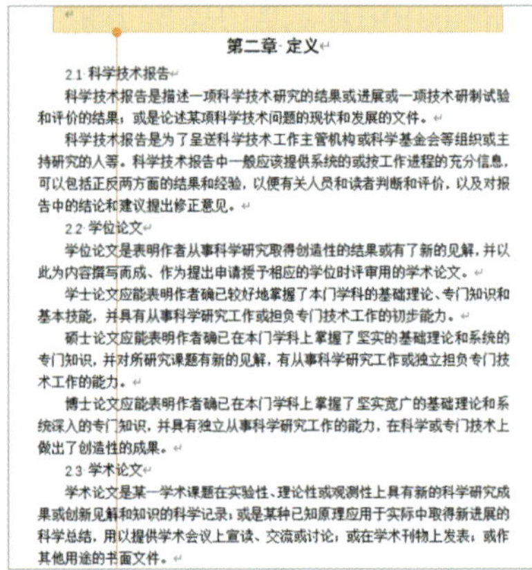
第二章 定义

2.1 科学技术报告

科学技术报告是描述一项科学技术研究的结果或进展或一项技术研制试验和评价的结果；或是论述某项科学技术问题的现状和发展的文件。

科学技术报告是为了呈送科学技术工作主管机构或科学基金会等组织或主持研究的人等。科学技术报告中一般应该提供系统的或按工作进程的充分信息，可以包括正反两方面的结果和经验，以便有关人员和读者判断和评价，以及对报告中的结论和建议提出修正意见。

2.2 学位论文

学位论文是表明作者从事科学研究取得创造性的结果或有了新的见解，并以此为内容撰写而成、作为提出申请授予相应的学位时评审用的学术论文。

学士论文应能表明作者确已较好地掌握了本门学科的基础理论、专门知识和基本技能，并具有从事科学研究工作或担负专门技术工作的初步能力。

硕士论文应能表明作者确已在本门学科上掌握了坚实的基础理论和系统的专门知识，并对所研究课题有新的见解，有从事科学研究工作或独立担负专门技术工作的能力。

博士论文应能表明作者确已在本门学科上掌握了坚实宽广的基础理论和系统深入的专门知识，并具有独立从事科学研究工作的能力，在科学或专门技术上做出了创造性的成果。

2.3 学术论文

学术论文是某一学术课题在实验性、理论性或观测性上具有新的科学研究成果或创新见解和知识的科学记录；或是某种已知原理应用于实际中取得新进展的科学总结，用以提供学术会议上宣读、交流或讨论；或在学术刊物上发表；或作其他用途的书面文件。

▲ 第二节页首出现一段空行，需手动删除

⚙ 分节符（连续）

分节符（连续）能使当前节与下一节共存于同一页面中。可以在同一页面中不同部分共存的不同的节格式包括：列数，左、右页边距和行号。如果你正在使用【分栏】功能，通过使用分节符（连续），你就可以更改栏数，而不需要新建页面。

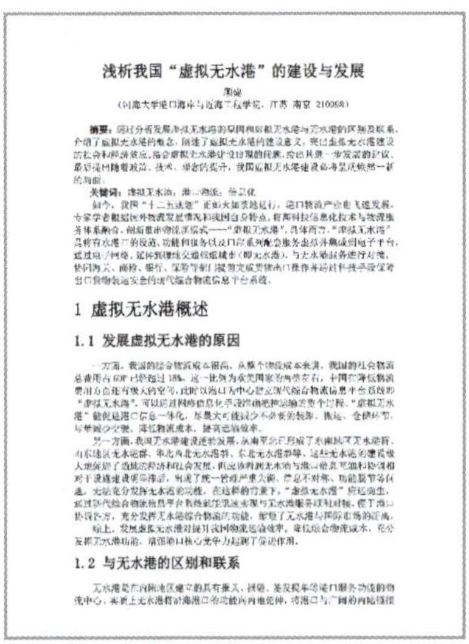
浅析我国“虚拟无水港”的建设与发展

周璇

（河海大学港口海岸与近海工程学院，江苏 南京 210098）

1 虚拟无水港概述

1.1 发展虚拟无水港的原因

1.2 与无水港的区别和联系

▲ 原版：通篇一栏

浅析我国“虚拟无水港”的建设与发展

周璇

（河海大学港口海岸与近海工程学院，江苏 南京 210098）

1 虚拟无水港概述

1.1 发展虚拟无水港的原因

1.2 与无水港的区别和联系

分节符(下一页)

▲ 小论文版：摘要一栏，正文两栏

注意：选中正文内容后进行分栏，正文前后会自动插入两个分节符（连续）。

分节符（偶数页）

分节符（偶数页）能使新的一节从下一个偶数页开始。如果下一页是奇数页，那么此页将保持空白（页码会累计，但不显示）。

分节符（奇数页）

分节符（奇数页）能使新的一节从下一个奇数页开始。如果下一页是偶数页，那么此页将保持空白。

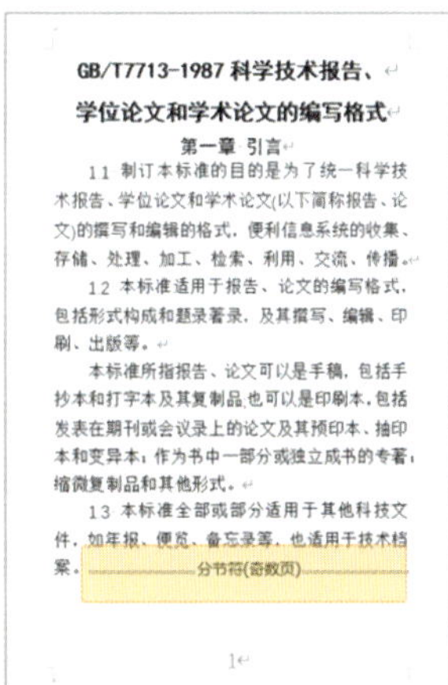

GB/T7713-1987 科学技术报告、
学位论文和学术论文的编写格式
第一章 引言
1.1 制订本标准的目的是为了统一科学技术报告、学位论文和学术论文(以下简称报告、论文)的撰写和编辑的格式，便利信息系统的收集、存储、处理、加工、检索、利用、交流、传播。
1.2 本标准适用于报告、论文的编写格式，包括形式构成和题录著录，及其撰写、编辑、印刷、出版等。
本标准所指报告、论文可以是手稿，包括手抄本和打字本及其复制品，也可以是印刷本，包括发表在期刊或会议录上的论文及其预印本、抽印本和变异本；作为书中一部分或独立成书的专著；缩微复制品和其他形式。
1.3 本标准全部或部分适用于其他科技文件，如年报、便览、备忘录等，也适用于技术档案。
分节符(奇数页)
1

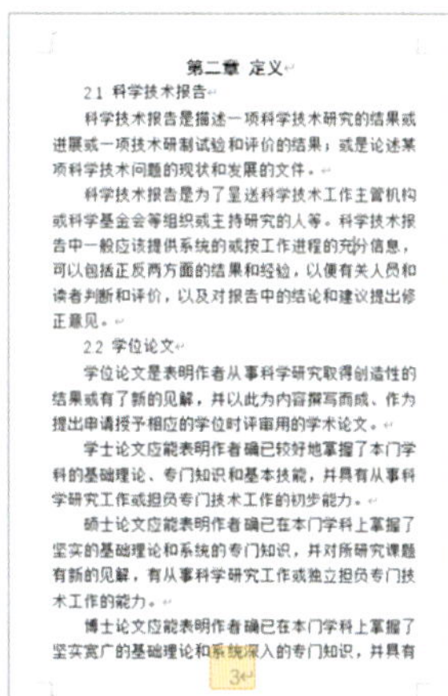

第二章 定义
2.1 科学技术报告
科学技术报告是描述一项科学技术研究的结果或进展或一项技术研制试验和评价的结果；或是论述某项科学技术问题的现状和发展的文件。
科学技术报告是为了呈送科学技术工作主管机构或科学基金会等组织或主持研究的人等。科学技术报告中一般应该提供系统的或按工作进程的充分信息，可以包括正反两方面的结果和经验，以便有关人员和读者判断和评价，以及对报告中的结论和建议提出修正意见。
2.2 学位论文
学位论文是表明作者从事科学研究取得创造性的结果或有了新的见解，并以此为内容撰写而成、作为提出申请授予相应的学位时评审用的学术论文。
学士论文应能表明作者确已较好地掌握了本门学科的基础理论、专门知识和基本技能，并具有从事科学研究工作或担负专门技术工作的初步能力。
硕士论文应能表明作者确已在本门学科上掌握了坚实的基础理论和系统的专门知识，并对所研究课题有新的见解，有从事科学研究工作或独立担负专门技术工作的能力。
博士论文应能表明作者确已在本门学科上掌握了坚实宽广的基础理论和系统深入的专门知识，并具有
3

左例中，第二章原本位于第 2 页，插入分节符（奇数页）后，自动变至第 3 页

页面视图下，不显示空白页，页码直接变为“3”

打印预览视图下可以看到第 2 页为空白页

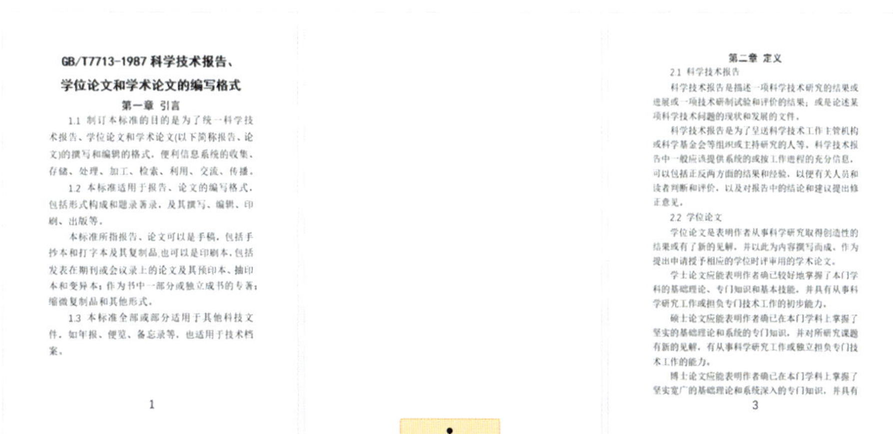

GB/T7713-1987 科学技术报告、
学位论文和学术论文的编写格式
第一章 引言
1.1 制订本标准的目的是为了统一科学技术报告、学位论文和学术论文(以下简称报告、论文)的撰写和编辑的格式，便利信息系统的收集、存储、处理、加工、检索、利用、交流、传播。
1.2 本标准适用于报告、论文的编写格式，包括形式构成和题录著录，及其撰写、编辑、印刷、出版等。
本标准所指报告、论文可以是手稿，包括手抄本和打字本及其复制品，也可以是印刷本，包括发表在期刊或会议录上的论文及其预印本、抽印本和变异本；作为书中一部分或独立成书的专著；缩微复制品和其他形式。
1.3 本标准全部或部分适用于其他科技文件，如年报、便览、备忘录等，也适用于技术档案。
1
第二章 定义
2.1 科学技术报告
科学技术报告是描述一项科学技术研究的结果或进展或一项技术研制试验和评价的结果；或是论述某项科学技术问题的现状和发展的文件。
科学技术报告是为了呈送科学技术工作主管机构或科学基金会等组织或主持研究的人等。科学技术报告中一般应该提供系统的或按工作进程的充分信息，可以包括正反两方面的结果和经验，以便有关人员和读者判断和评价，以及对报告中的结论和建议提出修正意见。
2.2 学位论文
学位论文是表明作者从事科学研究取得创造性的结果或有了新的见解，并以此为内容撰写而成、作为提出申请授予相应的学位时评审用的学术论文。
学士论文应能表明作者确已较好地掌握了本门学科的基础理论、专门知识和基本技能，并具有从事科学研究工作或担负专门技术工作的初步能力。
硕士论文应能表明作者确已在本门学科上掌握了坚实的基础理论和系统的专门知识，并对所研究课题有新的见解，有从事科学研究工作或独立担负专门技术工作的能力。
博士论文应能表明作者确已在本门学科上掌握了坚实宽广的基础理论和系统深入的专门知识，并具有
3

空白页无页码显示，但后续页码会累计

注意：如果下一页就是奇数页，那么一切正常，无特殊变化。

分页符

第 1 章提到过使用**分页符**进行科学分页，而在学习了**分节符**之后，因为分节符（下一页）和分页符都能实现分页的功能，所以你可能会将两者混用。对于这两者该如何选用，请谨记以下两个原则。

原则一：需要设置不同的页眉、页脚、纸张方向等页面格式时，插入分节符（下一页）。

原则二：只需要快速另起一页录入文字，按快捷键 Ctrl+Enter 插入分页符即可。

4.4.2 长文档整体的节规划

在正式撰写长文档之前要先录入各个部分的标题，对于需要设置不同的页眉和页脚的部分要插入分节符，对于需要另起一页的部分要插入分页符。下图以论文为例将文档简化为 8 个部分，如果需要各章从奇数页开始，在相应位置插入分节符（奇数页）即可。

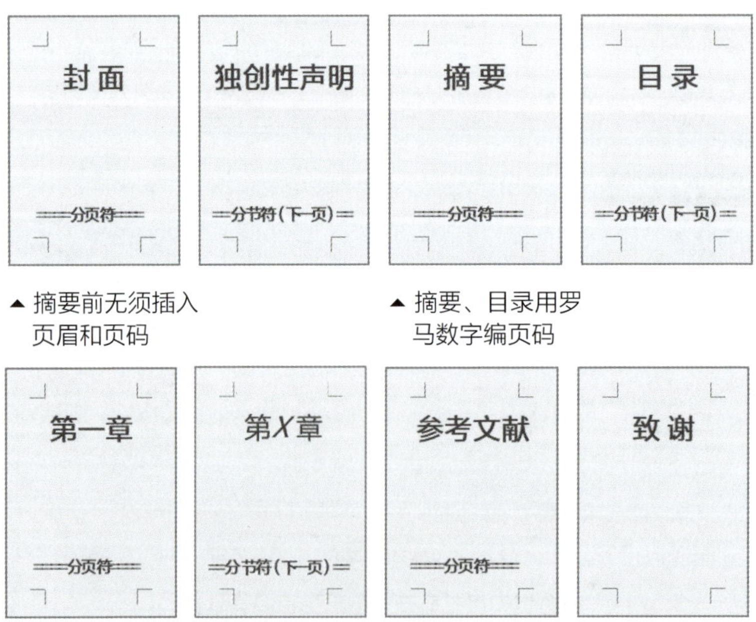

4.4.3 长文档的页眉设置

这里同样以论文为例，介绍长文档中页眉的设置。

① 有的部分需要页眉，有的部分不需要页眉，因此需要使用分节符（下一页）将其分开。

② 由于页眉比较特殊，即使划分了节，软件同样默认下一节与上一节的页眉设置相同，所以还需要取消链接到前一节，断开各节页眉的联系。

③ 如果要在不同章的页眉处添加当前章的实时标题，需要用到StyleRef域。

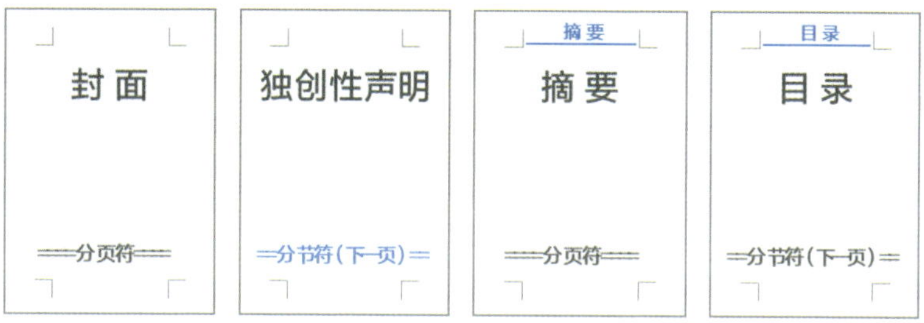

▲ 摘要前不需要页眉

▲ 摘要后各章页眉的内容与章标题相同

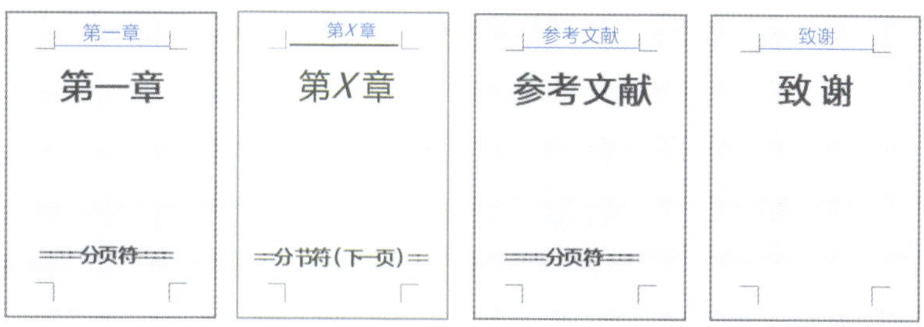

实例 设置不同部分的页眉

设置不同部分的页眉的操作步骤如下。

步骤一：插入分节符（下一页），将需要页眉和不需要页眉的内容隔开

在独创性声明和摘要之间插入一个分节符（下一页），因为摘要之前均不需要页眉。

步骤二：取消链接到前一节

在摘要页的页眉处双击或右击，进入页眉页脚视图，在【页眉和页脚】选项卡中单击【链接到前一节】按钮，取消链接到前一节（按钮变灰即为取消）。

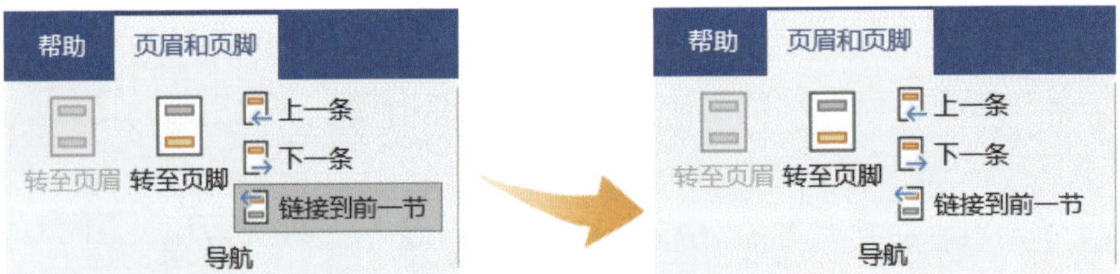

▲取消链接到前一节后，不同节的页眉将不再有联系，删除或修改页眉内容将互不影响

步骤三：在摘要页的页眉处插入 StyleRef 域

在【插入】选项卡中单击【文档部件】按钮，在菜单中选择【域】选项，在【域】对话框中的【域名】列表框中选择【StyleRef】选项，在【样式名】列表框中选择【标题 1】选项，最后单击【确定】按钮即可。

由于一级标题的编号是由多级列表控制的，所以如果想要将自动引用变为“一级标题编号+一级标题内容”的形式，在插入域的时候就要插入两个 StyelRef 域，第一次插入时把【插入段落编号】选项勾选上，第二次插入时则不勾选。

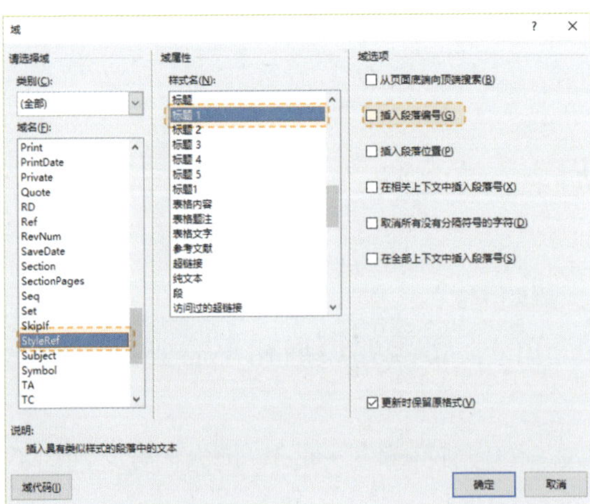

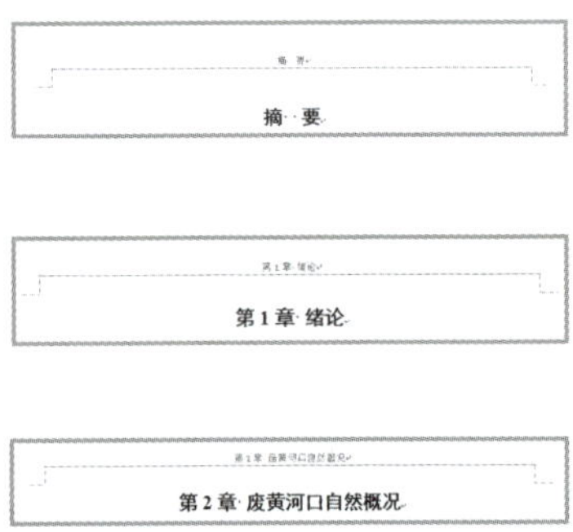

◀在【样式名】列表框中选择【标题 1】选项，则页眉会显示为章标题的内容

4.4.4 页眉的拓展

✿ 拓展一：快速去掉页眉黑线

有的时候当我们完成页眉的插入后，页眉下方会有一条黑线，这条黑线究竟是什么？又该怎么去掉？

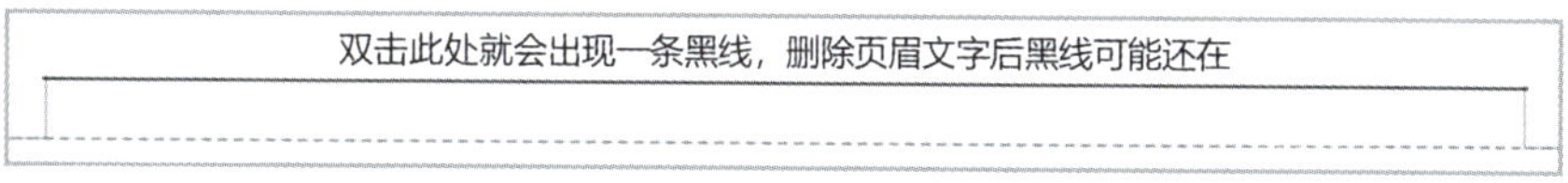

▲ 这条黑线其实是段落的下框线（页眉文字的默认样式中包含了这条黑线）

把光标置于页眉处，找到【开始】选项卡中的【段落】功能组，单击【边框】的下拉按钮，在展开的菜单中选择【边框和底纹】选项。

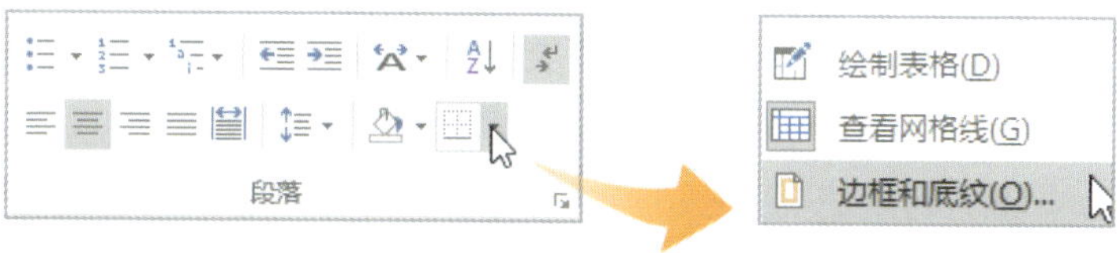

在对话框中将边框设置为【无】，并把【应用于】改为【段落】，最后单击【确定】按钮即可去掉黑线。

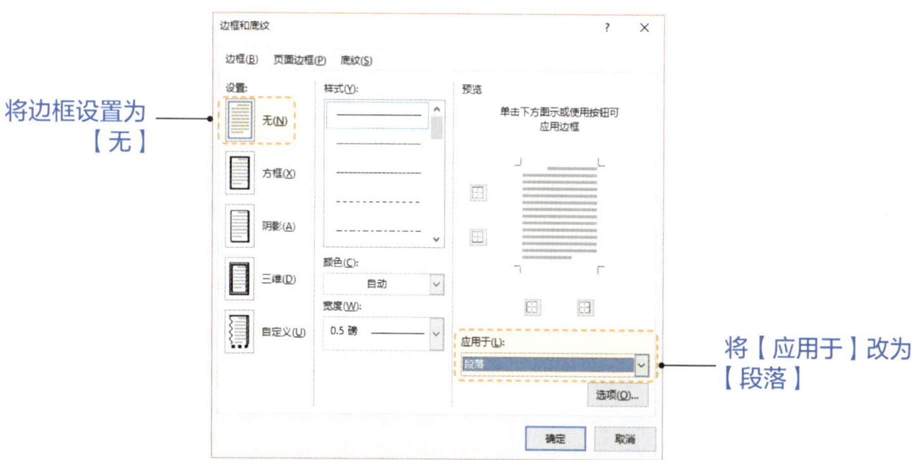

除此以外，还有两个更简单的方法可以快速去除页眉黑线。

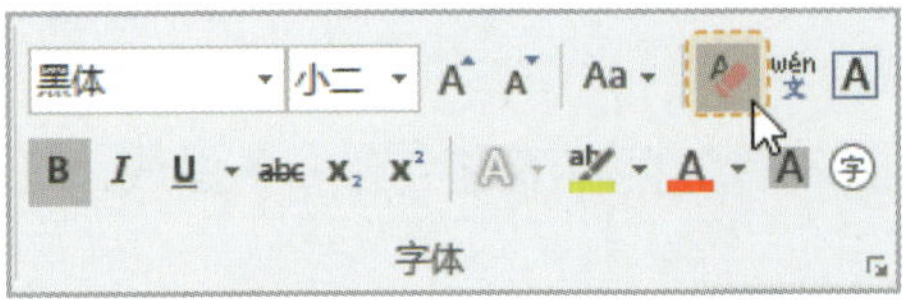

▲将光标置于页眉处，单击【清除所有格式】按钮

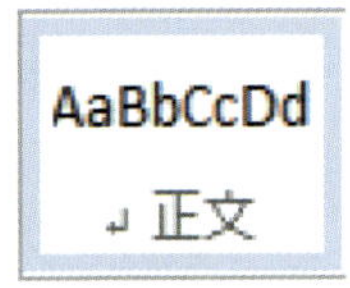

▲为页眉应用【正文】样式

这两个方法的原理都是清除了边框，前者是清除全部附加的格式，后者是【正文】样式中不包含下框线，故能够完美清除黑线。

拓展二：奇偶页的页眉不同

部分本科毕业论文要求从正文起奇偶页的页眉不同，奇数页页眉的内容一般为“某某大学本科毕业设计”，偶数页页眉的内容一般为“作者姓名：中文题目”。按此规则设置奇偶页页眉不同的具体操作步骤如下。

步骤一：插入分节符（下一页），将需要页眉和不需要页眉的内容隔开

在目录和正文之间插入分节符（下一页），因为正文之前均不需要页眉。

步骤二：勾选【奇偶页不同】选项，取消链接到前一节两次

双击正文页眉（假设正文第一页为奇数页），进入页眉页脚视图，在【页眉和页脚】选项卡中勾选【奇偶页不同】选项，同时取消链接到前一节。

由于设置了奇偶页不同，因此还需要将光标定位到偶数页页眉处，再取消一次链接到前一节。

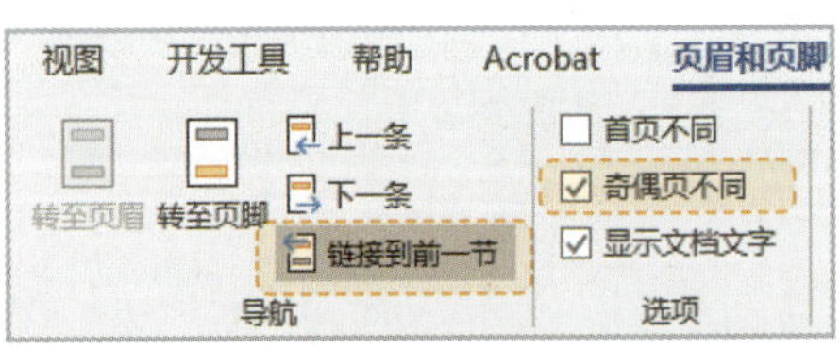

◀勾选【奇偶页不同】选项后，分别在奇数页和偶数页页眉处取消链接到前一节

步骤三：在奇、偶页分别插入页眉

在某个奇数页页眉处填写“某某大学本科毕业设计”，在某个偶数页页眉处填写“作者姓名：中文题目”。

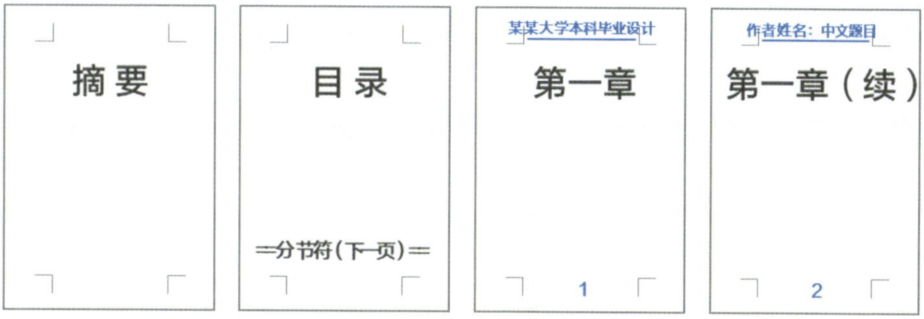

▲ 奇偶页页眉不同效果图示

4.5 页码与多重页码系统

4.5.1 在文档中插入页码

页眉和页脚仿佛已经成为页码出现的固定位置。其实，在页面中的任意位置，页码都有可能出现。

在页眉或页脚区域右击，在菜单中选择【编辑页眉（页脚）】选项，进入页眉页脚编辑状态，在【页眉和页脚】选项卡中单击【页码】按钮，在菜单中选择插入页码的位置，可选【页面顶端】【页面底端】【页边距】或【当前位置】等选项，然后在右侧展开的菜单中选择合适的页码样式即可。

Word 内置了许多页码样式，我们可以直接选用。

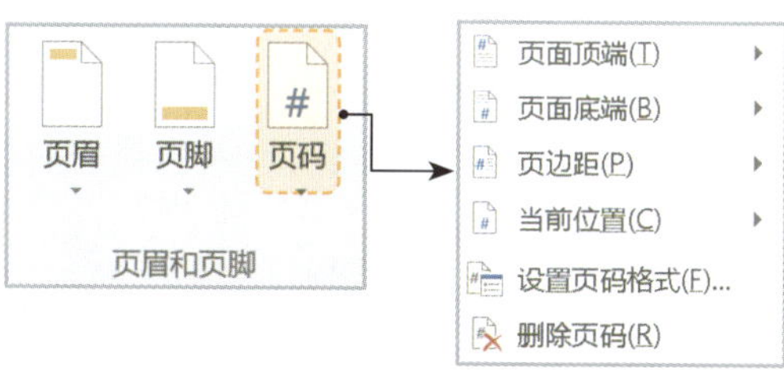

在页边距中插入页码

进入【页眉和页脚】选项卡后，单击【页码】按钮，在菜单中选择【页边距】选项，之后选择对应的页码样式即可。Word 中内置的页码样式可以参考下图。

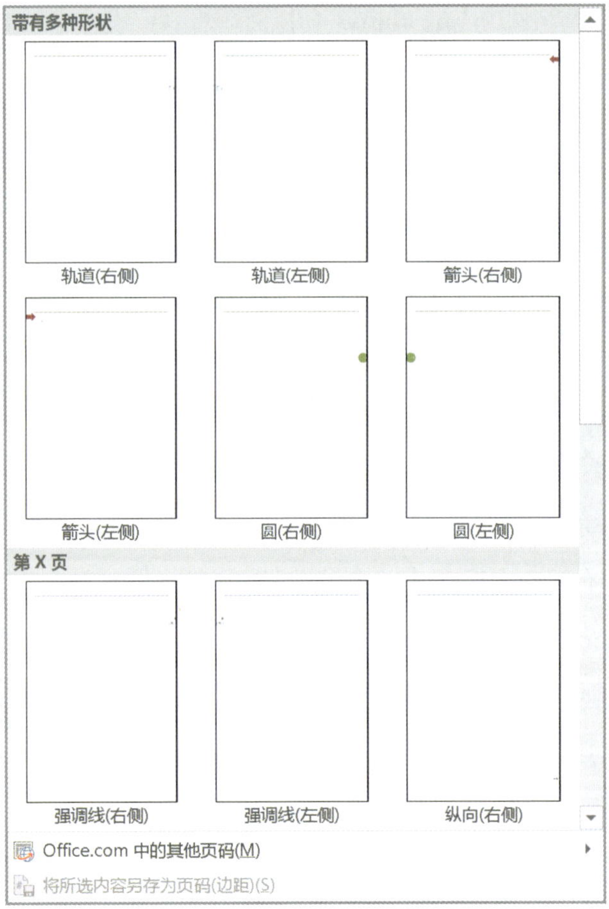

在任意位置插入页码

如果想要在任意位置插入页码，就需要借助形状或文本框。在选定位置处插入形状或文本框后，在【插入】选项卡中单击【页码】按钮，在菜单中选择【当前位置】选项，之后选择需要的页码样式即可。

4.5.2 页码格式的设置

✿ 设置简单数字格式的页码

常用的页码格式是“1、2、3……”，如果要用汉字编号或罗马数字，那么需要在插入页码时进行设置，双击页码进入【页眉和页脚】选项卡，单击【页码】按钮，在菜单中选择【设置页码格式】选项，在【页码格式】对话框中设置所需的编号格式，最后单击【确定】按钮即可。

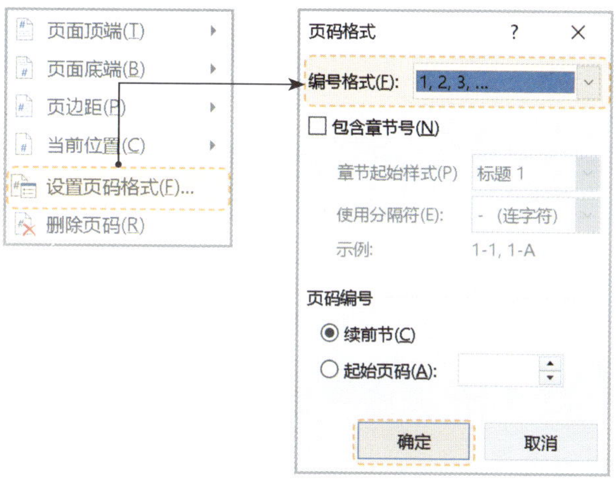

✿ 设置从“0”开始的页码

假设文档存在这样的结构：封面→前言→目录→正文→附录。其中封面、前言和目录被划分为一节，我们需要让封面不显示页码，让前言处的页码从“1”开始编排。

正常插入页码之后，封面会显示页码“1”。一般情况下，是选用分节符将封面单独划分为一节，但是由于该文档中封面、前言和目录要位于同一节，因此不可以这样操作。此时我们就需要单独设置封面页码不显示，进而调整页码的起始编号。具体操作如下。

双击封面处的页码，进入页眉页脚编辑状态，在【页眉和页脚】选项卡中勾选【首页不同】选项，然后单击【页码】按钮，在菜单中选择【设置页码格式】选项，在对话框中将【页码编号】改为【起始页码】，并设置页码数值为【0】，最后单击【确定】按钮，即可完成特殊页码的设置。

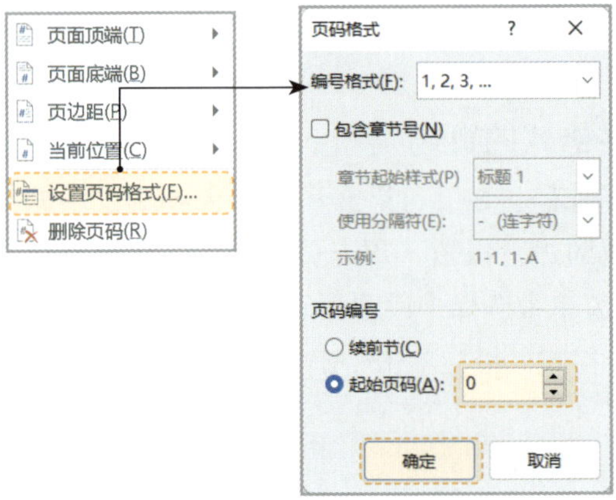

4.5.3 长文档中多重页码的设置

在长文档中，不同部分的页码要求是不一样的。以论文为例，一般会要求论文摘要之前的部分均不插入页码，而摘要和目录部分需要插入罗马数字格式的页码，正文部分则插入阿拉伯数字格式的页码，因此我们在分节之后要取消各节页脚之间的链接，最后再单独设置各个部分的页码格式。

页码的一般要求

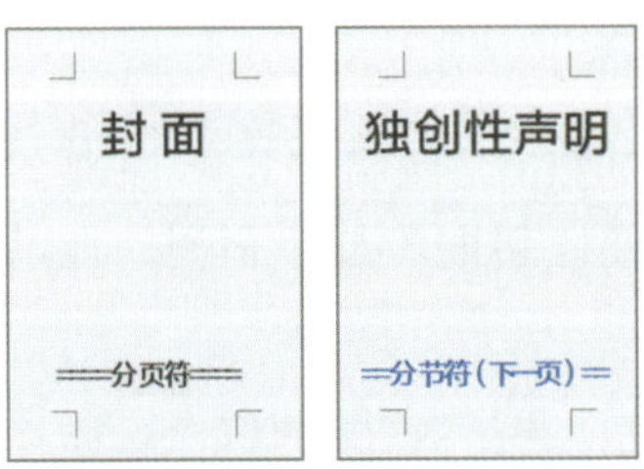

▲ 摘要前不需要页码

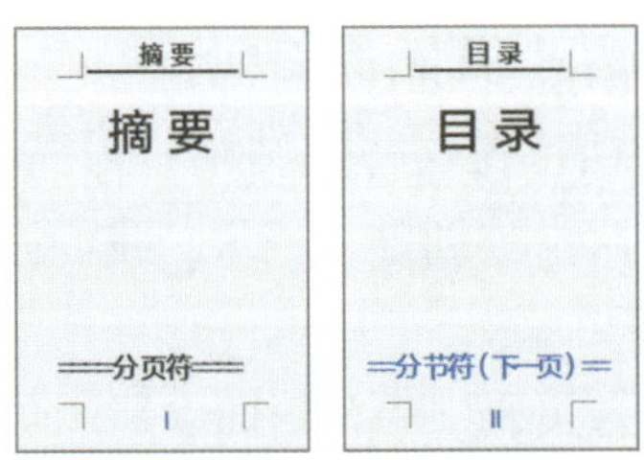

▲ 摘要、目录使用罗马数字编号

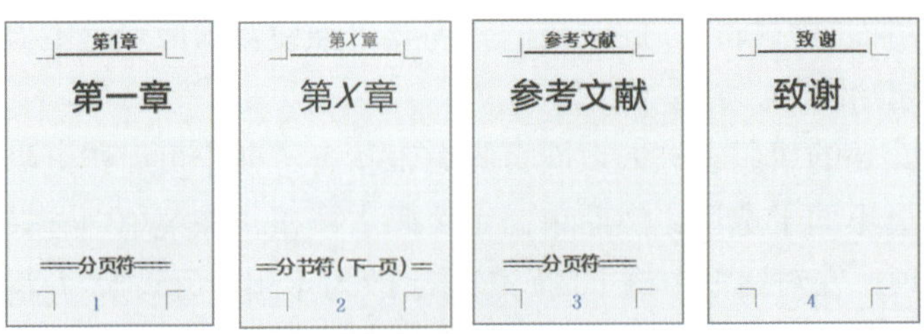

▲ 从正文开始使用阿拉伯数字连续编号

页码设置分析

① 在不需要页码和需要页码的内容之间插入分节符（下一页），在罗马数字页码和阿拉伯数字页码之间也插入分节符（下一页）。

② 页脚和页眉都比较特殊，输入一次，全文共享，所以同样需要取消链接到前一节，使各节页码的格式不同。

③ 插入页码后，在【页码格式】对话框中可以更改编号格式，比如“Ⅰ、Ⅱ、Ⅲ”“1、2、3”“一、二、三”等，也可以更改编号方式，比如是否连续编页码。

步骤一：插入分节符（下一页），将需要页码和不需要页码的内容隔开

从页码设置的角度讲，文档可暂时分为3个部分：摘要之前不需要页码，摘要、目录设置罗马数字页码，正文及之后的内容设置阿拉伯数字页码。按照“页码的一般要求”图示中的要求插入分节符（下一页）。

步骤二：取消链接到前一节

在摘要的页脚处右击，在菜单中选择【编辑页脚】选项，进入【页眉和页脚】选项卡，取消链接到前一节。同样，在正文的页脚处取消链接到前一节。

步骤三：在摘要、目录页插入页码

将光标定位到摘要的页脚处，在【页眉和页脚】选项卡中单击【页码】按钮，在菜单中选择【页面底端】→【普通数字 2】，插入页码，并按实际要求更改字体及字号。

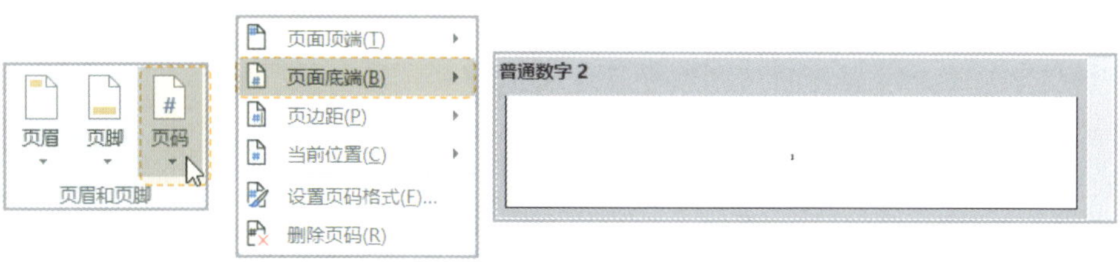

步骤四：修改页码（将页码改为罗马数字，并从“Ⅰ”开始编号）

目前插入的页码完全不符合要求，还需要进行页码格式的设置，打开【页码格式】对话框将【编号格式】改为罗马数字，在【页码编号】区域选择【起始页码】选项，并设置页码数值为【Ⅰ】。

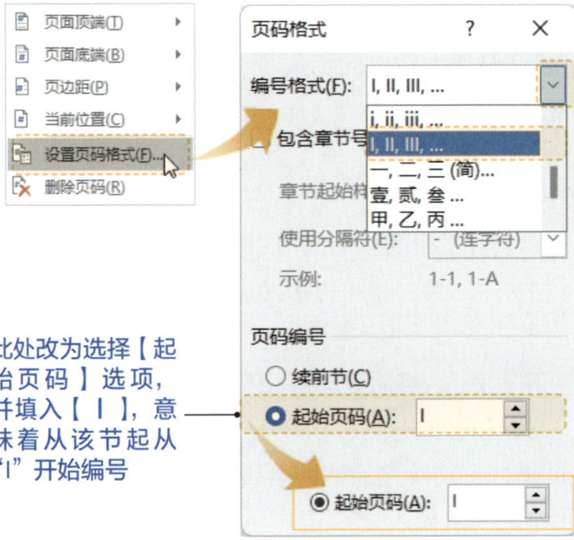

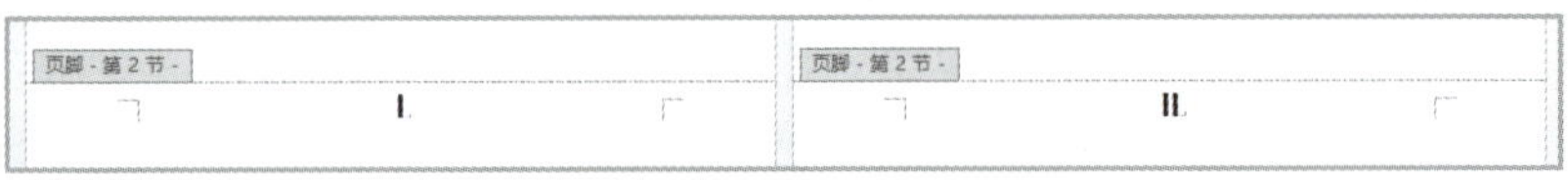

▲设置后，摘要、目录页码改为罗马数字，并从“Ⅰ”开始编号

步骤五：给正文插入页码

按照步骤三的方法在正文处插入页码，并修改格式使其从“1”开始编号。

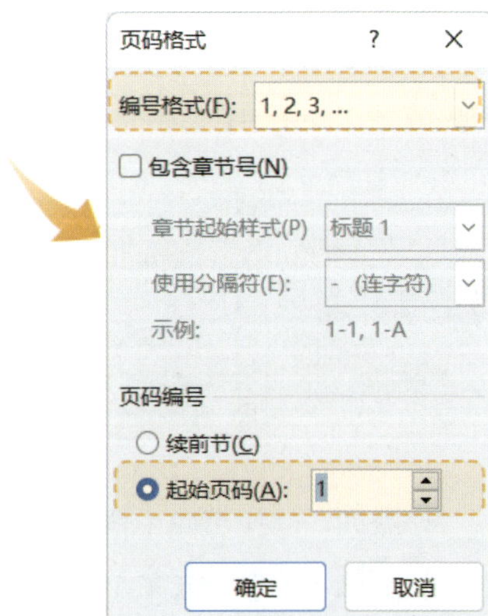

⚙ 其他说明

① 如果实际操作时，在正文中插入了多个分节符，而页码需要连续编号，则在【页码编号】区域选择【续前节】选项。

② 如果设置了奇偶页不同，则需要在奇数页和偶数页分别取消链接到前一节并设置两次页码。

4.6 高度自定义的自动目录

制作目录很简单，但在追求自定义的过程中，其操作常常变得无比烦琐。

本节主要帮助你掌握制作目录的关键，并解决你在自定义过程中可能遇到的困难。

4.6.1 目录的生成与注意事项

1. 目录的生成

制作一份能自动更新的目录并不难，只要两步。

第一步：为文档标题应用【标题 1】【标题 2】等样式。通过设置样式，使 Word 知道哪些文字是标题，哪些标题是一级标题，从而为生成目录做好准备。

第二步：生成目录。把光标移至文档最前面，在【引用】选项卡中单击【目录】按钮，在菜单中选择自动目录中的一种，即可完成目录的生成。

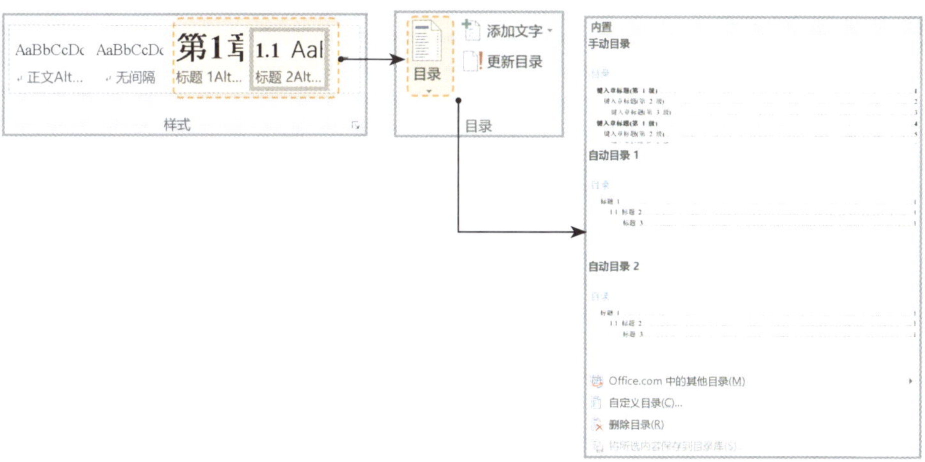

2. 目录生成时的注意事项

① 关于标题样式，你可能会有这样的疑问：必须要使用内置标题样式吗？没错！

你不妨测试一下：完全新建一个样式，取名为“一级标题测试”，然后将它的样式基准设定为标题 1，再对文档内的标题进行样式应用。当你插入目录时，屏幕上会弹出下图所示的提示框，并在光标所在位置显示“未找到目录项。”

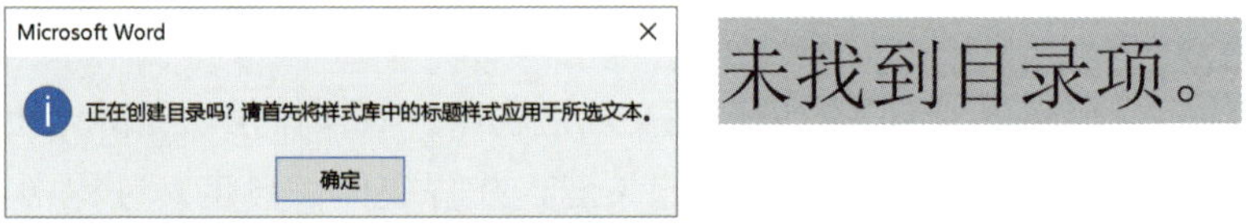

② 可以在原有标题样式的基础上更改样式名称吗？可以。Word 的逻辑就是，完全新建不可以，但是改名字没问题。

③ 标题样式与目录中的标题样式并没有关联，修改【标题 1】【标题 2】等样式不会影响目录的样式。

④ 建议单独为目录留一整页，方便阅读和进行后续操作。

4.6.2 目录中各级标题的格式修改

Word 内置的目录样式有 6 种：古典、优雅、流行、现代、正式和简单。如果你希望做更多的个性化选择，那么完全可以对目录进行自定义。在【引用】选项卡中单击【目录】按钮，在菜单中选择【自定义目录】选项，即可进入【目录】对话框。

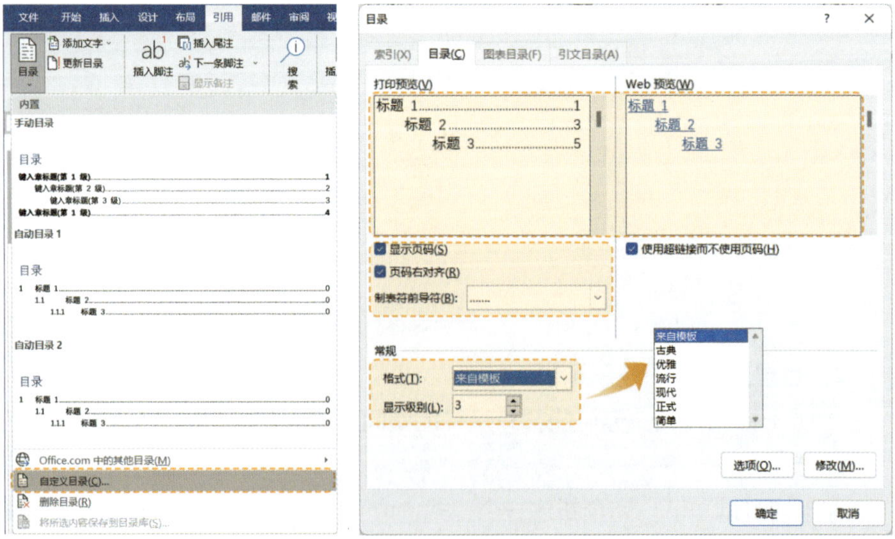

目录中的页码显示、页码与标题之间的连接线等都可以在【目录】对话框中设置。

① 如果取消勾选【显示页码】选项，则目录中只显示标题不显示页码。

② 如果取消勾选【页码右对齐】选项，则目录中的页码会紧跟标题显示。

③【制表符前导符】就是指页码与标题间连接线的样式，可以有 5 种不同的选择。

④ 修改【显示级别】的数值大小，可以调整目录中标题的显示级别。

所有选择可以立刻在【目录】对话框内置的【打印预览】区域中看到应用效果。

如果希望做更大程度的自定义，可以在【目录】对话框中单击【修改】按钮，选择具体的目录样式后进行修改。

这里的【TOC 1】【TOC 2】等，对应的是目录中标题的级别，它链接的文本内容是【标题 1】【标题 2】样式等对应的文本。选择相应的目录样式后，单击【修改】按钮，进入【修改样式】对话框，在此可以对其格式进行设置，包括字体、字号、加粗、对齐方式等，与设置标题样式的方法一致。

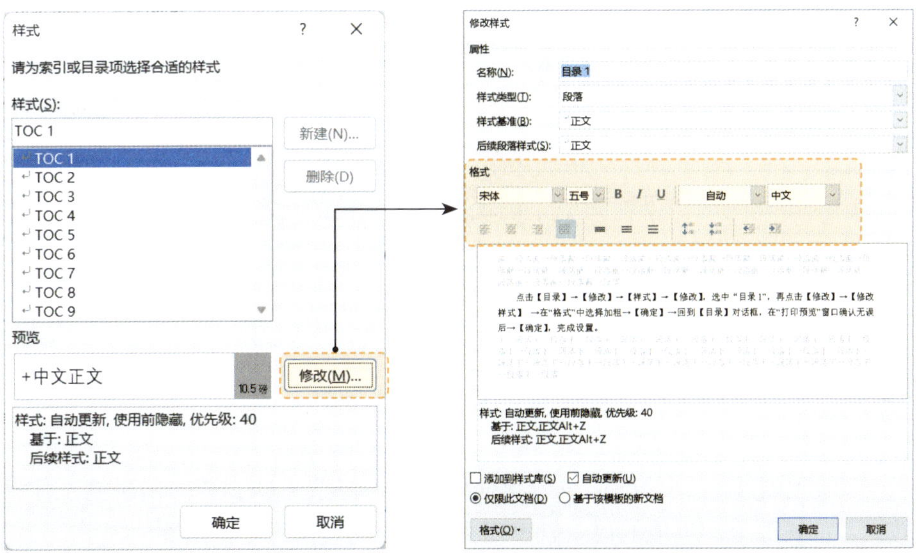

例如，你希望目录效果为一级标题加粗显示，而二级、三级标题不加粗。

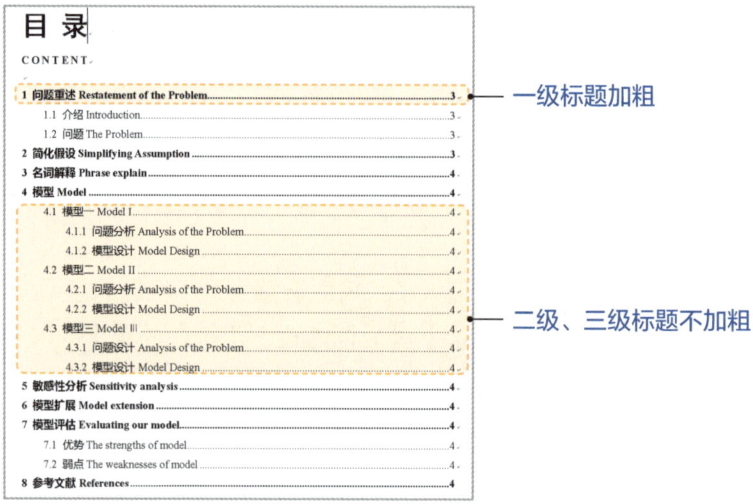
目 录

CONTENT

1 问题重述 Restatement of the Problem 3
1.1 介绍 Introduction 3
1.2 问题 The Problem 3
2 简化假设 Simplifying Assumption 3
3 名词解释 Phrase explain 4
4 模型 Model 4
4.1 模型一 Model I 4
4.1.1 问题分析 Analysis of the Problem 4
4.1.2 模型设计 Model Design 4
4.2 模型二 Model II 4
4.2.1 问题分析 Analysis of the Problem 4
4.2.2 模型设计 Model Design 4
4.3 模型三 Model III 4
4.3.1 问题设计 Analysis of the Problem 4
4.3.2 模型设计 Model Design 4
5 敏感性分析 Sensitivity analysis 4
6 模型扩展 Model extension 4
7 模型评估 Evaluating our model 4
7.1 优势 The strengths of model 4
7.2 弱点 The weaknesses of model 4
8 参考文献 References 4

正确的操作是（参考自定义目录的相关步骤），进入【样式】对话框，选择【TOC 1】样式，单击【修改】按钮，在【修改样式】对话框中设置加粗，单击【确定】按钮，回到【样式】对话框。目录 2、目录 3 默认为不加粗，因此不用进行修改，这样就完成了设置。

4.6.3 目录的快速更新

视频案例

为什么我们要选择自动生成目录，而不是手动制作目录？

因为自动生成目录更简单，且就算后面文档的标题和内容发生了改变，也只需要一键更新。

实例 自动更新标题与页码

如果标题有任何修改、页码有任何变动，修改手动制作的目录的工作量较大，而修改自动生成的目录就没那么麻烦，而且保证一定正确。

当目录对应的标题或页码有所变化时，将光标移至目录中，右击，在菜单中选择【更新域】选项，在弹出的对话框中根据需要选择【只更新页码】或【更新整个目录】选项即可。

一般情况下，如果标题的内容或前后顺序没有调整，直接选择【只更新页码】就好。

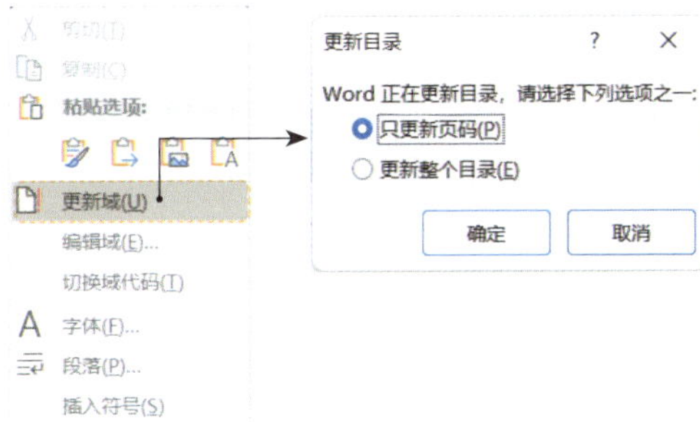

4.6.4 图表目录的制作

论文、书籍中常常会有许多图表。图表目录的存在，给后续的查阅、引用提供了很大的方便。

那么该如何制作图表目录呢?

首先，我们需要为文档中的图表插入题注，没有题注就无法制作图表目录。插入题注的相关操作，请参阅 4.3 节。

完成图表题注的添加后，把光标移到需要插入图表目录的位置，在【引用】选项卡中单击【插入表目录】按钮，在【图表目录】对话框中单击【确定】按钮。

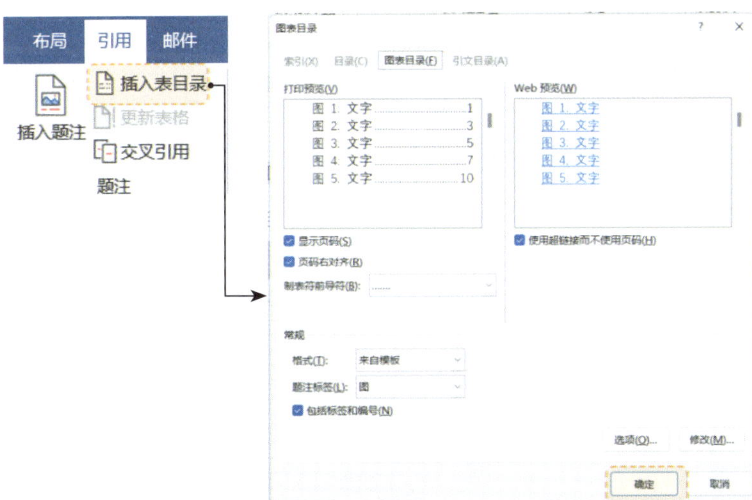

【图表目录】对话框是不是和【目录】对话框很相似？事实上，其设置也基本相同。如果需要自定义，单击【修改】按钮就可以进行各种格式设置。

以下要点值得注意。

① 在 Word 中，图表目录的制作需要单击【插入表目录】按钮。

② 预览中【图 1：文字】中的“文字”指的是题注中跟在“图 1”后的图题。如果题注中没有图题，则默认不显示。

4.7 个性化注释的制作和设置

注释能体现文档的专业度。

4.7.1 如何添加和删除脚注

视频案例

脚注是指出现在页脚处的注释。如果你在撰写文档的过程中，想对页面中的某个词语或句子单独进行说明，不妨添加脚注。

通常，脚注通过页面底部的短横线和正文区分，其字号也比正文略小。所有的脚注都有编号。

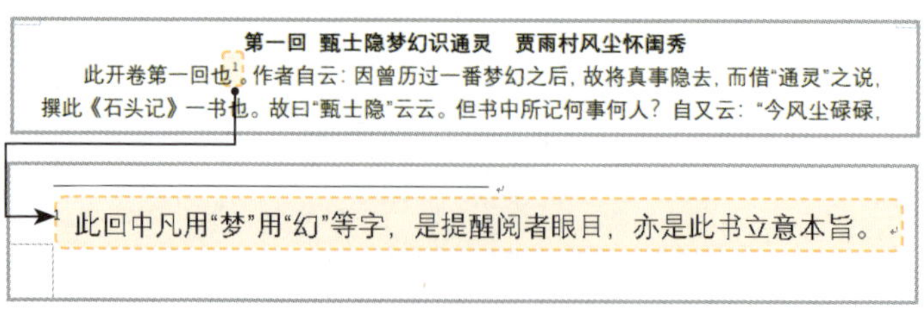

1. 添加脚注

把光标放在需要插入脚注的地方，在【引用】选项卡中单击【插入脚注】按钮，被标注的字词后会自动生成上标形式的数字，然后跳转至页脚，页脚处也已自动生成了短横线和数字，等待你输入脚注内容。

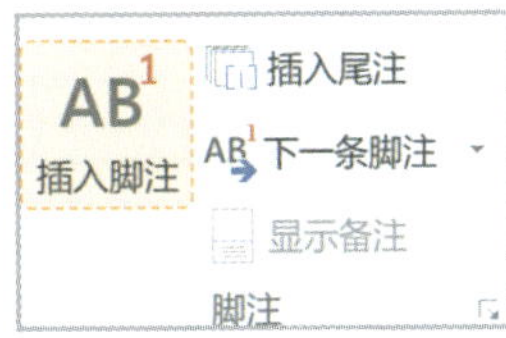

如果继续添加脚注，Word 会根据脚注在文中的先后位置自动调整脚注编号。

也就是说，脚注的序号和插入时的先后顺序无关，Word 只根据脚注对应的主文档字词的位置排序。

2. 删除脚注

删除脚注时，不可以直接把脚注区域的内容删去。原因如下。

① 直接删除脚注区域的内容后，正文中依然存在对应的空脚注，简单地说就是，当你插入下一条脚注时，无法获得连续的编号，因为空脚注还存在。

② 就算没有脚注内容存在，脚注处的短横线也是无法直接删除的。

正确的删除方法是，选中正文中脚注对应字词的上标，然后按 Delete 键删除。这样，上标和脚注内容会一并被删除。

直接单击【脚注】功能组中的【下一条脚注】按钮，可迅速定位到下一个脚注上。

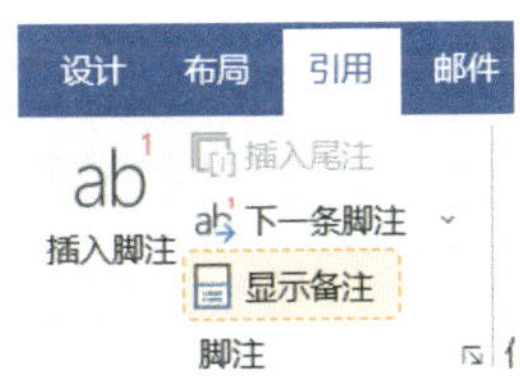

将光标置于页面中的任意位置，单击【引用】→【脚注】→【显示备注】，光标会迅速定位到当前页面底端的脚注位置。再次单击，光标就直接移到了该脚注对应的上标位置。

如果当前页面没有脚注，则光标会定位至文档中最后一处脚注所在页面的底端。如果页面中有多个脚注，则光标会定位到最后一个脚注对应的上标处。

等光标移动至页面中最后一个脚注对应的上标处时，单击【下一条脚注】右侧的下拉按钮，在菜单中选择【上一条脚注】选项。通过这个方法，我们可以迅速地定位页面中各脚注所在的位置。

你也可以直接将光标放在页脚中含有空脚注的位置，右击，在菜单中选择【定位至脚注】选项，光标就会迅速移动至对应的文档位置。

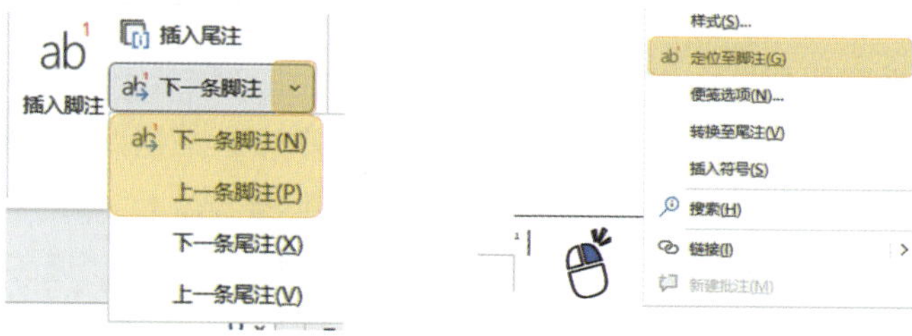

4.7.2 自定义脚注格式

脚注必须在页面底端吗？

脚注中可以增加符号吗？

脚注编号的格式可以更改吗？

脚注编号的方式可以更改吗？

必须用短横线进行分隔吗？

这些都可以自定义。单击【脚注】功能组右下角的扩展按钮，弹出【脚注和尾注】对话框。

在该对话框中，我们可以对脚注的位置、布局、格式等做相应的个性化设置。

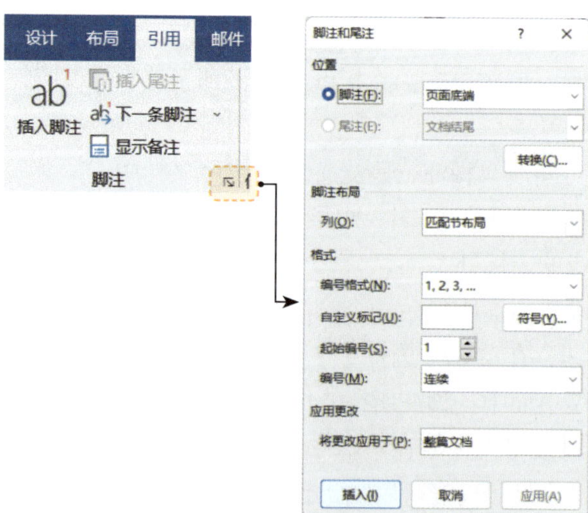

1. 脚注位置的调整

对于脚注的位置，Word 给出了第 2 种选择——文字下方。

文字下方不是指紧跟文字之后。

设置为【文字下方】的脚注将出现在本页最后一段的下方——如果最后一个段落位于页面中间或页面顶端，那么脚注就会随之移动，见图 1。

而设置为【页面底端】的脚注则始终位于本页的最下方，见图 2。

当段落布满页面时，二者的显示效果基本一致。

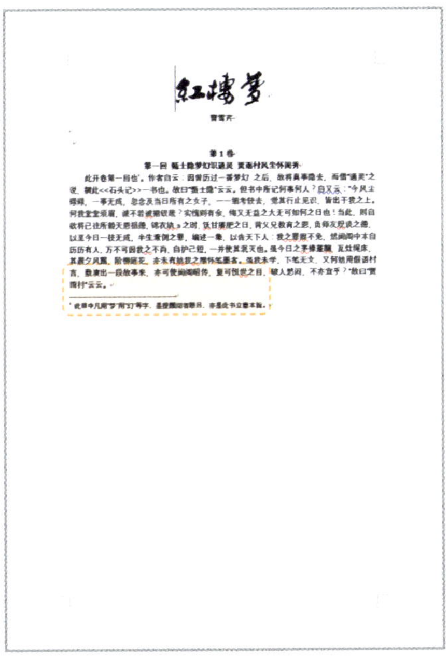

▲图 1

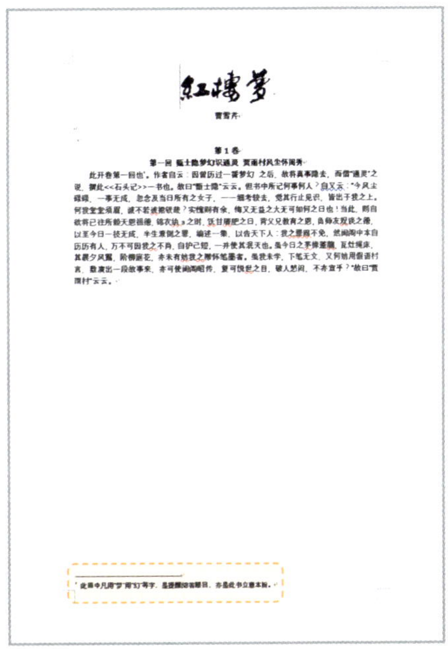

▲图 2

2. 为脚注分栏

文档可以分栏，脚注也可以分栏。在【脚注和尾注】对话框中进行设置即可。

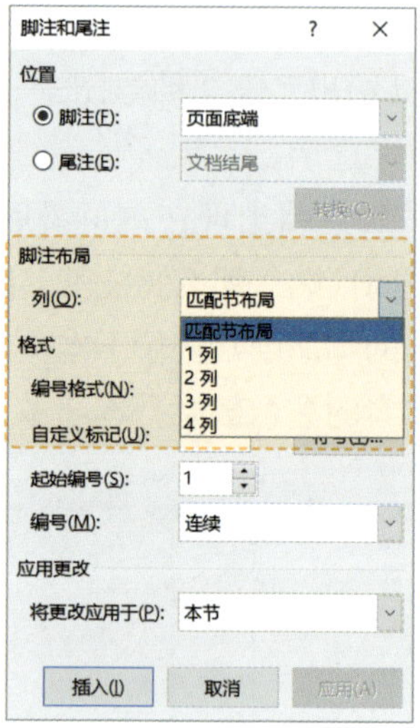

默认选择【匹配节布局】选项，也就是和主文档保持一致。如果主文档未分栏，则脚注也不分栏；如果主文档分栏，则脚注也相应地分栏，如下方左图所示。

如果选择【1 列】【2 列】等选项，则不管主文档是否分栏或分几栏，脚注始终保持 1 列或 2 列等的形式，如下方右图所示。

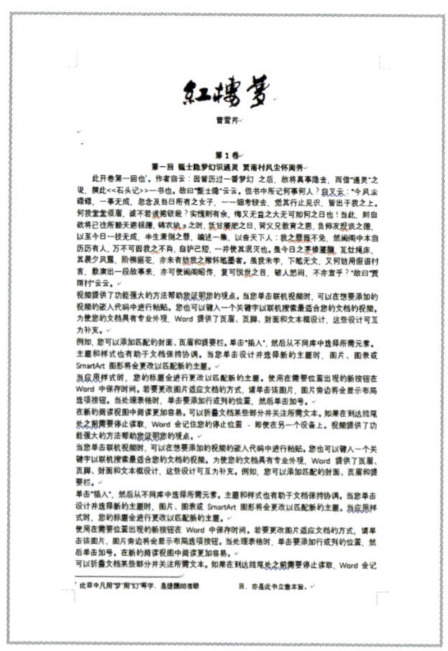

3. 脚注中的编号格式、特殊符号和编号顺序

你如果觉得“1、2、3……”这样的标注方式太过乏味，或与文档风格不符，可以对【脚注和尾注】对话框中的【编号格式】进行设置，比如设置成中文数字、带圈字符、括号数字等。

如果你希望单独给某个脚注增加特殊的符号，可以单击【符号】按钮进行选择。下图中，脚注采用了星标记号，编号格式为带圈字符。

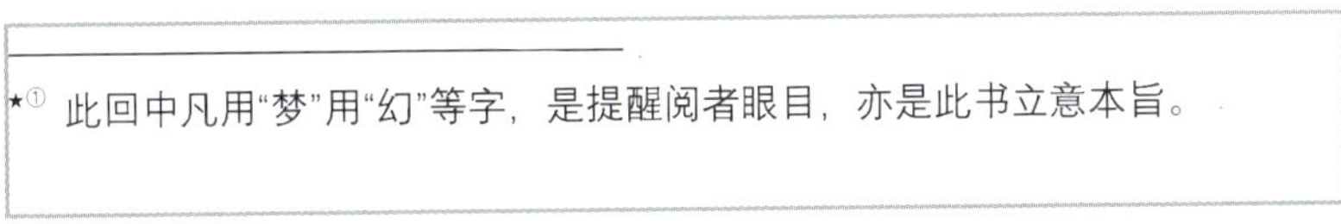

脚注编号的顺序可以通过【脚注和尾注】对话框中的【起始编号】进行设置。你可以实现脚注在新的一章开始时重新编号（在每章之间插入分节符并选择【每节重新编号】选项）；或是让脚注按页重新编号（这时应选择【每页重新编号】选项）。

最后，你可以把所有更改设置为只对本节生效，或对整篇文档生效。如果你从未插入过分节符，那么两个选项的效用一致，即都将对整篇文档生效。

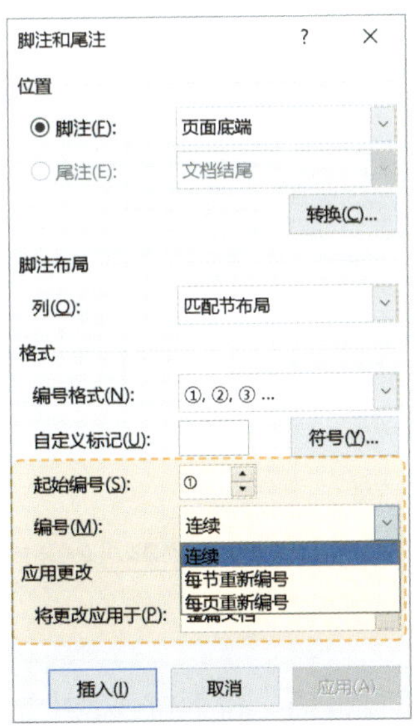

4. 脚注中短横线的删除和变换

不管是在文字下方还是在页面底端，脚注上方总是有一条短横线。

先来看看如何删除这条短横线。在【视图】选项卡中单击【草稿】按钮就可以进入草稿视图。

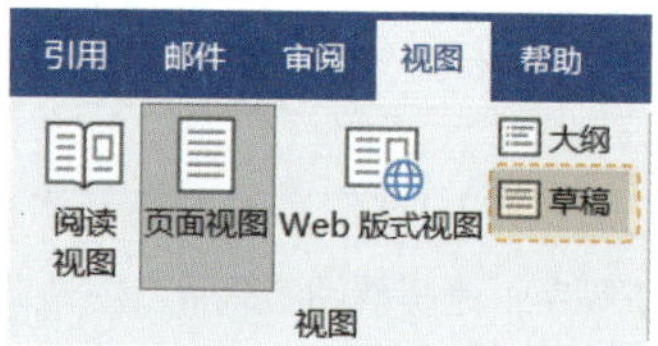

此时页面左侧出现【导航】窗格，右侧为文档主体。在【引用】选项卡中单击【显示备注】按钮，打开脚注栏。

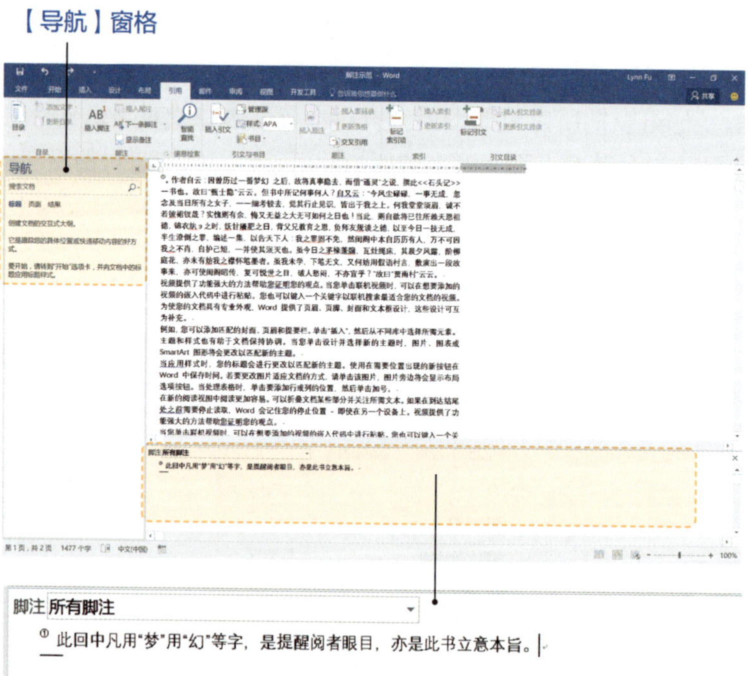

单击【脚注】右侧的下拉按钮，在下拉列表中选择【脚注分隔符】选项。那条看似删不掉的短横线就在备注区域中出现了。

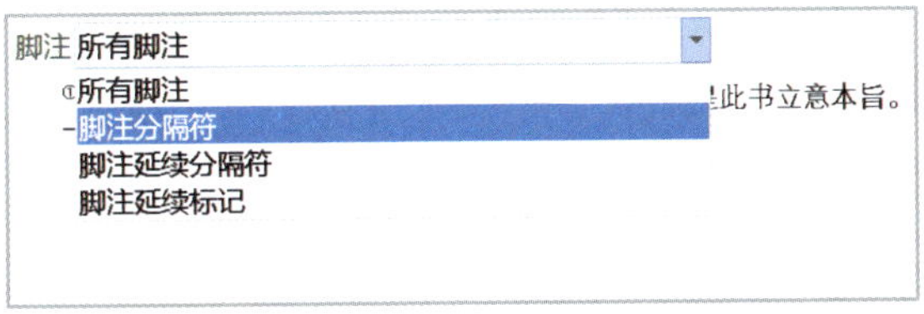

接下来，你可以直接选中短横线进行删除，也可以进行简单的输入，让短横线变个样（所有的输入都在英文状态下进行）。

① 连续输入 3 个减号（-），按回车键即可得到一条下划线。

② 连续输入 3 个等号（=），按回车键即可得到一条双下划线。

③ 连续输入 3 个波浪号（~），按回车键即可得到一条波浪线。

④ 连续输入 3 个星号（*），按回车键即可得到一条虚线。

⑤ 连续输入 3 个井号（#），按回车键即可得到一条三线下划线。

完成后，单击【视图】→【视图】→【页面视图】，就会回到正常编辑状态。

4.7.3 自定义尾注及相关操作

视频案例

尾注就是指出现在一节文档或整篇文档最后的注释。

和脚注的区别在于，尾注一般不会和上标出现在同一页内，除非上标已经出现在节或文档的末尾。

这里的“节”当然还是指插入分节符产生的“节”。

要插入尾注，需在【引用】选项卡中单击【插入尾注】按钮。

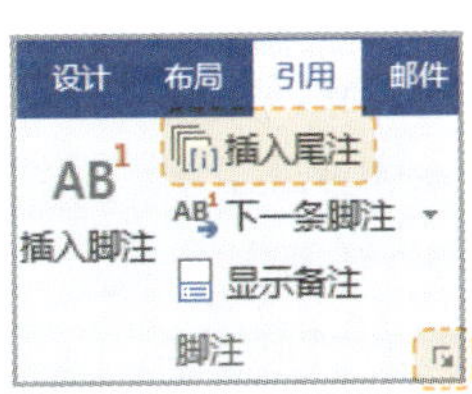

对尾注进行自定义的方法和脚注的类似：单击【脚注】功能组右下角的扩展按钮，弹出【脚注和尾注】对话框，依次进行设置即可。

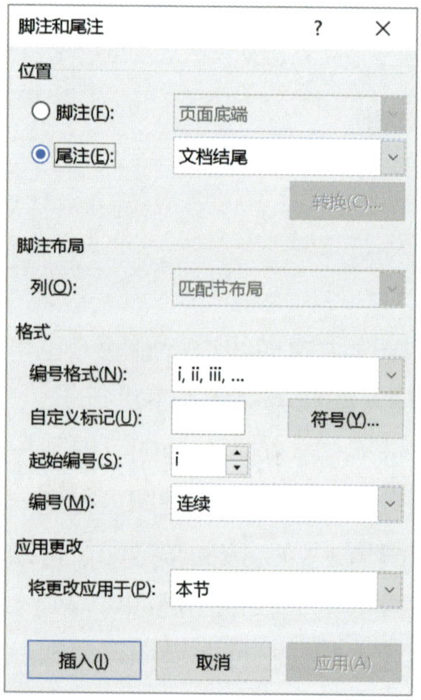

删除尾注上方短横线的操作也和脚注的类似：进入草稿视图后单击【显示备注】按钮，当页面底端出现尾注区时，便可以进行相关操作。

尾注的相关操作，如插入、删除、自定义格式、删除短横线及自定义短横线等都和脚注的类似，读者可以参考 4.7.1 小节和 4.7.2 小节进行操作。

4.8 参考文献的制作与引用

有时我们要对参考文献在 Word 文档中出现的位置予以标明，并在文末列出参考文献。在实际操作中，我们容易遇到两个问题。

视频案例

① 参考文献著录格式是怎么样的？

② 参考文献数量较多时如何实现编号的自动化？

4.8.1 参考文献著录格式

在 GB/T 7714—2015《信息与文献 参考文献著录规则》中详细规定了各类文献的著录格式。下面给出了一个简明的表格供参考，详细条款说明可以参见上述国家标准，另外建议参考文献中的标点符号在半角状态下输入。

文献类别	著录格式与示例
普通图书	格式：作者 . 书名 [M]. 出版地 : 出版者 , 出版年 .
	示例：郑浩峻 , 张秀丽 , 等 . 足式机器人生物控制方法与应用 [M]. 北京 : 清华大学出版社 , 2011.
专利文献	格式：专利申请者或所有者 . 专利题名 : 专利号 [P]. 公告日期或公开日期 .
	示例：姜锡洲 . 一种温热外敷药制备方案 : 88105607.3[P]. 1989-07-26.
技术标准	格式：主要责任者 . 标准编号 标准名 [S]. 出版地：出版者，出版年 .
	示例：国家技术监督局 . GB 3100~3120—1993 量和单位 [S]. 北京：中国标准出版社，1994.

▲ 常见的参考文献著录格式

参考文献著录格式比较复杂，手动编写很容易出错，此处推荐一种简便的方法：在百度学术中进行搜索。

在百度学术中，我们可以搜索众多学科资料——来自学术著作出版商、专业社团、各大学及其他学术组织的经同行评审的文章、论文、图书等。

搜索到所需文献后，我们可以使用其自带的引用工具，直接导出简易的参考文献格式，再根据国家标准进行完善。

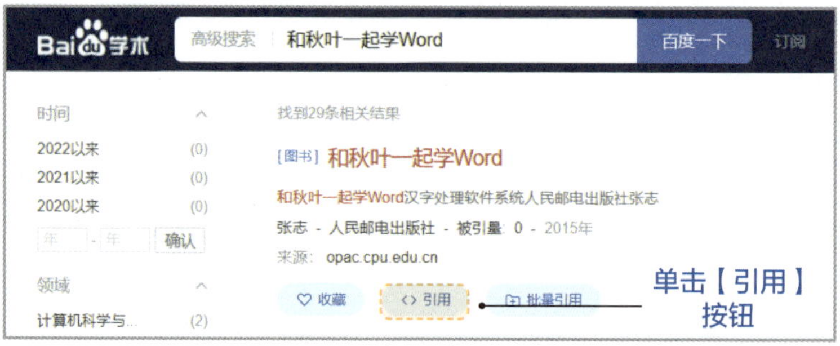

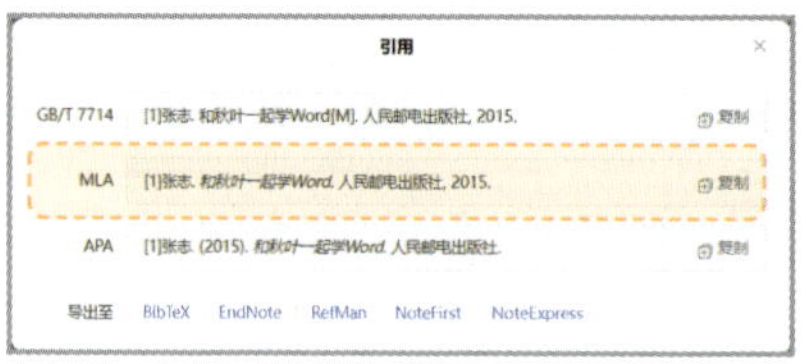

“GB/T 7714”格式是国内常用的参考文献著录格式。复制“GB/T 7714”格式的参考文献，直接粘贴到 Word 中即可

4.8.2 参考文献编排方式推荐

参考文献采用实引方式，即在文中用角标（如 [1]、[2]……）标注，并与文末的参考文献的序号及出处等信息形成一一对应的关系。

参考文献样例

Prezi 采用的是与目前主流演示软件均不同的缩放式用户界面（Zooming User Interface，简称 ZUI）[1]。……与 PowerPoint 不同的是，Prezi 可以任意插入你想展现出来的各种图片……甚至更多你想展现的其他内容 [2]。Prezi 和 PowerPoint 都是多媒体课件制作软件，……各有优势 [3]。

参考文献

[1] 王欢 , 左扬扬 , 刘帅 . 思维可视化工具 Prezi 在微课程中的应用 [J]. 中国医学教育技术 , 2014, 28(05):512-515.

[2] 刘昊 . Prezi 软件的使用及其技巧 [J]. 计算机光盘软件与应用 , 2013, 16(23):310-312.

[3] 程瑞蒙 . 演示工具 Prezi 与 PowerPoint 的应用比较 [J]. 中国医学教育技术 , 2015, 29(06):661-664.

下面用实例介绍插入参考文献的两种常见方式。

实例 用交叉引用法插入参考文献

在文末用参考文献格式生成器逐个生成参考文献，删掉原有编号后，利用 Word 的【编号】功能添加形如“[*x*]”格式的编号；在文中待引用位置利用【交叉引用】功能引用参考文献的编号；最后将交叉引用编号更改为上标格式。

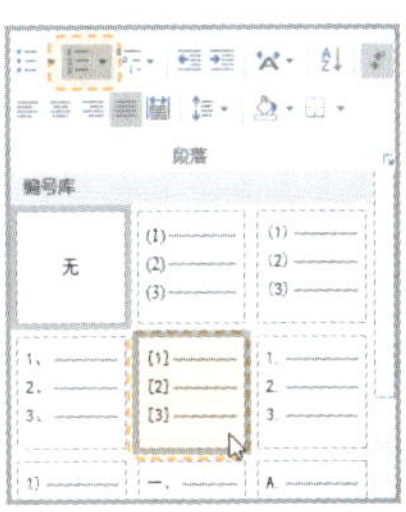

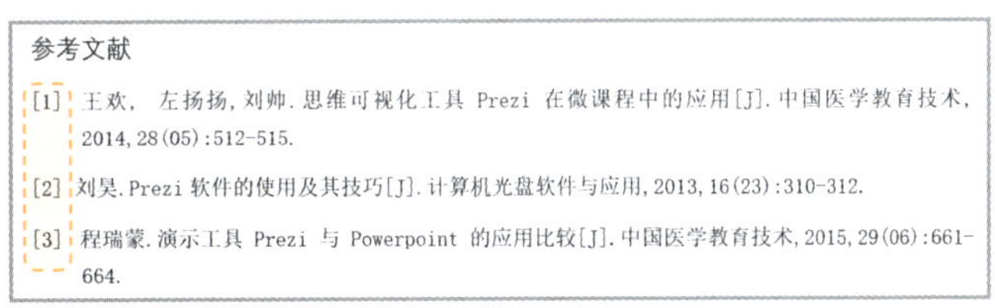

▲ 使用新的编号格式手动为参考文献添加编号

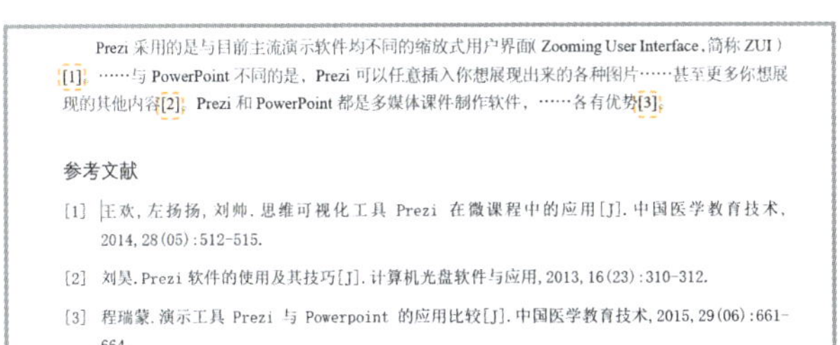

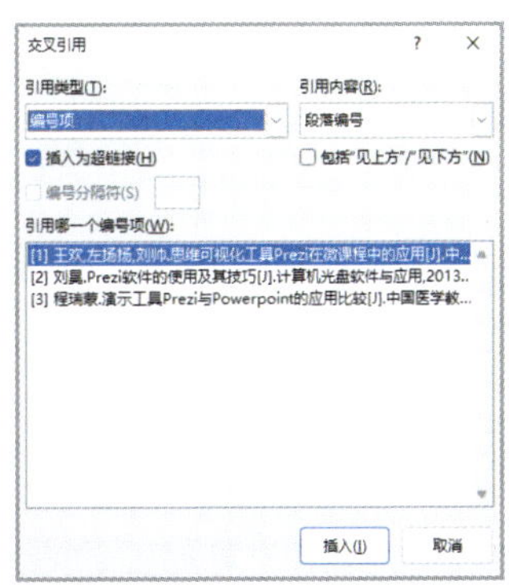

▲ 在文中依次交叉引用编号项，引用段落编号

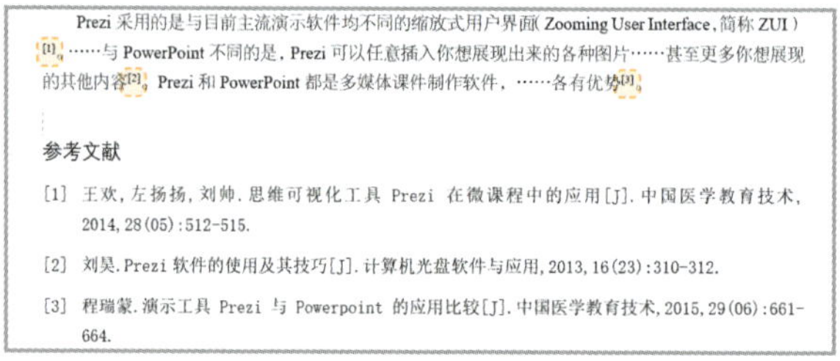
Prezi 采用的是与目前主流演示软件均不同的缩放式用户界面(Zooming User Interface，简称 ZUI)[1]。……与 PowerPoint 不同的是，Prezi 可以任意插入你想展现出来的各种图片……甚至更多你想展现的其他内容[2]。Prezi 和 PowerPoint 都是多媒体课件制作软件，……各有优势[3]。

参考文献

[1] 王欢，左扬扬，刘帅. 思维可视化工具 Prezi 在微课程中的应用[J]. 中国医学教育技术，2014，28(05)：512-515.

[2] 刘昊. Prezi 软件的使用及其技巧[J]. 计算机光盘软件与应用，2013，16(23)：310-312.

[3] 程瑞蒙. 演示工具 Prezi 与 Powerpoint 的应用比较[J]. 中国医学教育技术，2015，29(06)：661-664.

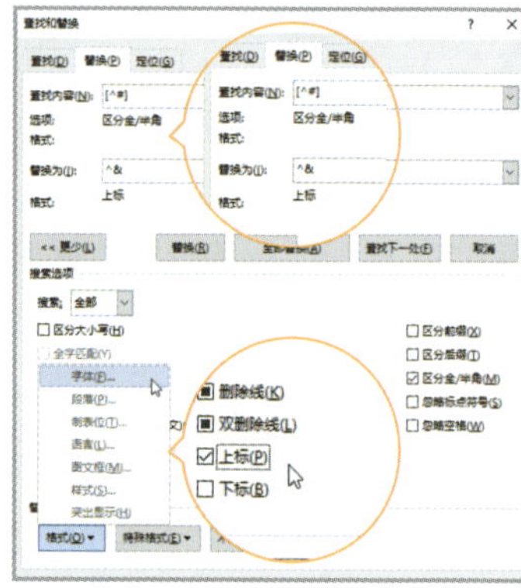

▲ 查找“[^#]”并将其替换为“^&”，设置字体为上标格式

实例 用尾注法插入参考文献

利用 Word 的【尾注】功能也能实现参考文献的制作与引用。

在 Word 中添加的尾注由两个互相链接的部分组成，即注释标记（文中部分）和对应的注释文本（文末部分）。删除注释标记时，与之对应的注释文本同时被删除。添加、删除或移动自动编号的注释标记时，Word 将对注释标记重新编号。

用尾注法插入参考文献的操作步骤相对复杂，但能体现我们综合利用 Word 的各项功能解决实际问题的能力，涉及的功能点包括【尾注】【尾注分隔符】【分节符】【查找和替换】等。

首先进行准备工作，在文档中输入参考文献页的标题之后，紧接着插入分节符（下一页），再输入致谢页的标题（必须先为后续参考文献的输入预留好空间），插入尾注后将其设置为插入在节的末尾，以保证参考文献在致谢页之前。

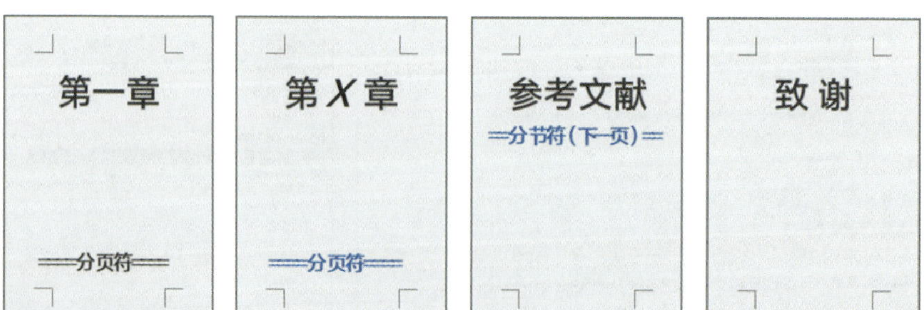

▲ 此处考虑通过尾注插入参考文献，故在参考文献页和致谢页之间插入分节符（下一页）

步骤一：以尾注的方式插入第一个参考文献

将光标定位于 Word 文档中将要插入参考文献的位置，在【引用】选项卡中单击【脚注】功能组右下角的扩展按钮，打开【脚注和尾注】对话框，将【尾注】设置为【节的结尾】，设置【编号格式】为【1, 2, 3, ...】。录入一篇参考文献的内容。后续也按照这个方法进行录入，不管是在该参考文献的前面还是后面插入新的参考文献，Word 都会自动更新编号，无须我们一个个地手动更改编号。

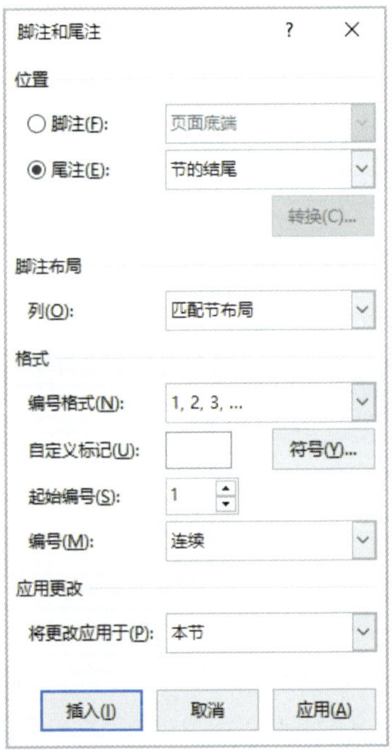

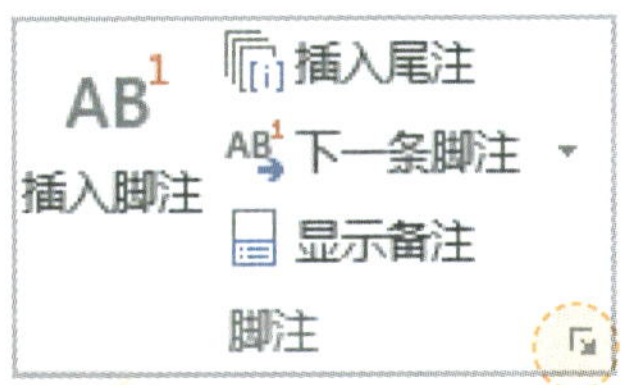

尾注默认位于文档末尾，并且编号格式默认为罗马数字，需要根据实际需求修改

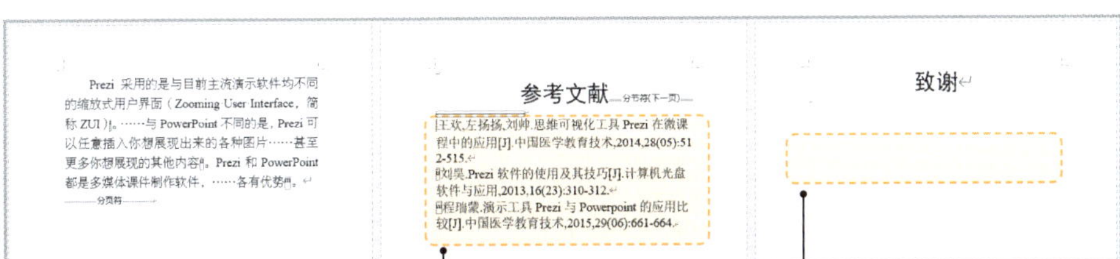

参考文献位于节的末尾

如果直接插入尾注，参考文献将出现在致谢后面

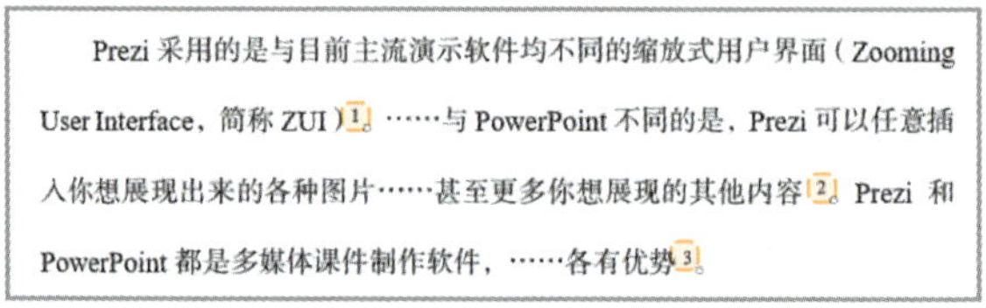

Prezi 采用的是与目前主流演示软件均不同的缩放式用户界面（Zooming User Interface，简称 ZUI）1。……与 PowerPoint 不同的是，Prezi 可以任意插入你想展现出来的各种图片……甚至更多你想展现的其他内容 2。Prezi 和 PowerPoint 都是多媒体课件制作软件，……各有优势 3。

◂ 正文中参考文献的标注形式为上标格式的“1”“2”“3”等，还需添加中括号

参考文献

1 王欢,左扬扬,刘帅.思维可视化工具 Prezi 在微课程中的应用[J].中国医学教育技术,2014,28(05):512-515.
2 刘昊.Prezi 软件的使用及其技巧[J].计算机光盘软件与应用,2013,16(23):310-312.
3 程瑞蒙.演示工具 Prezi 与 Powerpoint 的应用比较[J].中国医学教育技术,2015,29(06):661-664.

◂ 参考文献页中编号不需要设为上标格式，但需要加中括号

总之，参考文献著录格式还不标准，需要进一步修改。

步骤二：给参考文献编号加中括号

用 Word 自动生成的参考文献编号是没有中括号的，可以按快捷键 Ctrl+H 打开【查找和替换】对话框，使用替换的方式一次性搞定中括号的添加，在【查找内容】文本框中输入“^e”，在【替换为】文本框中输入“[^&]”，单击【全部替换】按钮即可。

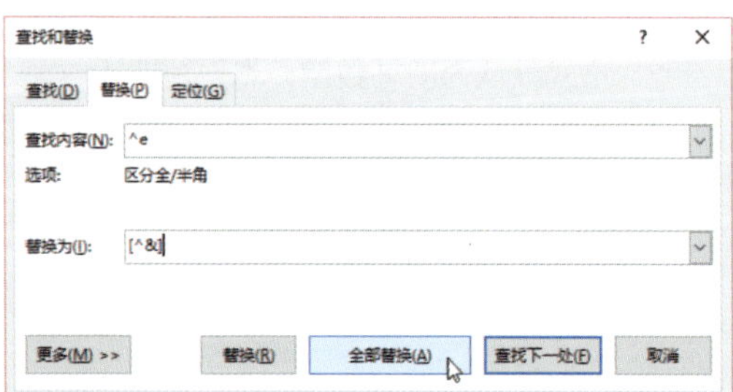

◂ 建议在引用完成之后再加中括号，否则会出现层层嵌套中括号的情况

步骤三：去除参考文献页的编号的上标格式

正文和尾注中的参考文献编号都是上标格式，正文中的上标格式是需要的，但是尾注中的不是。因此，选中所有参考文献，继续使用【查找和替换】功能，将光标定位在【查找内容】文本框中，进行相应设置，再将光标定位

在【替换为】文本框中，输入“^&”，并进行相应设置，单击【全部替换】按钮即可。为了更加美观，你还可以将参考文献设置为悬挂缩进 2 字符。

将光标放在【查找内容】文本框内，单击【更多】→【格式】→【字体】，勾选【上标】选项，单击【确定】按钮

将光标放在【替换为】文本框内，单击【格式】→【字体】，使【上标】选项处于未勾选状态（需要先勾选再取消勾选才能设置成功），单击【确定】按钮

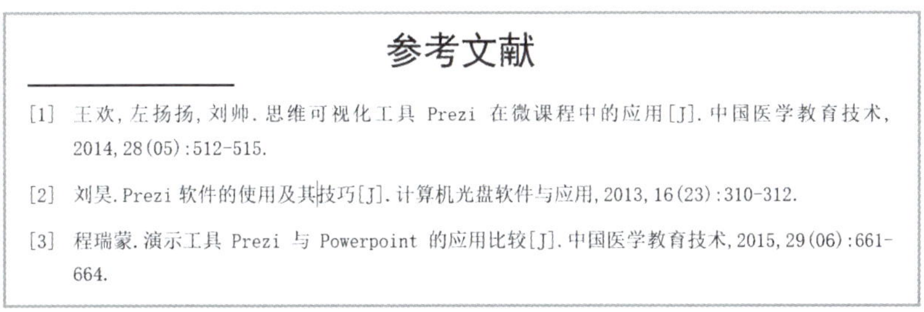

参考文献

[1] 王欢，左扬扬，刘帅．思维可视化工具 Prezi 在微课程中的应用[J]．中国医学教育技术，2014，28(05)：512-515.

[2] 刘昊．Prezi 软件的使用及其技巧[J]．计算机光盘软件与应用，2013，16(23)：310-312.

[3] 程瑞蒙．演示工具 Prezi 与 Powerpoint 的应用比较[J]．中国医学教育技术，2015，29(06)：661-664.

▲ 参考文献前的编号变为非上标，且增加了中括号。此时，还需要删除尾注上方的短横线

✿ 步骤四：去除尾注上方的短横线

① 在【视图】选项卡中，单击【草稿】按钮进入草稿视图。

② 在【引用】选项卡中单击【显示备注】按钮。

③ 界面下面出现尾注栏，在下拉列表中分别选择【尾注分隔符】【尾注延续分隔符】选项，删掉短横线。

④ 删除短横线后，将行距改为固定值（1 磅），这样能有效控制参考文献前的空白大小。

⑤ 在【视图】选项卡中单击【页面视图】按钮，返回正常视图。

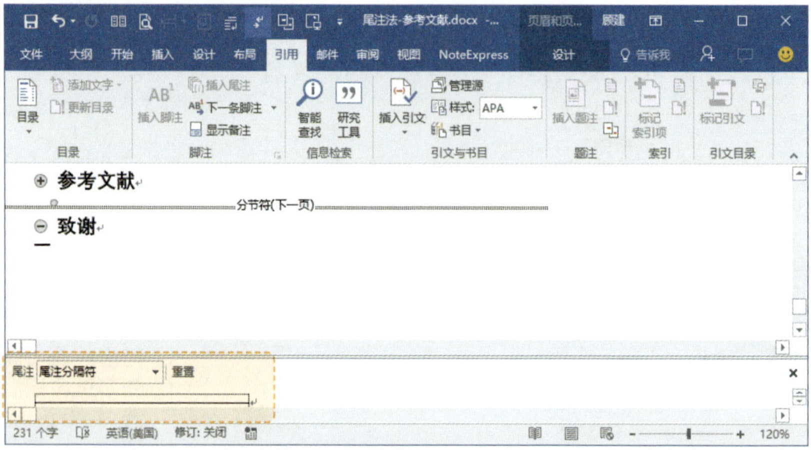

▲ 分别选择【尾注分隔符】和【尾注延续分隔符】选项，删掉短横线

补充问题一：如何多次引用同一篇文献?

如果在文档中存在多次引用同一篇文献的情况，则宜用【交叉引用】功能，否则编号会发生错误。

交叉引用尾注的方法：在【交叉引用】对话框中，将【引用类型】设置为【尾注】，将【引用内容】设置为【尾注编号】，这时在【引用哪一个尾注】列表框中会出现你曾经编写过的所有尾注，选择你需要的，单击【插入】按钮即可完成交叉引用。

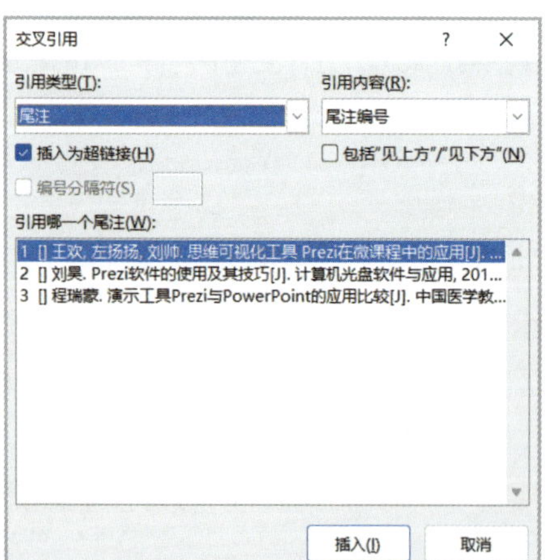

◀ 若之后又在前面的文档中插入新的尾注，这时尾注会自动更新编号，但交叉引用不会自动更新。需要按快捷键 Ctrl+A 选中所有内容后，按 F9 键手动更新

补充问题二：如何同时引用多篇文献？

在文献综述部分，常常要把几篇引文列在一起，如“[21-25]”，但是Word没有这一功能，我们又不能将中间的文献删去，否则尾注中的引文也会被自动删除，所以只好采用一种折中的方法。

① 按照常规的方法将所有尾注插入好，连续的尾注先不处理，如形成“[3][4][5][6]”这样的连续尾注，后面将其改成“[3-6]”的形式。

② 选择字符“][4][5][”，打开【字体】对话框，在【效果】区域勾选【隐藏】选项，将所选字符隐藏，然后在“6”前面加上“-”连接符号（要设置为上标格式），这样就在形式上达到了要求，而且能够保留上标编号与引文的链接。

> Prezi 采用的是与目前主流演示软件均不同的缩放式用户界面(Zooming User Interface，简称 ZUI) [3][4][5][6]。

▲ 按照常规的方法将多个尾注插入

> Prezi 采用的是与目前主流演示软件均不同的缩放式用户界面(Zooming User Interface，简称 ZUI) [3][4][5][-6]。

▲ 选择字符“][4][5][”，将其隐藏，并在字符“6”前输入“-”

> Prezi 采用的是与目前主流演示软件均不同的缩放式用户界面(Zooming User Interface，简称 ZUI) [3-6]。

▲ 打印预览中的效果（在默认视图下会显示隐藏的字符）

至此，参考文献的制作与引用介绍完毕。上述两种插入参考文献的方法各有利弊。插入参考文献本身就是一件需要花时间的事情，这两种方法都能提升后期参考文献发生变化后的维护工作的效率。

4.9 索引：文末关键词一览表

索引其实是一种关键词备忘录：它根据需要，将文档中的有关事项（如字、词、人名、地名、书名、刊名、篇名、主题等）分别摘录，注明出处所在页码，按一定的检索方法（首字母顺序、笔画顺序等）编排以供查阅。索引一般附在文档的最末尾。

对于索引，你可能都是翻翻就过去了，不过当你需要撰写相关论文或书籍时，就会感觉如获至宝：关键词都列得清清楚楚，没有比它更方便的了。

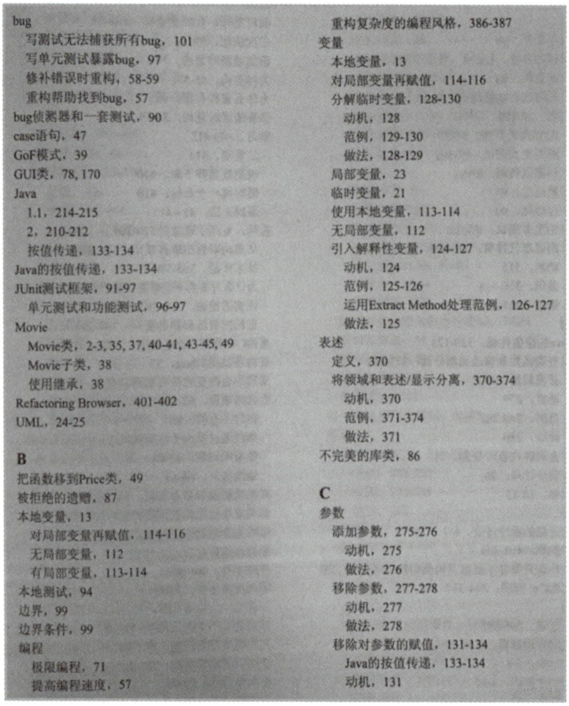

bug
　写测试无法捕获所有bug，101
　写单元测试暴露bug，97
　修补错误时重构，58-59
　重构帮助找到bug，57
bug侦测器和一套测试，90
case语句，47
GoF模式，39
GUI类，78, 170
Java
　1.1，214-215
　2，210-212
　按值传递，133-134
Java的按值传递，133-134
JUnit测试框架，91-97
　单元测试和功能测试，96-97
Movie
　Movie类，2-3, 35, 37, 40-41, 43-45, 49
　Movie子类，38
　使用继承，38
Refactoring Browser，401-402
UML，24-25

B
把函数移到Price类，49
被拒绝的遗赠，87
本地变量，13
　对局部变量再赋值，114-116
　无局部变量，112
　有局部变量，113-114
本地测试，94
边界，99
边界条件，99
编程
　极限编程，71
　提高编程速度，57
　重构复杂度的编程风格，386-387
变量
　本地变量，13
　对局部变量再赋值，114-116
　分解临时变量，128-130
　　动机，128
　　范例，129-130
　　做法，128-129
　局部变量，23
　临时变量，21
　使用本地变量，113-114
　无局部变量，112
　引入解释性变量，124-127
　　动机，124
　　范例，125-126
　　运用Extract Method处理范例，126-127
　　做法，125
表述
　定义，370
　将领域和表述/显示分离，370-374
　　动机，370
　　范例，371-374
　　做法，371
不完美的库类，86

C
参数
　添加参数，275-276
　　动机，275
　　做法，276
　移除参数，277-278
　　动机，277
　　做法，278
　移除对参数的赋值，131-134
　　Java的按值传递，133-134
　　动机，131

4.9.1 索引的制作

制作索引意味着所有被列入索引的关键词每出现一次，就要记录一次所对应的页码。

而在编辑文档的过程中，每次修订都会使索引内容发生变动，如关键词的增减以及相应页码的变化。

需要制作索引的文档通常规模都不小，制作索引也就变成了一项浩大的工程。如果是手动制作，你需要进行以下操作。

① 记录关键词出现的页码。

② 当任意修改导致文档页码发生变化时，对所有的索引项都需要进行更新。

③ 在文档完成后，插入封面等额外的设置也会导致页码发生变化。

当然，你完全可以利用 Word 的相关功能游刃有余地完成这项工程。用 Word 的相关功能制作索引只需要两步：第一步，标记索引项；第二步，生成索引。

索引项包括主索引项、次索引项。主索引项和次索引项的关系好比一个人的学名和昵称。例如，你将“乔布斯”列为索引项，将“乔帮主”也归在这个条目下，那么“乔帮主”就是次索引项。

标记索引项，也就是把文档中作为索引的词语用 Word 认可的方法标记出来。标记索引项有两种方法。

第一种方法是手动标记。例如，你需要制作一份索引，内容是《论语》中除孔子外的所有人物的姓名。

打开相应文档，出现的第一个除孔子外的人物姓名是“有子”。选中“有子”，然后在【引用】选项卡中单击【标记索引项】按钮，打开【标记索引项】对话框。

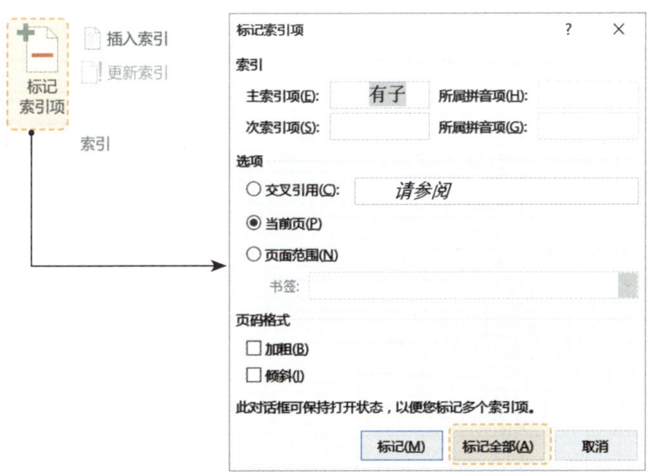

注意事项如下。

①【主索引项】文本框中已经填入了“有子”，如果打开对话框之前未选中“有子”，那么该文本框是空白的。

② 在【页码格式】区域可以决定在最后列出索引时，页码字体是否加粗

或倾斜显示。

③ 完成设定后，如果单击【标记】按钮，Word 只标记当前项目为索引，通常需要单击【标记全部】按钮，以避免重复操作。

如果我们需要继续添加索引，则可以不关闭这个对话框，继续重复上述操作，等全部添加完成后，再单击关闭按钮。

那可以一次性完成索引标记的工作吗？当然可以。第二种方法就是自动标记。简单地说，就是通过导入文档实现索引自动标记。

我们姑且将这个文档称为索引表。索引表在使用前，必须符合下列两点要求。

① 包含索引项的信息。

② 符合一定的格式：必须是一个双列表格。

索引表的第一列含有索引词条，第二列内按照"主索引项：次索引项"的格式填入内容。如果没有次索引项，那就按照"主索引项：主索引项"的格式填入内容。如果有第三层索引项，那就按照"主索引项：次索引项：第三层索引项"的格式填入内容。

下图是按前述要求制作的索引表的一部分，其中"颜回"条目有次索引项。

索引表制作完成后，关闭该文档。

子贡	子贡:子贡
子张	子张:子张
子夏	子夏:子夏
子奚	子奚:子奚
子禽	子禽:子禽
子游	子游:子游
有子	有子:有子
季康子	季康子:季康子
孟武伯	孟武伯:孟武伯
孟懿子	孟懿子:孟懿子
哀公	哀公:哀公
曾子	曾子:曾子
颜回	颜回:回

打开主文档，在【引用】选项卡中单击【插入索引】按钮，在【索引】对话框中单击【自动标记】按钮，在对话框中打开索引表所在位置，选中索引表文件，单击【打开】按钮。主文档会根据索引表的内容，自动完成全文索引的标记。

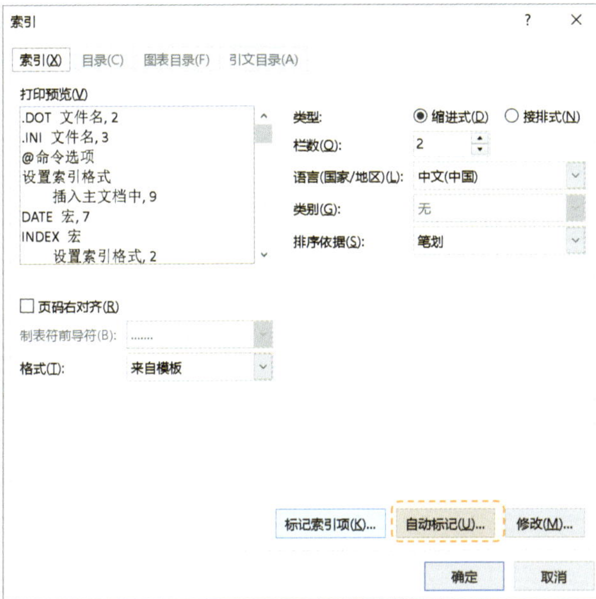

完成主文档中索引的标记之后，回到【索引】对话框，单击【确定】按钮，索引就会在光标所在位置生成。

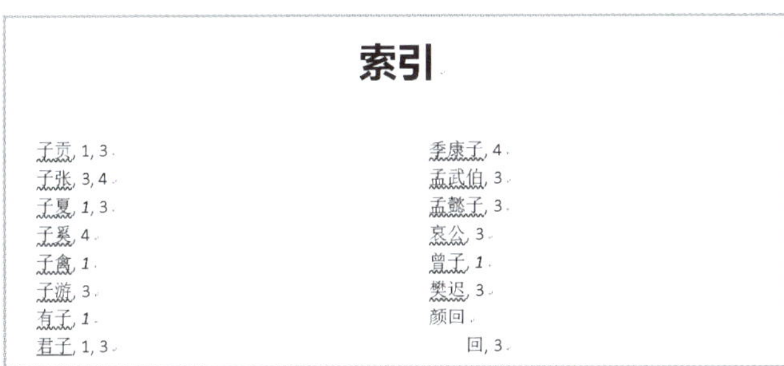

4.9.2　自定义索引样式

索引可以被理解为一种特殊的目录。自定义索引样式和修改目录样式的方法类似。

在【引用】选项卡中单击【插入索引】按钮，在【索引】对话框中单击【修改】按钮，在弹出的【样式】对话框中选择需要修改的索引，单击【修改】

按钮，之后就可以在【修改样式】对话框中进行样式的个性化设置。

【索引 1】对应的是主索引项，【索引 2】对应的是次索引项，以此类推。

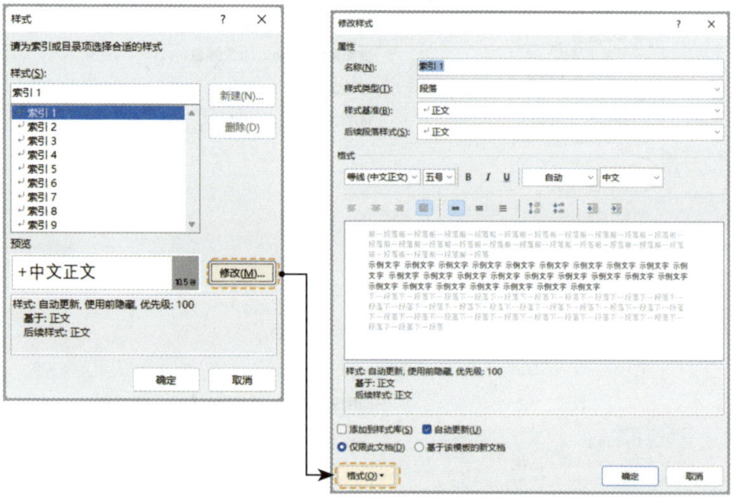

如果要在生成索引之后修改样式，可以直接在索引区域右击，在菜单中选择【编辑域】选项，在弹出的【域】对话框中单击【索引】按钮，然后跳转至【索引】对话框。

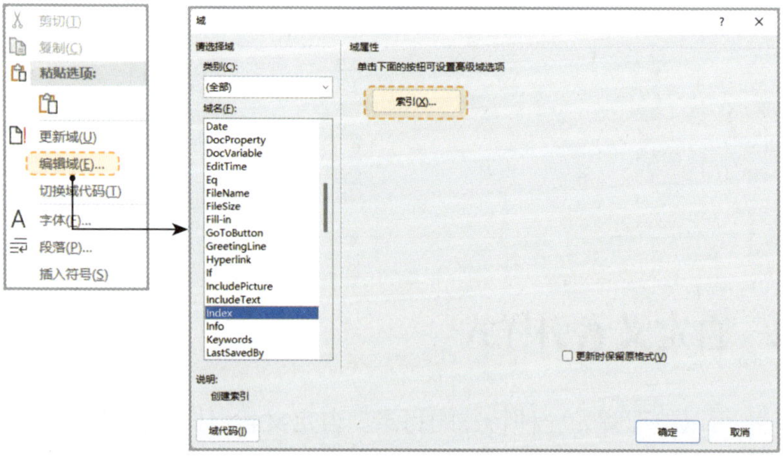

在制作索引的过程中，你会发现 Word 会自动将索引项进行分栏显示。如果对分栏结果不满意，可以直接手动调整。

5

排版利器 高效快速优化文档

你是否为了看似简单的文本处理，花了整整一个上午的时间？本章专门介绍被人忽视或小看的 Word 功能，它们能帮助你高效整理文档。

5.1 被小看的查找和替换功能，关键时刻能救急

在优化文档版面之前，我们的第一要务是录入文档内容。一旦文档内容录入完成，文档的版面优化就是最要紧的事。

多余空白区域或空行的删除、某个字体的统一替换、图片格式的统一等，如果都靠手动完成，会有以下麻烦。

麻烦一：费时费力。

麻烦二：容易出错。

但是，如果不用手动，怎么办?

当然是用【查找和替换】功能。

5.1.1 批量删除文档中的空白区域和空行

视频案例

1. 删除文档中的空白区域

在下图中，因为援引的原文中含有很多空格，且编辑过程中操作不规范，文档中含有许多空白区域。

> 视频提供了功能强大的方法帮助您证明您的观 点。当您单击联机视频时，可以在 想要添加的视频的嵌入代码中进行粘贴。您也可以键入一个关键字以联机搜索最适合您的文档的视频。为使您的文档具有专业外观，Word 提供了页眉、页脚、封面和文本框设计，这些设计可互为补充。例如， 您可以添加匹配的封面、页 眉和提要栏。 ↵
> 单击“插入”，然后从不同库中选择所 需元素。主题和样式也有助于文档保持协调。当您单击设计并选择新的主题时，图表或 SmartArt 图形将会更改以匹配新的主题。当应用样式时，您的标题会进行 更改以匹配新的主题。使用 在需要位置出现的新按钮在 Word 中保存时间。↵
> 若要更改图片 适应文档的方式，请单击 该图片，图片旁边将会显示布局选项按钮。当处理表格时，单击要添加行或列的位置，然后单击加号。 在新的阅读视图中阅读更加容易。可以折叠文档 某些部分并关注所需文本。如果在到达结尾处之前需要停止读取，Word 会记住您的停止位置。↵

空格和空白区域的关系是，空白区域是 n 个空格或 n 个不可见符号和空格的组合体。所以，适用于删除空白区域的方法，就一定适用于删除多余的

空格。具体操作如下。

按快捷键 Ctrl+H 或者在【开始】选项卡中单击【替换】按钮打开【查找和替换】对话框，在【查找内容】文本框中输入“^w”（可以按快捷键 Shift+6 输入“^”符号），在【替换为】文本框中不输入任何内容，最后单击【全部替换】按钮，就可以删除所有空白区域。

这样，所有的空白区域就全部被删除了。

但观察文档发现，还是有一些空白区域。

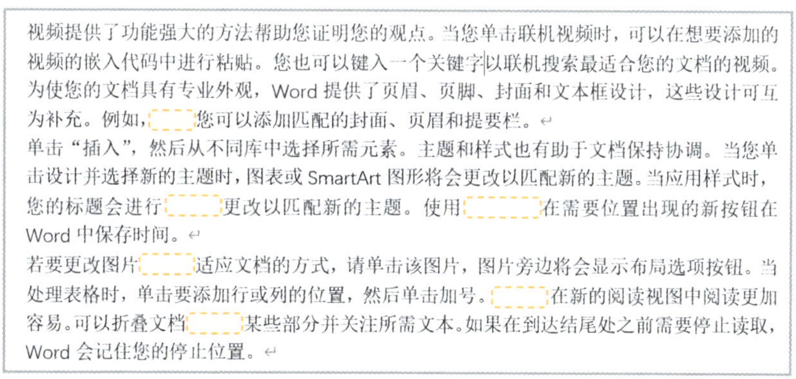

视频提供了功能强大的方法帮助您证明您的观点。当您单击联机视频时，可以在想要添加的视频的嵌入代码中进行粘贴。您也可以键入一个关键字以联机搜索最适合您的文档的视频。为使您的文档具有专业外观，Word 提供了页眉、页脚、封面和文本框设计，这些设计可互为补充。例如，　您可以添加匹配的封面、页眉和提要栏。↵

单击“插入”，然后从不同库中选择所需元素。主题和样式也有助于文档保持协调。当您单击设计并选择新的主题时，图表或 SmartArt 图形将会更改以匹配新的主题。当应用样式时，您的标题会进行　更改以匹配新的主题。使用　在需要位置出现的新按钮在 Word 中保存时间。↵

若要更改图片　适应文档的方式，请单击该图片，图片旁边将会显示布局选项按钮。当处理表格时，单击要添加行或列的位置，然后单击加号。　在新的阅读视图中阅读更加容易。可以折叠文档　某些部分并关注所需文本。如果在到达结尾处之前需要停止读取，Word 会记住您的停止位置。↵

出现以上情况就说明导致这些空白区域出现的绝非普通的符号，可以在【开始】选项卡中单击【段落】功能组中的↵按钮，使其变为↵状态，此时不可见的符号就显示了出来，这些小方块其实是全角状态的空格。

视频提供了功能强大的方法帮助您证明您的观点。当您单击联机视频时，可以在想要添加的视频的嵌入代码中进行粘贴。您也可以键入一个关键字以联机搜索最适合您的文档的视频。为使您的文档具有专业外观，Word 提供了页眉、页脚、封面和文本框设计，这些设计可互为补充。例如，□□您可以添加匹配的封面、页眉和提要栏。↵
单击“插入”，然后从不同库中选择所需元素。主题和样式也有助于文档保持协调。当您单击设计并选择新的主题时，图表或 SmartArt 图形将会更改以匹配新的主题。当应用样式时，您的标题会进行□□□更改以匹配新的主题。使用□□□□在需要位置出现的新按钮在 Word 中保存时间。↵
若要更改图片□□□适应文档的方式，请单击该图片，图片旁边将会显示布局选项按钮。当处理表格时，单击要添加行或列的位置，然后单击加号。□□□在新的阅读视图中阅读更加容易。可以折叠文档□□□某些部分并关注所需文本。如果在到达结尾处之前需要停止读取，Word 会记住您的停止位置。↵

【查找和替换】功能默认是区分全角和半角符号的，所以在执行第一次查找替换操作的时候，默认消除了由半角符号组成的空白区域，此时我们需要对查找内容的属性进行调整。按快捷键 Ctrl+H 再次打开【查找和替换】对话框，单击【更多】按钮（单击后变为【更少】按钮），展开完整的对话框，取消勾选【区分全 / 半角】选项，再单击【全部替换】按钮就可以完成所有空白区域的清除。

Word 中还有很多特殊的格式，如换行符、分页符、分节符等，可以在完整的【查找和替换】对话框中单击【特殊格式】按钮，在菜单中进行选择并进行输入。

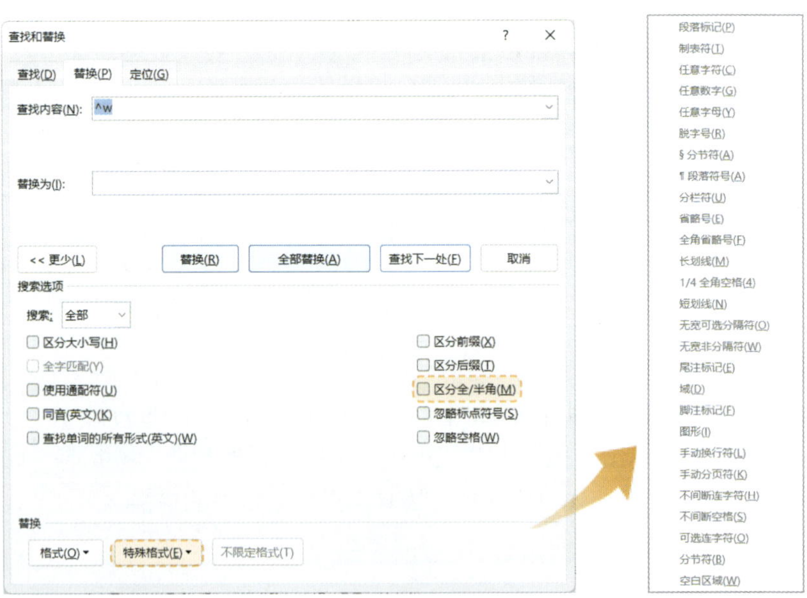

2. 删除文档中的空行

因为每一个段落最后都会跟随一个段落标记↵，当两个段落标记连在一起的时候就会出现一个空行，除此之外，还会存在一个换行符和一个段落标记连在一起，以及两个换行符连在一起产生空行的情况。

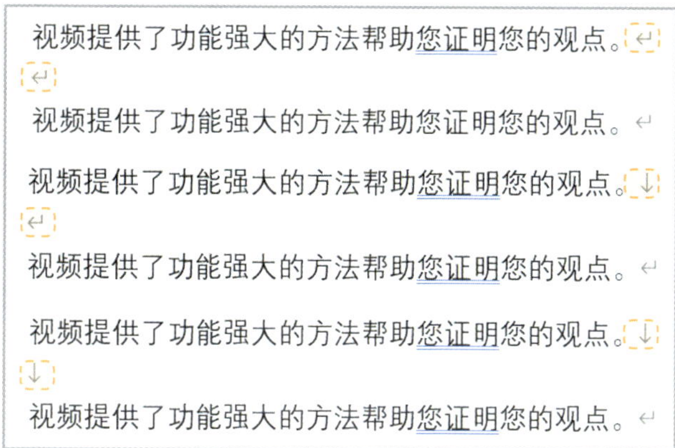

由于并不确定换行符是软回车还是硬回车，甚至换行符的数量也不确定，因此只能先将换行符替换为段落标记，再统一去除空行。具体操作如下。

按快捷键 Ctrl+H 打开【查找和替换】对话框，在【查找内容】文本框中输入“^l”，在【替换为】文本框中输入“^p”，单击【全部替换】按钮，将换行符替换为段落标记。

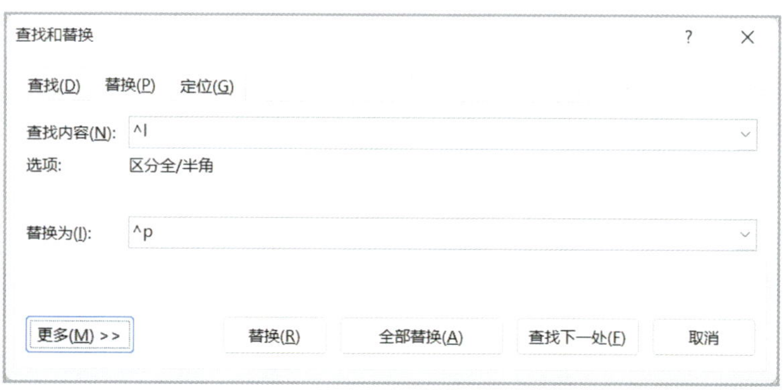

然后将【查找内容】文本框中的内容改为“^p^p”，在【替换为】文本框

中输入“^p”，多次单击【全部替换】按钮，直到弹出提示框，提示完成全部替换。

5.1.2 批量对齐文档中的图片

当文档中的图片越来越多时，文字和图片的相对位置在排版过程中就显得越来越重要。在商务文档中，图片统一居中、靠左、靠右是常见的排版方式，但无论用哪种方式进行排版，统一最重要。

但是，我们往往到文档要制作完成时才发现图片的排版方式没有全部统一。如果手动调整，可能会事倍功半。

这个时候，就可以用【查找和替换】功能来实现批量调整。

不过，郑重提示，**以下方法只适用于嵌入型图片**，也就是说，只有文档中的图片都是嵌入型的，使用以下方法才能达到最佳效果。

按快捷键 Ctrl+H 打开【查找和替换】对话框，在【查找内容】文本框中输入“^g”，将光标放在【替换为】文本框中，单击【更多】按钮展开完整的对话框；单击左下角的【格式】按钮，在菜单中选择【段落】选项，在【替换段落】对话框中设置【对齐方式】为【居中】，返回【查找和替换】对话框，设置【搜索】为【全部】，单击【全部替换】按钮即可完成嵌入型图片的统一居中设置。

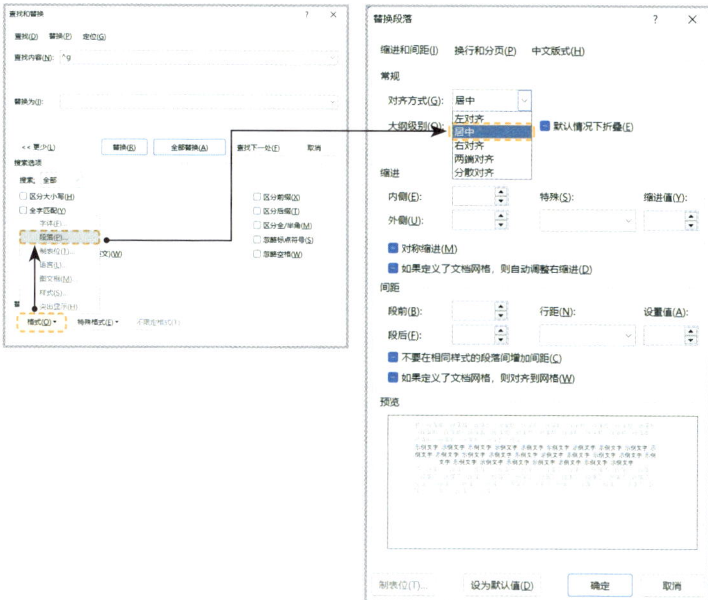

但是，值得注意的一点是，某些段落设置会导致图片不居中。

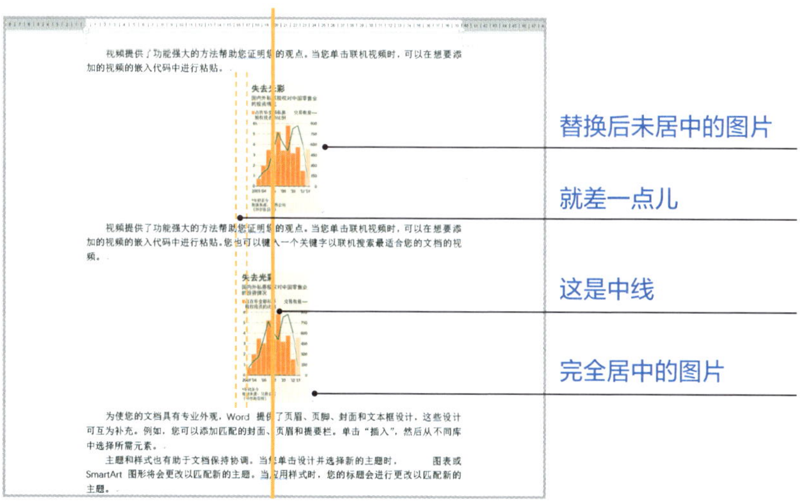

一次性解决的方法是，为图片单独建立样式，如在样式中取消段落缩进、设置居中对齐，然后根据之前的查找和替换的方法操作。

1. 新建居中样式

在【开始】选项卡的【样式】功能组中单击右侧的下拉按钮，在菜单中选择【创建样式】选项，在弹出的【根据格式化创建新样式】对话框中修改样式名称，如“图片居中样式”，然后单击【修改】按钮，进入功能更多的【根据格式化创建新样式】对话框。

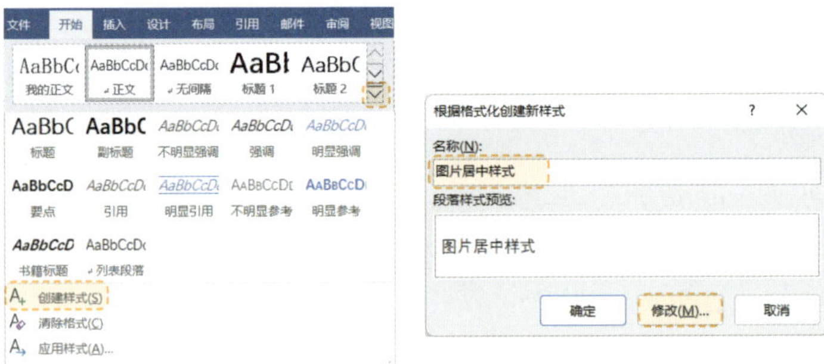

在该对话框中，单击左下角的【格式】按钮，在菜单中选择【段落】选项，在弹出的【段落】对话框中将【对齐方式】更改为【居中】，设置缩进的特殊格式为【(无)】，单击【确定】按钮，完成段落设置，返回【根据格式化创建新样式】对话框，单击【确定】按钮，完成样式的新建。

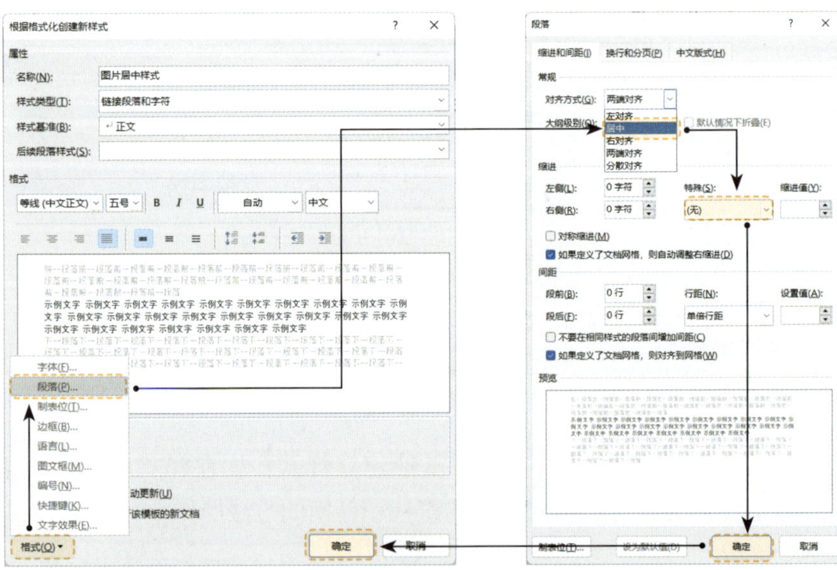

2. 查找替换

根据前文步骤，按快捷键 Ctrl+H 打开【查找和替换】对话框，单击【更多】按钮，展开完整的对话框，在【查找内容】文本框中输入“^g”，将光标定位在【替换为】文本框中，单击【格式】按钮，在菜单中选择【样式】选项，然后在【替换样式】对话框中选择【图片居中样式】选项，单击【确定】按钮，最后单击【全部替换】按钮就可以完成所有嵌入型图片的居中对齐。

这样操作之后，即使文字段落全部设置了首行缩进，图片也能完美居中。

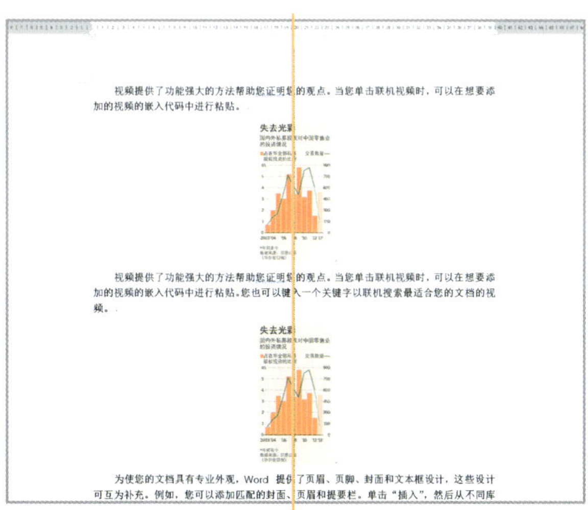

实例 让图片在被插入Word时自动变为嵌入型

你如果觉得逐一鉴别图片格式很麻烦，可以提前在 Word 中设置图片的默认插入格式为嵌入型，也就是说，设置完成之后，所有新插入文档的图片都会自动变为嵌入型。但是这个方法对已经存在于文档中的图片不起作用。

设置方法为，在 Word 中单击【文件】→【选项】，打开【Word 选项】对话框。

在对话框中单击【高级】选项卡，在【剪切、复制和粘贴】功能组中将【将图片插入 / 粘贴为】设置为【嵌入型】，最后单击【确定】按钮即可完成设置。

如果想要让已经插入文档中的非嵌入型图片统一转换为嵌入型图片，就需要借助 Word 的【VBA】功能，具体的操作方法会在 5.3 节进行讲解。

5.1.3 批量对齐选择题的选项

视频案例

通过对之前内容的学习，我们了解到借助【查找和替换】功能不仅可以替换 Word 中的文本、段落格式，还可以批量完成样式的替换。但不仅如此，利用该功能还可以批量完成制表位的设置以及制表符的插入，从而一次性完成大量段落的对齐。

实例 利用【查找和替换】功能完成选项的批量对齐

以我们熟悉的试卷上的选择题为例。不同试卷对选择题选项的对齐方式的要求是不一样的。常见的选项对齐方式有两种：一种是所有选项分段对齐，如图1所示；另一种是相同序号的选项对齐在同一条垂线上，如图2所示。

1. 女朋友晚上十点半和你说她肚子饿了，此时你应该（ ）

A、嘲笑她吃得真多
B、劝她正视自己
C、给她点外卖
D、带她下楼吃夜宵

2. 女朋友生气了，你应该怎么做？（ ）

A、让她自己冷静
B、抱住她
C、跟她讲道理
D、比她更生气

3. 以下哪种情形代表女朋友没有生气？（ ）

A、说："我没事"
B、自己摔门而出
C、独自洗衣服
D、玩手机

▲图1

1. 女朋友晚上十点半和你说她肚子饿了，此时你应该 → （ ）

A、嘲笑她吃得真多 → B、劝她正视自己 → C、给她点外卖 → D、带她下楼吃夜宵

2. 女朋友生气了，你应该怎么做？ → （ ）

A、让她自己冷静 → B、抱住她 → C、跟她讲道理 → D、比她更生气

3. 以下哪种情形代表女朋友没有生气？ → （ ）

A、说："我没事" → B、自己摔门而出 → C、独自洗衣服 → D、玩手机

▲图2

下面分别按这两种选项对齐方式进行批量对齐的设置。

1. 所有选项分段对齐

要执行查找和替换操作，第一步就是要找到待处理文本的规律，目前每一题的选项都被放在同一行里，如下图所示。

1. 女朋友晚上十点半和你说她肚子饿了，此时你应该（ ）

A、嘲笑她吃得真多 B、劝她正视自己 C、给她点外卖 D、带她下楼吃夜宵

2. 女朋友生气了，你应该怎么做？（ ）

A、让她自己冷静 B、抱住她 C、跟她讲道理 D、比她更生气

3. 以下哪种情形代表女朋友没有生气？（ ）

A、说："我没事" B、自己摔门而出 C、独自洗衣服 D、玩手机

我们要做的就是在 B、C、D 选项前进行换段操作，所以只需要找到“B”“C”“D”，然后在它们前面插入一个段落标记，并将这些操作翻译为 Word 能理解的方式。具体操作如下。

按快捷键 Ctrl+H 打开【查找和替换】对话框，单击【更多】按钮，展开完整的对话框，勾选【使用通配符】选项，之后在【查找内容】文本框中输入“[B-D]”，表示查找 B、C、D 这 3 个字母。

在【替换为】文本框中输入“^13^&”，“^13”为使用通配符之后的段落标记代码，“^&”则是待查找的内容，连在一起就表示在查找到的内容前统一添加一个段落标记。

最后单击【全部替换】按钮，就可以完成所有 B、C、D 选项的换段操作。

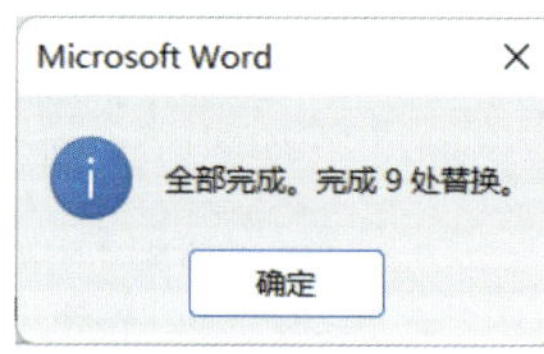

2. 相同序号的选项对齐在同一条垂线上

如果我们想让所有相同序号的选项对齐在同一条垂线上，需要做的就是为选项所在行添加相同的制表位，并在“B”“C”“D”前批量插入制表符。具体操作如下。

按快捷键 Ctrl+H 打开【查找和替换】对话框，单击【更多】按钮，展开完整的对话框，勾选【使用通配符】选项，之后在【查找内容】文本框中输入“[B-D]”，表示查找 B、C、D 这 3 个字母。

将光标放在【替换为】文本框中，单击【格式】按钮，在菜单中选择

【制表位】选项，在【替换制表符】对话框中，分别在10字符、20字符和30字符处设置左对齐制表位，单击【确定】按钮后返回【查找和替换】对话框。

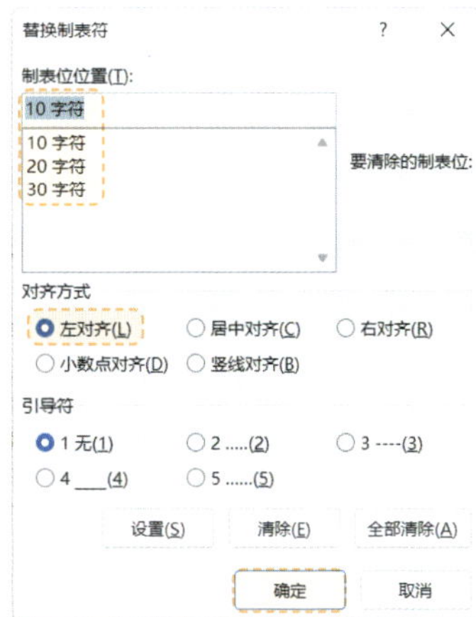

在【替换为】文本框中输入“^t^&”，表示在查找到的内容前统一插入一个制表符，最后单击【全部替换】按钮，完成所有选项的对齐。

5.2 被人忽视的域，其实是自动排版的关键

域对绝大多数人来说可能是陌生的，但实际上，我们之前学习过的页码、自动生成的目录等都是域。域可以用来插入、处理文档中所有需要更新、变化的对象。

5.2.1 了解域的组成

通俗地讲，域就是引导 Word 在文档中自动插入文字、图形、页码或其他特殊信息的一组代码。每个域都有一个唯一的名字，其具有的功能与 Excel 表格中的函数非常相似。在文档中插入的可以自动更新的日期就是一个比较常见的域。

在【插入】选项卡中单击【日期和时间】按钮，在对话框中选中任意格式，勾选【自动更新】选项后单击【确定】按钮，就可以快速在文档中插入当前的日期和时间。

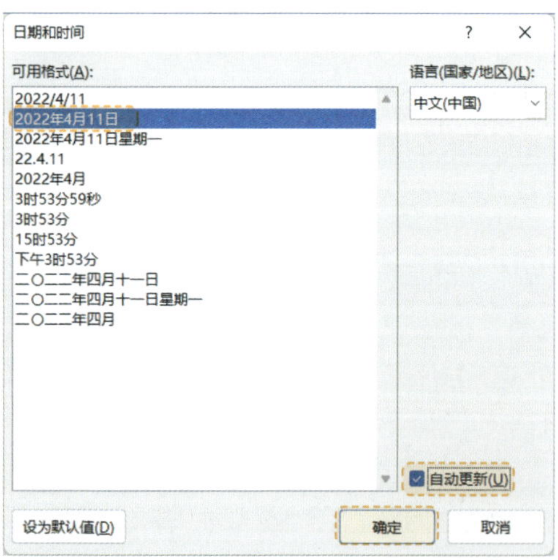

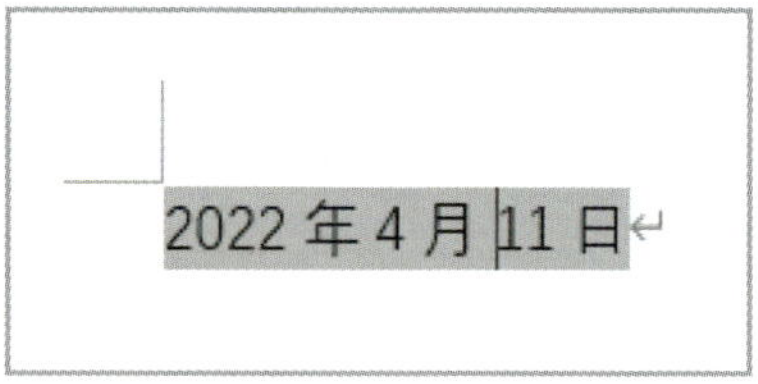

将光标放在日期显示区域时，会显示灰色底纹。保存后再次打开文档，日期会自动完成更新。

通过这个简单的域，我们可以了解到域的两个特征。

第一，单击时，会自动显示灰色底纹。

第二，可以自动更新域所表示的数据。

这两个都是表面上可以观察到的特征。在日期上右击，在展开的菜单中选择【切换域代码】选项，此时日期就会切换成代码的形式显示，如下图所示。

```
{ TIME \@ "yyyy'年'M'月'd'日'" }
```

“TIME”是域的名称；“@”是 Time 域的格式开关，用于设置日期和时间的格式；“"yyyy' 年 'M' 月 'd' 日 '"”是针对格式开关设置的选项，其中的汉字必须用单引号引起来。这里的代码表示的是要将日期设置成的格式，而最外层的大括号是域代码专用的大括号，并非通过快捷键 Shift+/ 输入的大括号，必须使用专门的快捷键 Ctrl+F9 进行输入，否则无法被 Word 识别为域。

5.2.2 在文档中插入域、创建嵌套域和修改域

虽然可以通过在【插入】选项卡的功能区中单击对应的按钮进行域的插入，但是很多域都没有显示在功能区中，如果想在文档中插入被隐藏的域，就得使用【域】对话框或者手动输入域代码来实现。

1. 使用【域】对话框或者手动输入域代码插入域

在【插入】选项卡中单击【文档部件】按钮，在展开的菜单中选择【域】选项。在弹出的【域】对话框的左侧可以选择域的类别和具体的域，而中间对应域属性的设置选项，最右侧是域选项，设置完成后单击【确定】按钮就可以完成域的插入。

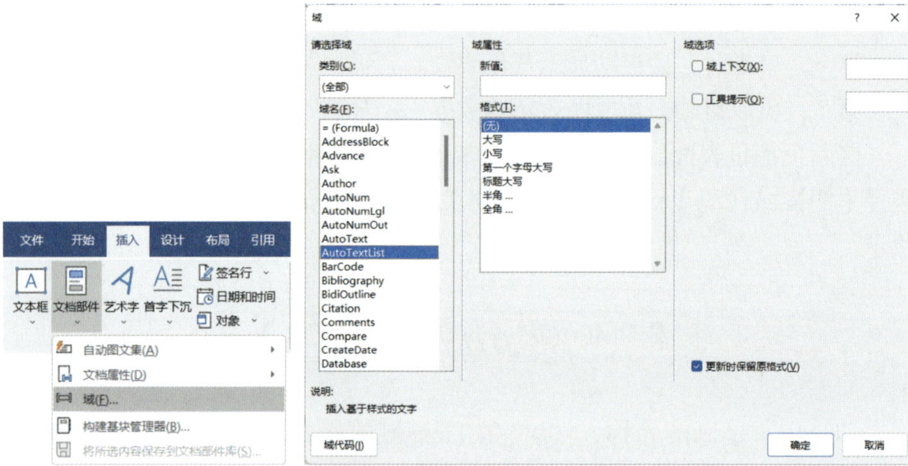

但不是所有的域都有域属性和域选项，比如 Time 域就只有域属性，而 FileName 域就有域属性以及可以勾选的【添加路径到文件名】域选项。

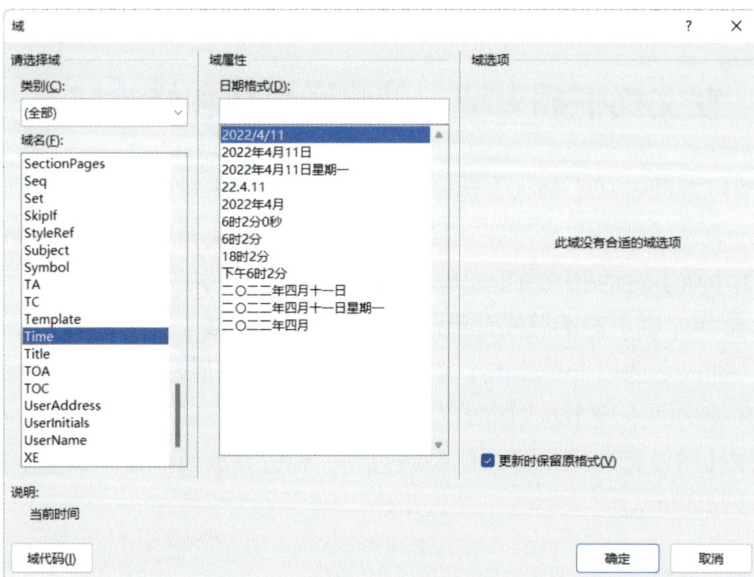

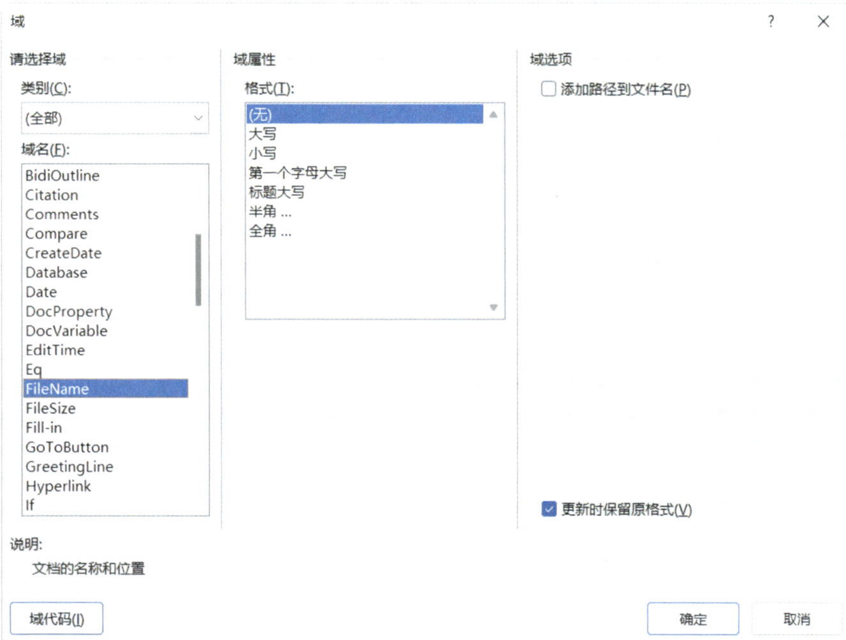

实例 通过域录入包含路径的文件名

很多人在往文档中插入带路径的文件名时，会先去电脑文件夹中选中地址栏中的路径，将其复制并粘贴在文档中，然后再手动录入反斜杠“\”和文件名，这样做的效率很低。其实，利用【域】功能可以一次性完成所有的操作。

视频案例

下面以插入当前文档带路径的文件名为例进行讲解。将光标放在需要录入文件名的位置，在【插入】选项卡中单击【文档部件】按钮，在展开的菜单中选择【域】选项，打开【域】对话框，将【类别】更改为【文档信息】，在【域名】列表框中选择【FileName】选项，在右侧的【域选项】区域勾选【添加路径到文件名】选项，单击【确定】按钮，即可完成带路径的文件名的插入。

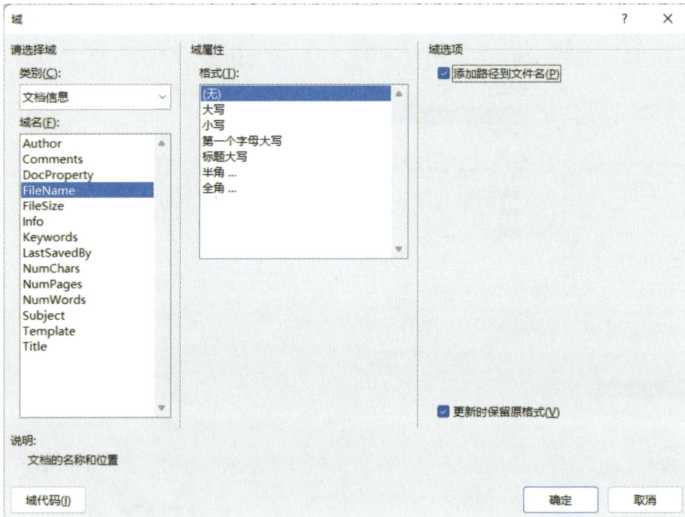

除了通过【域】对话框插入域之外，如果你比较了解域的各项元素的输入方法，也可以手动录入域，但是在手动录入域的时候，需要注意以下几点。

① 域代码的大括号必须通过按快捷键 Ctrl+F9 进行输入。

② 域名不区分大小写。

③ 域名和其属性或者开关之间要用一个空格进行分隔。

④ 域开关和属性之间用一个空格分隔。

⑤ 部分特殊格式属性用双引号引起来。

2. 嵌套域的创建

一些简单的功能用一个域就能实现，但是一些复杂的功能就需要综合用到两个或者更多的域才能实现，当域代码中包含两个及两个以上的域时，这种情况就属于嵌套域。

实例 创建嵌套域计算文档每页的平均字数

如果要计算文档每页的平均字数，且这个数据可以随着内容的增减而快速更新，就需要用到嵌套域。

视频案例

首先我们要知道对应的公式：每页的平均字数 = 文档的总字数 ÷ 文档

的总页数。

这里就要用到两个域，一个是 NumWords 域，另一个是 NumPages 域。下面介绍如何创建嵌套域。

第一步：将光标定位到需要插入域的位置。

第二步：按快捷键 Ctrl+F9，插入域专用的大括号，在括号中输入一个等号和空格。

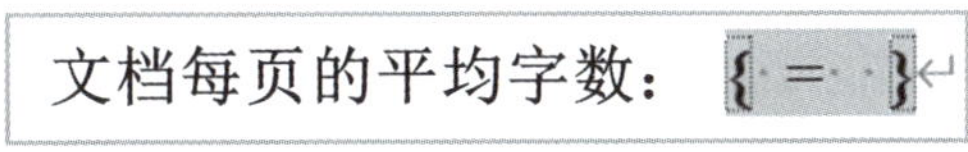

第三步：单击【插入】→【文档部件】→【域】，在【域】对话框中修改【类别】为【文档信息】，在【域名】列表框中选择【NumWords】选项，然后单击【确定】按钮，便插入了文档中的总字数；在字符数后面输入一个空格和代表除号的斜杠，并在斜杠后再输入一个空格。

第四步：单击【插入】→【文档部件】→【域】，在【域】对话框的【域名】列表框中选择【NumPages】选项，然后单击【确定】按钮，就插入了文档的总页数。

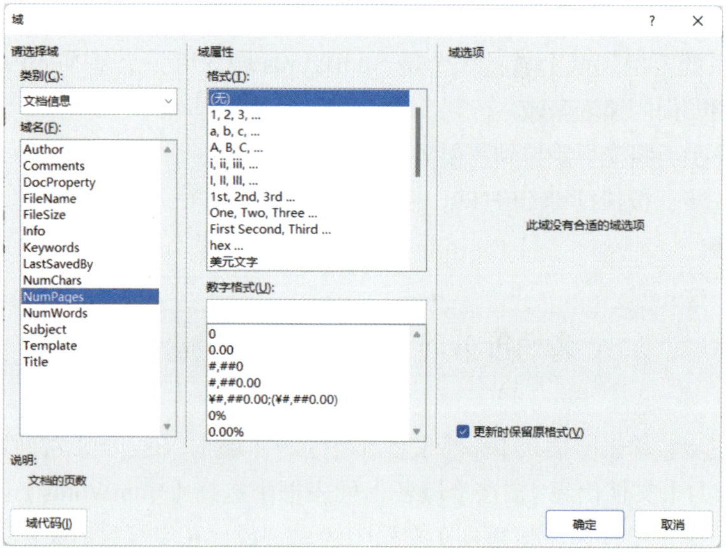

第五步：选中所有域代码，右击，在菜单中选择【更新域】选项，即可显示整份文档每页的平均字数。

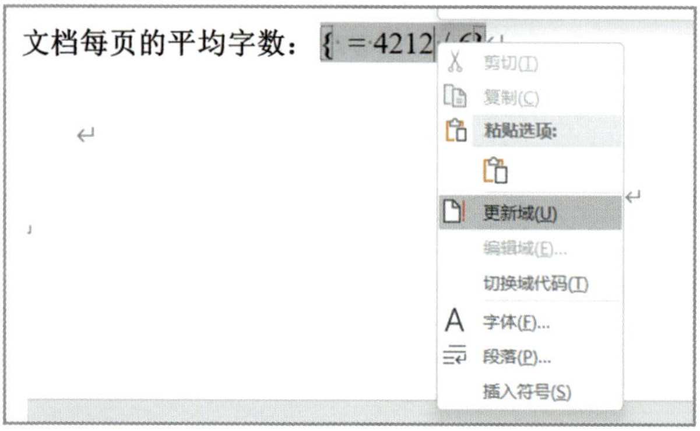

3. 在文档中修改域

无论是通过【域】对话框还是手动录入域代码插入的域，我们都可以随时修改域的内容。在文档中修改域的方式有以下两种。

第一种：在域区域上右击，在菜单中选择【编辑域】选项，可在弹出的【域】对话框中修改域的格式、选项等参数。

第二种：在域区域上右击，在菜单中选择【切换域代码】选项，此时显示的文件名就会显示为代码，完成代码的修改之后右击，在菜单中选择【切换域代码】选项，或者直接按快捷键 Shift+F9，切换回文件名显示状态然后按 F9 键更新域，将数据更新。

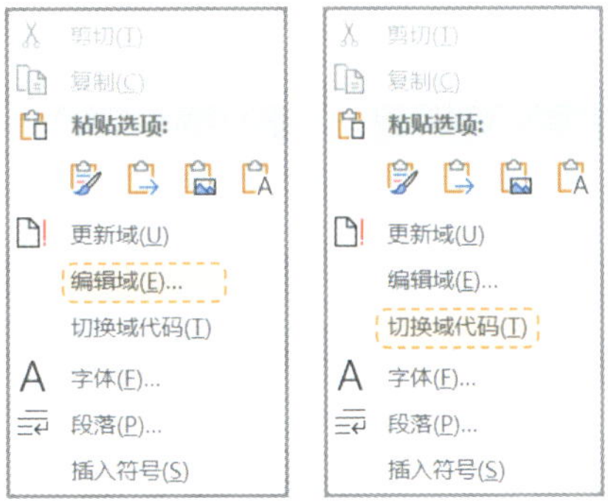

实例　将带有路径的文件名设置为全大写格式

在文件名的域区域上右击，在菜单中选择【编辑域】选项，在弹出的【域】对话框中修改【格式】为【大写】，单击【确定】按钮，即可将文件名转换为大写。

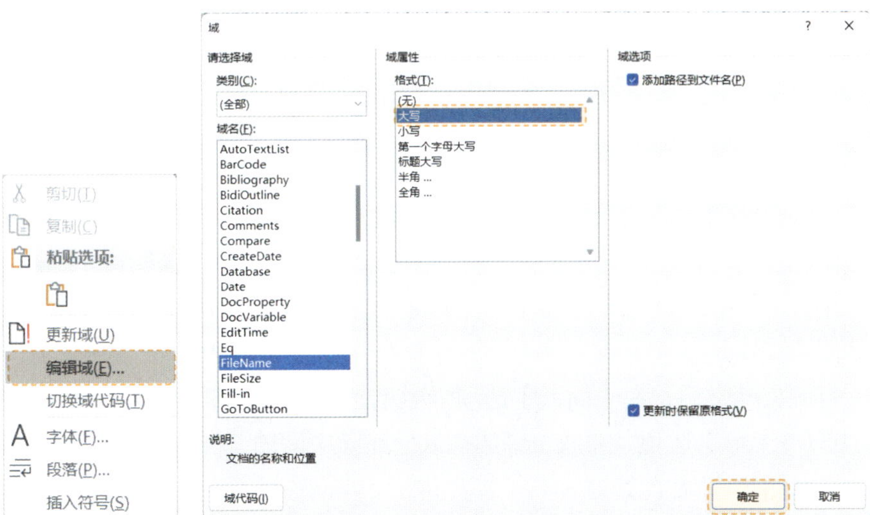

除了使用【域】对话框之外，我们还可以通过修改域代码的方式进行格式转换。在文件名的域区域上右击，在菜单中选择【切换域代码】选项。

在“FILENAME”和“\p”之间插入一个空格，再输入“* FirstCap”。完成后，在域区域上右击，在菜单中选择【更新域】选项，完成域的修改。

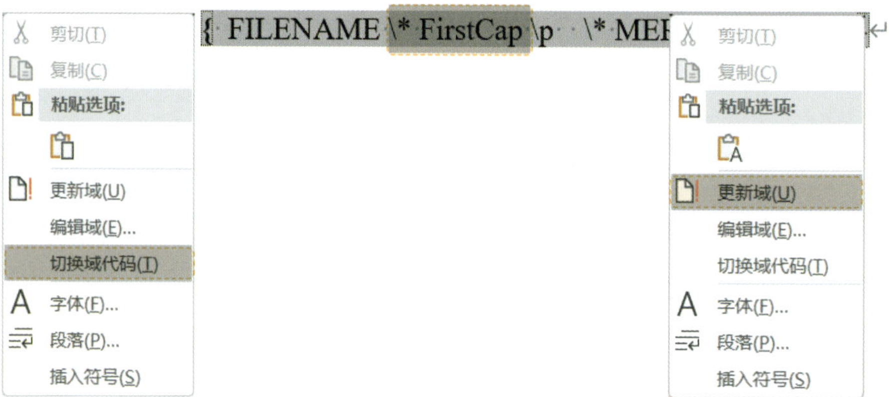

5.2.3 域在排版中的实际应用

灵活运用【域】功能，可以完成很多用普通方法无法完成的排版任务，现在我们就通过实例来介绍域在排版中的实际应用。

实例 在同一页面上显示两个连续的页码

在进行横向页面的双栏排版时，如果我们希望每一栏都有属于自己的页码，比如左边一栏显示为第 1 页，右边一栏显示为第 2 页，这个时候用普通的插入页码的方法就无法实现，但是我们可以用 Page 域功能来实现。

视频案例

打开文档之后，在【插入】选项卡中单击【页脚】按钮，在菜单中选择【空白（三栏）】选项，完成页脚的插入，删除中间的“[在此处键入]”，保留左右两侧的“[在此处键入]”。

左侧单数页码的计算公式：单数页码 = 当前页数 ×2-1。

右侧双数页码的计算公式：双数页码 = 当前页数 ×2。

第一步：将光标定位在左侧的“[在此处键入]”文本中，按快捷键 Ctrl+F9 插入域大括号，然后输入一个等号“=”。

第二步：在【插入】选项卡中单击【文档部件】按钮，在菜单中选择【域】选项，在【域】对话框中将【类别】切换到【编号】，在【域名】列表框中选择【Page】选项，将【格式】设置为【1,2,3,...】，单击【确定】按钮插入 Page 域。

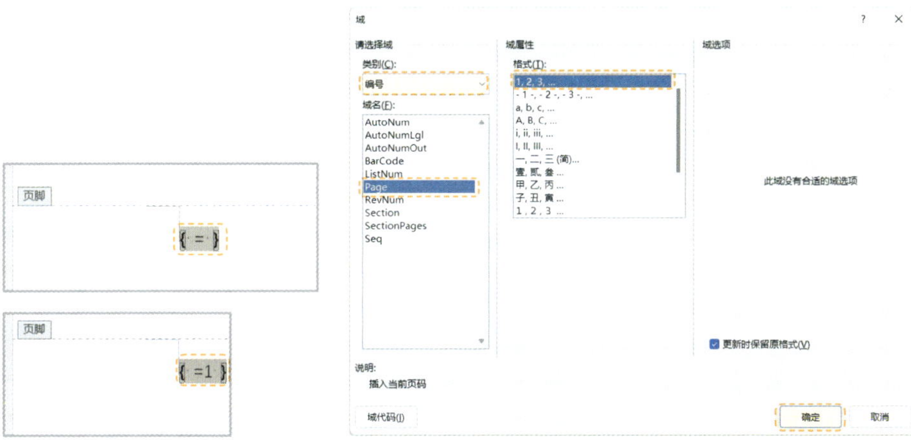

第三步：在“1”之后输入“*2-1”，最终的域代码为“{ =1*2-1 }”，其中第一个“1”是 Page 域；选中整个域代码后右击，在菜单中选择【更新域】选项，完成左栏页码的更新。

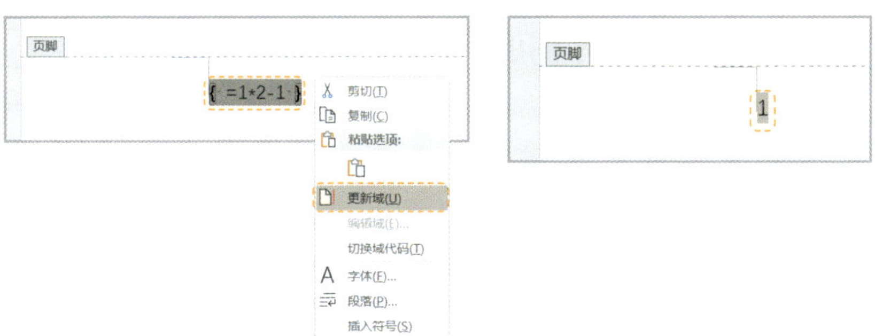

第四步：将光标定位在右侧的“[在此处键入]”文本中，按照第一、二

步的操作完成 Page 域的插入，然后输入“*2”，得到的域代码为“{ =1*2 }”；选中整个域代码后右击，在菜单中选择【更新域】选项，完成右栏页码的更新。

第五步：在页码前后分别输入“第”和“页”字，完成单页双栏页码的制作。

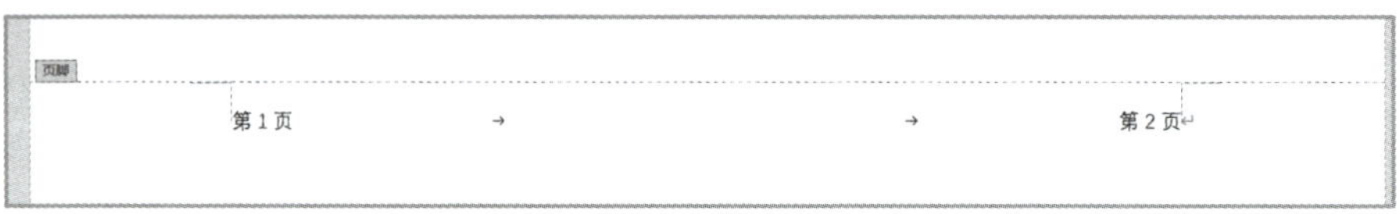

之后插入新页面时，页码也会自动进行更新。

实例 在页眉中显示不同的章标题

在长文档中，我们通常需要在每一章所有页面的页眉处显示本章的标题。

如果用之前学过的知识，我们得先对每一章进行分节处理，断开每一节页眉之间的关联，然后手动输入对应的章标题，操作相当复杂。

但如果使用域的话，我们不用对每一章分节就能够轻松达成目的，具体操作如下（进行操作之前，请确保文档的各级标题严格套用了标题样式。本实例中，各个章标题均套用了【标题 1】样式）。

第一步：双击文档的页眉位置，进入页眉页脚编辑状态，在【页眉和页脚】选项卡中单击【文档部件】按钮，在展开的菜单中选择【域】选项。

第二步：在弹出的【域】对话框中修改【类别】为【链接和引用】，在【域名】列表框中选择【StyleRef】选项，在右侧的【样式名】列表框中选择【标题 1】选项，最后单击【确定】按钮完成章标题的引用。

如果想在章标题前也显示对应的编号，就将光标定位在页眉的标题名前，重复执行上述操作。但在单击【确定】按钮之前，需在【域选项】区域勾选【插入段落编号】选项。

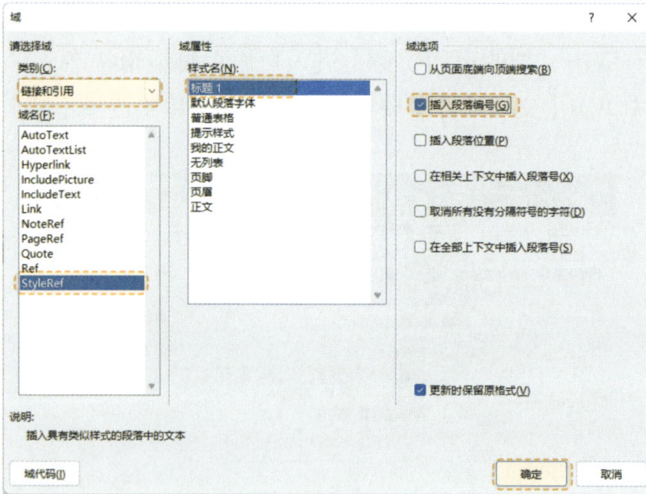

实例 为每一章创建单独的目录

章节较多的文档的总目录不会将全部的标题显示出来，想要给每一章添加一个目录，用【域】功能就可以实现，具体操作如下（进行操作之前，请确保文档的各级标题严格套用了标题样式）。

第一步：选中需要创建目录的章标题，在【插入】选项卡中单击【书签】按钮，在弹出的对话框中输入书签名，比如“第一章”，然后单击【添加】按钮完成书签的插入。

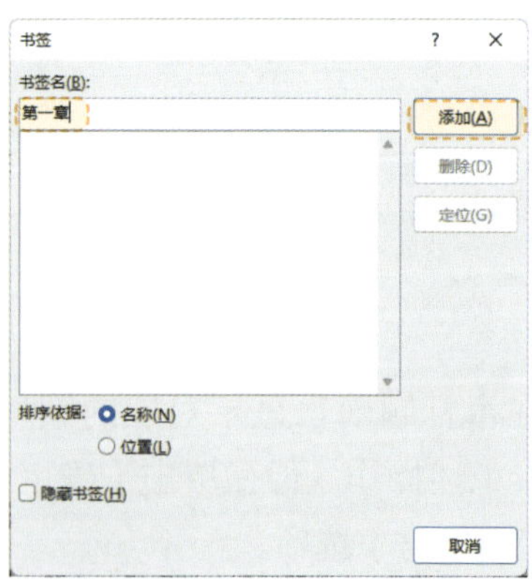

第二步：将光标定位到需要插入章目录的位置，按快捷键 Ctrl+F9 插入一个域专用大括号，在大括号中输入“TOC \b 第一章”，然后选中整个域区域，右击后在菜单中选择【更新域】选项，即可完成第一章目录的创建。

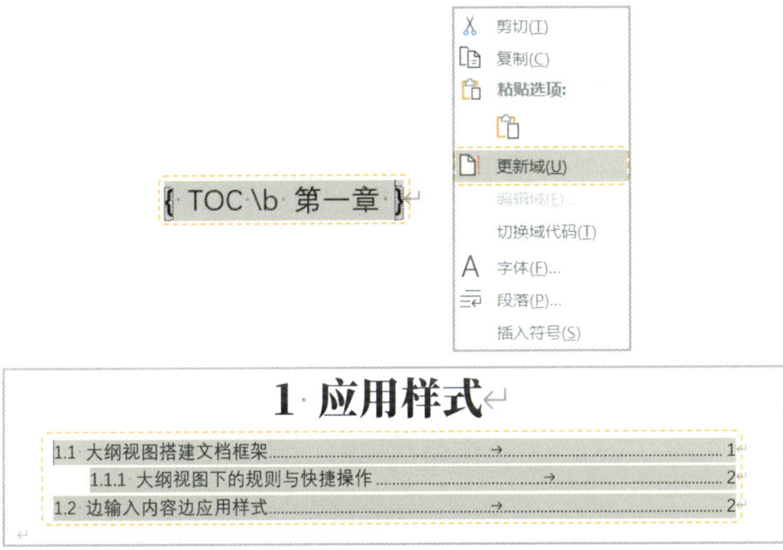

5.3 不会编程也要会用的宏

VBA 即 Visual Basic for Application 的缩写，是一个专门对应用程序进行二次开发的工具，可在应用程序现有功能的基础上进行增强或扩展。在 Word、Excel、PowerPoint 中，都可以进行 VBA 编程。

虽然在一般的排版工作中几乎用不到 VBA，但是如果会使用宏和 VBA 代码，可以很轻松地达到利用普通功能难以达到的效果。

本节主要介绍如何在 Word 中录制宏、运行宏以及 VBA 的 3 个常见用途。

5.3.1 录制宏和运行宏

宏和 VBA 的相关按钮位于【开发工具】选项卡中，如果 Word 菜单栏上没有【开发工具】选项卡，可以单击【文件】→【选项】→【自定义功能区】，勾选【开发工具】选项后单击【确定】按钮，从而显示【开发工具】选项卡。

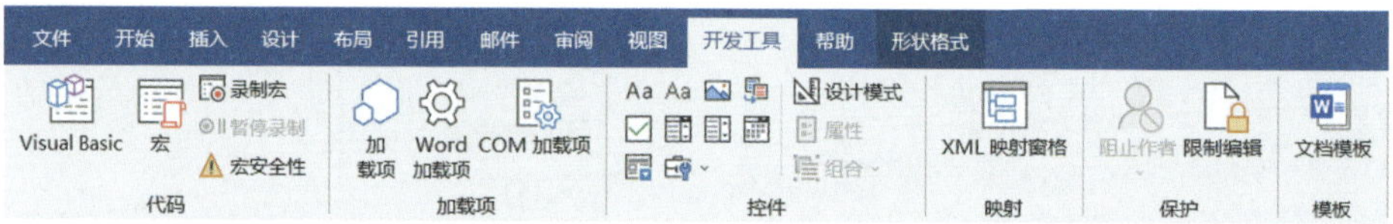

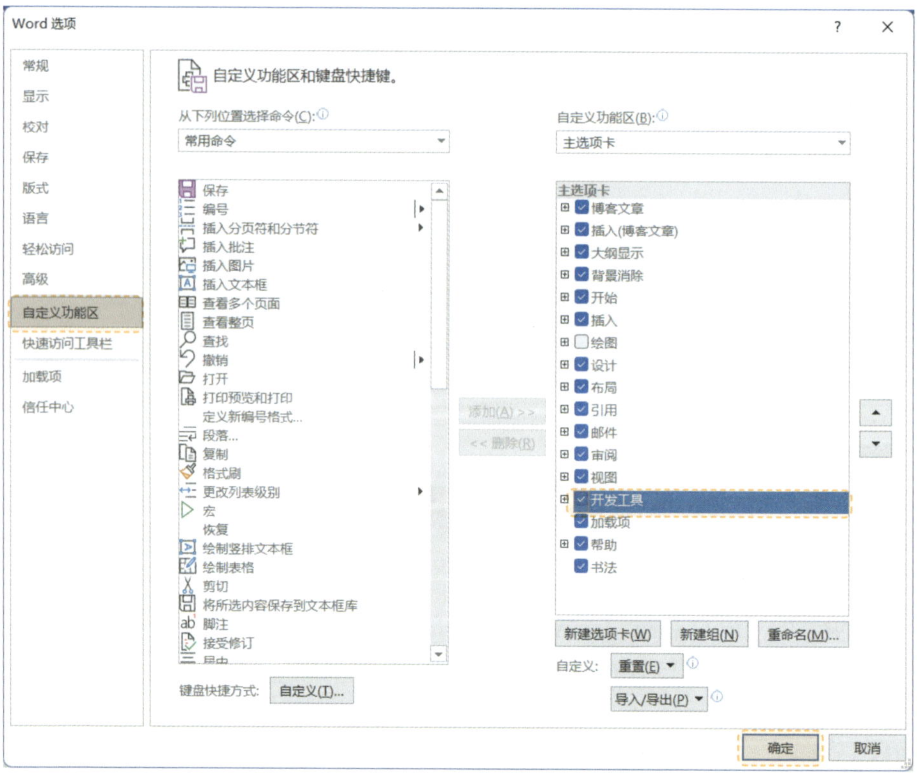

为了保证软件使用的安全性，Word 默认禁用了所有宏，所以我们还需要将【宏】功能开启，具体操作如下。

在【开发工具】选项卡中单击【宏安全性】按钮，在弹出的【信任中心】对话框中选择【启用所有宏（不推荐；可能会运行有潜在危险的代码）】选项，然后单击【确定】按钮，完成【宏】功能的启用。

获得 VBA 代码的一种简单方法就是录制宏。录制宏是指 Word 将用户在文档中的操作记录下来，用户可以播放录制的内容来重复执行指定的操作，从而取代繁杂的手动操作以实现自动化。

因为是录制操作，会将所有的操作都录制下来，所以录制宏之前一定要规划好操作顺序，避免将错误的操作也录制进去。

实例 录制批量替换“①”“②”“③”为“1”“2”“3”的宏

在【开发工具】选项卡中单击【录制宏】按钮，在弹出的对话框中输入宏名，最好将宏名设置为对应的操作名，这里输入“替换数字编号”。然后修改宏保存的位置，如果是所有文档都可以使用的，那么可以选择【所有文档】选项，如果仅限当前文档使用，则在下拉列表中选择【当前文档】选项。如果需要让其他人知道宏的具体用处，可以在【说明】文本框中输入相应的功能解释。

所有的参数都设置好之后，单击【确定】按钮，此时功能区中的【录制宏】按钮就会变成【停止录制】按钮，鼠标指针也会变为“指针 + 磁带”的形状，状态栏中会出现一个【停止录制】按钮，这时就可以开始在文档中进行操作了。

按快捷键 Ctrl+H 打开【查找和替换】对话框，在【查找内容】文本框中输入“①”，将光标定位到【替换为】文本框中，输入“1”，单击【全部替换】按钮。在【查找内容】文本框中，输入“②”，将【替换为】文本框中的内容修改为“2”，单击【全部替换】按钮。用相同的操作完成“③”到“3”的替换。

完成以上操作之后，单击【开发工具】选项卡中的【停止录制】按钮，即可完成宏的录制。

下次要使用这个宏的话，在【开发工具】选项卡中单击【宏】按钮，在弹出的对话框中选择该宏，单击【运行】按钮，软件就会自动将文档中所有的“①”“②”“③”替换为“1”“2”“3”。

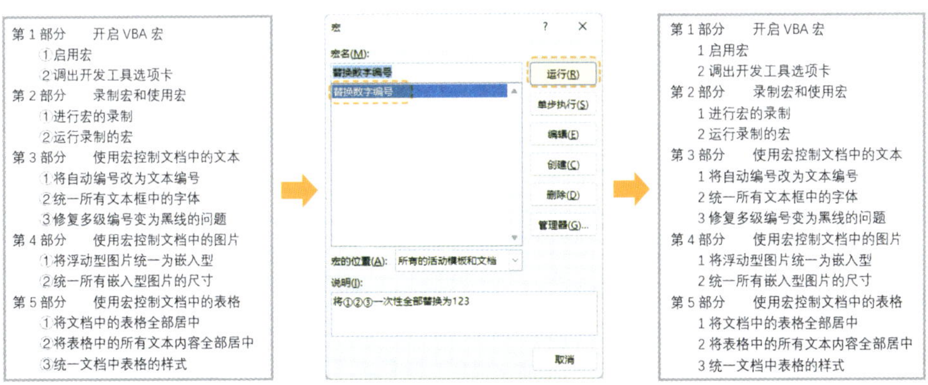

5.3.2 使用 VBA 操作文档中的文本

本小节为大家介绍 3 个使用 VBA 操作文档中文本的实例。

实例 将自动编号转为手工编号

我们在进行内容排版的时候会使用【编号】功能实现段落内容的自动编号，如果文档已经定稿，不会再进行修改，可以将自动编号转换为手工编号。

一般情况下，我们可以复制对应的段落内容，然后以无格式文本进行粘贴。如果段落数量太多，就可以用 VBA 来实现。

打开一份已经排好版的长文档，可以看到每一级标题前都进行了自动编号，但选中自动编号后的文本时，编号是无法被选中的。因此，我们需要使用 VBA 进行操作，具体步骤如下。

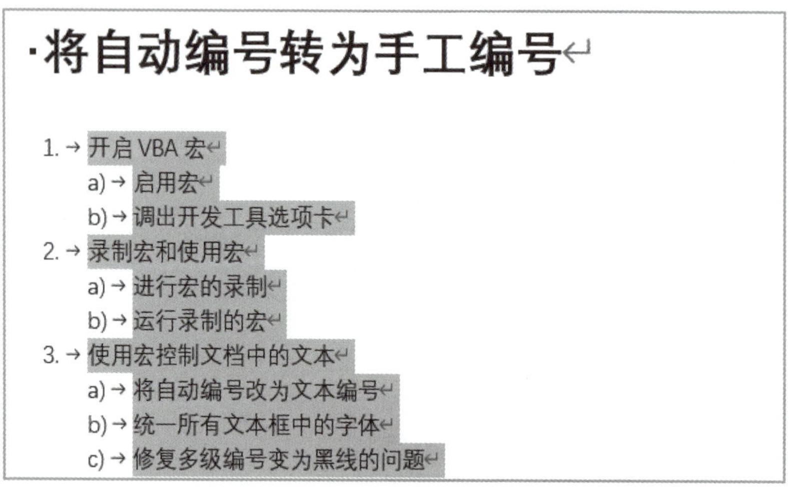
将自动编号转为手工编号

1. 开启 VBA 宏
   a) 启用宏
   b) 调出开发工具选项卡
2. 录制宏和使用宏
   a) 进行宏的录制
   b) 运行录制的宏
3. 使用宏控制文档中的文本
   a) 将自动编号改为文本编号
   b) 统一所有文本框中的字体
   c) 修复多级编号变为黑线的问题

第一步：在【开发工具】选项卡中单击【宏】按钮，打开【宏】对话框，在【宏名】文本框中输入“自动编号转手工编号”，单击【创建】按钮，进入 VBA 代码输入窗口。

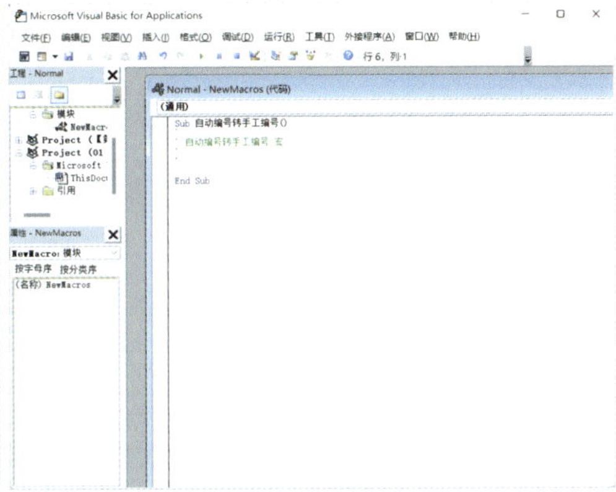

第二步：在 VBA 代码输入窗口中“End Sub”上的空行中输入以下代码。

```
ActiveDocument.Content.ListFormat.ConvertNumbersToText
```

这行代码表示将当前活动文档中的所有列表编号转换为文本。单击窗口右上角的关闭按钮，完成宏的创建。

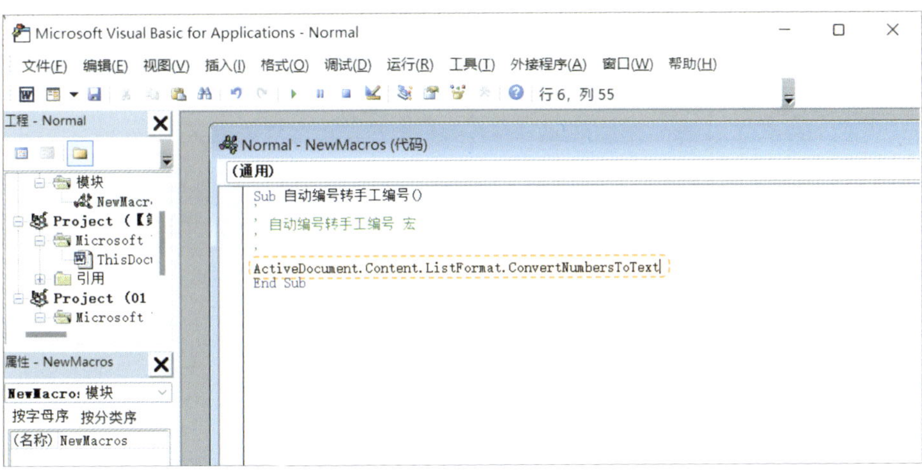

第三步：在【开发工具】选项卡中单击【宏】按钮，在【宏】对话框中选择【自动编号转手工编号】选项，单击【运行】按钮，即可完成自动编号转手工编号的操作。转换完成后，再去选择编号段落，编号和内容均可以被选中。

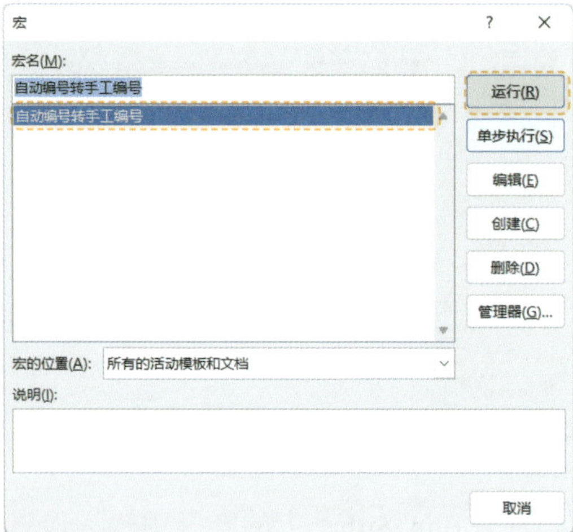

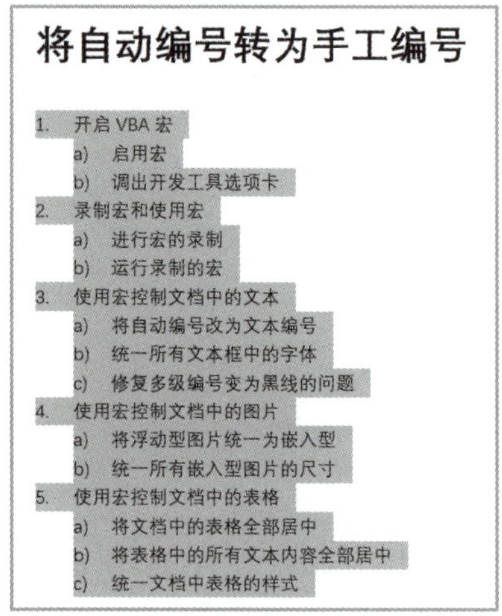

实例 统一所有文本框中的字体

文本框位于文档的图形层，是浮于文档之上的一类元素。在需要对文本框中的内容统一设置格式的时候，若无法直接按快捷键 Ctrl+A 选中所有文本框，就只能单独设置。如果文档中存在很多文本框，工作量就会非常大，此时就可以用 VBA 来解决这一问题。

创建宏的流程和之前的一样，这里需要将宏名设置为“统一文本框字体”，在“End Sub”上的空行中输入以下代码。

```
Dim wbk As Shape
    For Each wbk In ActiveDocument.Shapes
      wbk.TextFrame.TextRange.Font.Name =" 黑体 "
Next wbk
```

“Dim wbk As Shape”的含义是，定义“wbk”来代表形状，因为文本框也是形状的一种。

“For Each wbk In ActiveDocument.Shapes”的含义是，遍历文档中每一个形状。

“wbk.TextFrame.TextRange.Font.Name =" 黑体 "”的含义是，将形状中文字的字体设置为黑体。

“Next wbk”的含义是，去往下一个形状。

在执行“统一文本框字体”宏之后，文档中所有文本框中的字体就全都统一为黑体了。

实例 修复多级列表

在进行长文档的排版时，我们会用到【多级列表】功能快速为多个级别的标题进行编号。但是当文档被发送给其他人或者在其他电脑上打开时，可能会出现设置好的多级编号变成了一个黑块或一条黑线的情况。

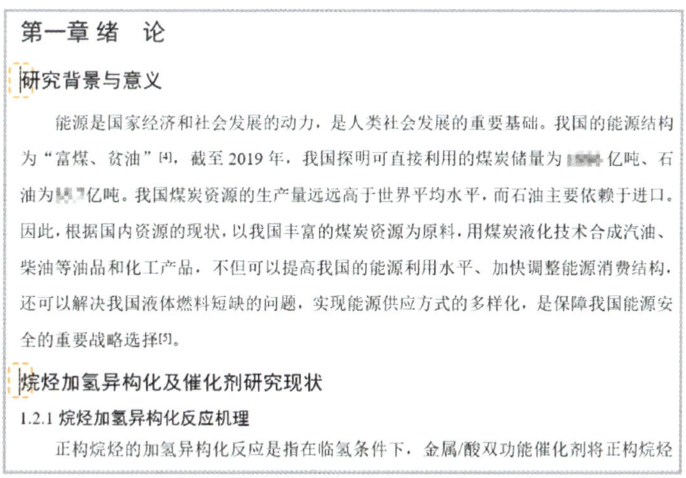

第一章 绪 论

研究背景与意义

能源是国家经济和社会发展的动力，是人类社会发展的重要基础。我国的能源结构为“富煤、贫油”[4]，截至 2019 年，我国探明可直接利用的煤炭储量为[illegible]亿吨、石油为[illegible]亿吨。我国煤炭资源的生产量远远高于世界平均水平，而石油主要依赖于进口。因此，根据国内资源的现状，以我国丰富的煤炭资源为原料，用煤炭液化技术合成汽油、柴油等油品和化工产品，不但可以提高我国的能源利用水平、加快调整能源消费结构，还可以解决我国液体燃料短缺的问题，实现能源供应方式的多样化，是保障我国能源安全的重要战略选择[5]。

烷烃加氢异构化及催化剂研究现状

1.2.1 烷烃加氢异构化反应机理

正构烷烃的加氢异构化反应是指在临氢条件下，金属/酸双功能催化剂将正构烷烃

这其实是他人计算机上 Word 文档模板中多级列表的字体格式被误修改了，导致所有多级列表显示错误，这个时候就可以使用 VBA 来进行多级列表的修复。

创建宏的流程和之前实例中的一样，这里我们需要将宏名设置为“修复多级列表”，然后在“End Sub”上的空行中输入以下代码。

```
For Each templ In ActiveDocument.ListTemplates
        For Each lev In templ.ListLevels
            lev.Font.Reset
        Next lev
Next templ
```

整串代码的含义就是，遍历所有文档模板中的列表模板，将不同级别列表的字体格式重置，以达到显示编号的目的。

修复之后的效果如下。

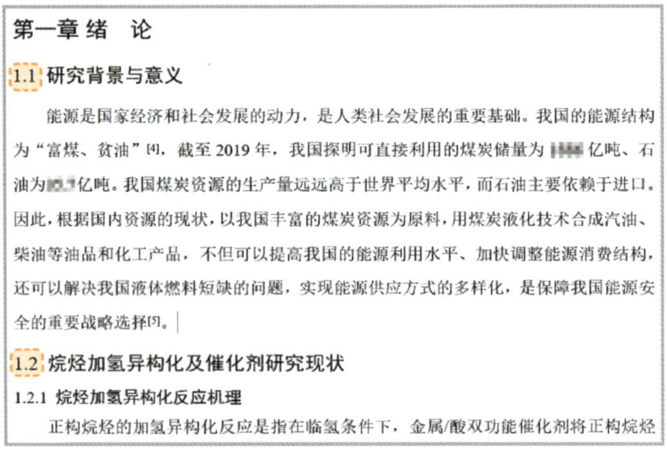

第一章 绪　论

1.1 研究背景与意义

能源是国家经济和社会发展的动力，是人类社会发展的重要基础。我国的能源结构为“富煤、贫油”[4]，截至 2019 年，我国探明可直接利用的煤炭储量为 [illegible] 亿吨、石油为 [illegible] 亿吨。我国煤炭资源的生产量远远高于世界平均水平，而石油主要依赖于进口。因此，根据国内资源的现状，以我国丰富的煤炭资源为原料，用煤炭液化技术合成汽油、柴油等油品和化工产品，不但可以提高我国的能源利用水平、加快调整能源消费结构，还可以解决我国液体燃料短缺的问题，实现能源供应方式的多样化，是保障我国能源安全的重要战略选择[5]。

1.2 烷烃加氢异构化及催化剂研究现状

1.2.1 烷烃加氢异构化反应机理

正构烷烃的加氢异构化反应是指在临氢条件下，金属/酸双功能催化剂将正构烷烃

5.3.3 使用 VBA 操作文档中的图片

本小节为大家介绍如何使用 VBA 操作文档中的图片。

视频案例

实例　将浮动型图片统一为嵌入型

一般比较专业的文档都十分注重图文排版，所有图片都要为嵌入型。一张张地选中图片并进行修改显然很麻烦，因此可以借助 VBA 来快速完成。

创建宏的流程和之前实例中的一样，这里需要将宏名设置为“浮动型改嵌入型”，然后在“End Sub”上的空行中输入以下代码。

```
Dim tp As Shape
Dim arr()
Dim k
 k = 0
 For Each tp In ActiveDocument.Shapes
     ReDim Preserve arr(k)
```

```
        arr(k) = tp.Name
        k = k + 1
    Next
    For k = 0 To UBound(arr)
    ActiveDocument.Shapes(arr(k)).ConvertToInlineShape
    Next
```

整串代码的含义就是声明变量“tp”为 Shape，找到所有的 Shape 并进行计数，然后逐个进行转换，直到完成所有浮动型图片到嵌入型图片的转换。

实例 统一所有嵌入型图片的尺寸

有时我们在文档中插入了很多图片，但是无法同时选中多张嵌入型图片，如果想对文档中的多张嵌入型图片进行尺寸设置，则只能逐一进行调整，效率会非常低。

此时就可以借助 VBA 来实现嵌入型图片尺寸的统一调整。下面以将图片宽度统一为 5 厘米为例进行代码的说明。

创建宏的流程和之前实例中的一样，这里需要将宏名设置为“统一图片尺寸”，然后在“End Sub”上的空行中输入以下代码。

```
Dim pic As InlineShape
For Each pic In activedocument.Inlineshape
With pic
    If .Type = wdinlineshapepicture Then
    .lockAspectratio = msotrue
    .width =centimeterstopoint(5)
    End If
End With
Next pic
```

整串代码的含义就是，声明“pic”代表所有嵌入型的 Shape，如果当前的“pic”为嵌入型图片，就锁定图片尺寸的纵横比，然后调整图片的宽度为 5 厘米，直到所有嵌入型图片的宽度均修改为 5 厘米。

如果不考虑图片尺寸的拉伸或压缩，将代码中的“.lockAspectratio = msotrue”改为“.lockAspectratio = msofales”，并在“.width =centimeterstopoint(5)”下加一行“.height =centimeterstopoint(5)”，就可以将所有嵌入型图片的尺寸更改为高 5 厘米和宽 5 厘米。

5.3.4 使用 VBA 操作文档中的表格

本小节为大家介绍如何使用 VBA 操作文档中的表格。

视频案例

实例 将文档中的表格全部居中

在文档中插入表格时，表格宽度是默认按照版心宽度设置的，而且是两端对齐的，但当我们设置根据内容自动调整表格时，表格就会显示为左对齐的效果，如果想让表格居中对齐，就可以靠 VBA 来快速实现，而不用按快捷键 Ctrl+E 一个个地设置。

创建宏的流程和之前实例中的一样，这里需要将宏名设置为“表格居中对齐”，然后在“End Sub”上的空行中输入以下代码。

```
Dim BG As Table
    For Each BG In ActiveDocument.Tables
    BG.Rows.Alignment = wdAlignRowCenter
Next BG
```

整串代码的含义就是，声明“BG”代表表格，遍历文档中的所有表格，将它们的对齐方式更改为居中对齐。

实例 将表格中的所有文本内容居中

在 Word 中插入表格时，除了要使表格自身两端对齐之外，还要使在表格中输入的文字内容也是两端对齐的，但上一个实例中的方法只能用于调整表格自身的对齐方式，无法对表格中的内容起作用。那么怎么才能快速将表格中的内容居中对齐呢？别急，当然还是使用 VBA。

创建宏的流程和之前实例中的一样，这里我们需要将宏名设置为“表格内容居中”，然后在“End Sub”上的空行中输入以下代码。

```
Dim BG as Table
    For Each BG In ActiveDocument.Tables
    BG.Range.ParagraphFormat.Alignment = wdAlignParagraphCent
Next BG
```

整串代码的含义就是，声明“BG”代表表格，遍历文档中的所有表格，将每个单元格中的内容设置为居中对齐。

实例 统一文档中表格的样式

之前的内容介绍了如何制作三线表和如何将三线表样式保存在 Word 的表格样式库中，但是要让文档中所有表格都套用统一的三线表样式，难道要用鼠标一个个地选中表格再套用吗?

当然不用，使用 VBA 可以进行统一处理。

创建宏的流程和之前实例中的一样，这里需要将宏名设置为“统一表格样式”，然后在“End Sub”上的空行中输入以下代码。

```
Dim BG As Table
  For Each BG In ActiveDocument.Tables
    BG.Style = "三线表"
  Next BG
```

整串代码的含义就是，声明“BG”代表表格，遍历文档中的所有表格，将每个表格的样式更改为名为“三线表”的样式。

代码中的“三线表”可以替换为表格样式库中的任意样式。可以将鼠标指针放在相应的样式上查看表格样式名。

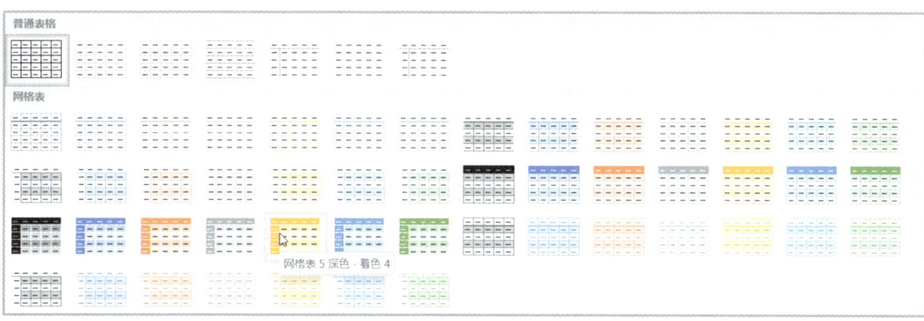

6

职场之道

不加班，要加薪！

对于改了很久的文档，突然被要求标注出到底哪里进行了修改怎么办？本章专门帮助希望能高效处理文档的人。不加班，高效工作，升职加薪不遥远！

6.1 有建议一定要用批注和修订

大学生写完毕业论文需要提交给指导老师，让指导老师反馈意见；项目报告则要在项目经理、产品经理、开发设计人员之间反复沟通修改。

为了帮助读者在漫长的修改之路上走得更顺遂，这一节就来介绍批注与修订的相关内容。

6.1.1 优雅提出建议的批注

将重要的文档发给领导或负责审阅的同事检查的时候，对方直接用“截图 + 文字”的形式在通信软件中进行反馈，这样做的效率非常低，有时还会因为网络延迟，导致反馈意见和图片无法一一对应。

在 Word 中，其实可以直接在文档中添加建议，这就要用到【审阅】选项卡下的【批注】功能。

1. 为文档添加批注

在 Word 中添加批注有以下 3 种方法。

第一种是在【插入】选项卡中单击【批注】按钮。

第二种是在【审阅】选项卡中单击【新建批注】按钮。

第三种是将光标定位到具体位置或者选中指定内容之后，右击，在菜单中选择【新建批注】选项。

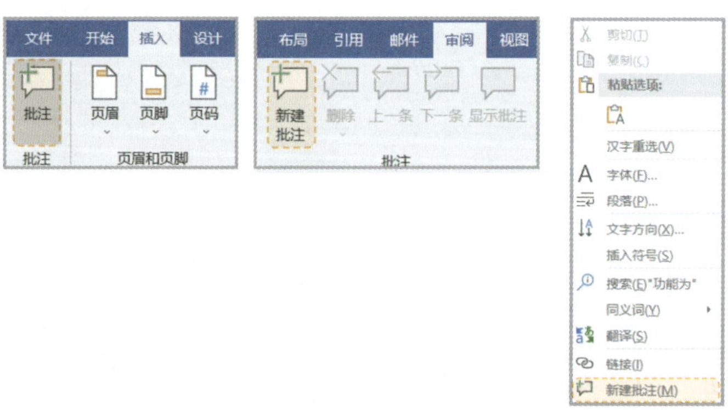

2. 对批注进行操作

将批注后的文档发给对方之后，对方可以借助与批注相关的功能对批注内容进行处理。

选中批注之后，可以看到对应的操作有答复、解决等。

单击【答复】按钮，即可在对应的批注下方对批注中提出的建议做出回应，方便彼此进行沟通。

如果觉得批注中提出的建议中肯，值得采纳，则在文档中做出相应修改后，单击【解决】按钮，此时批注标记就会显示为其他颜色，以此告知批注者对应的问题已经解决。

▲ 对批注进行答复

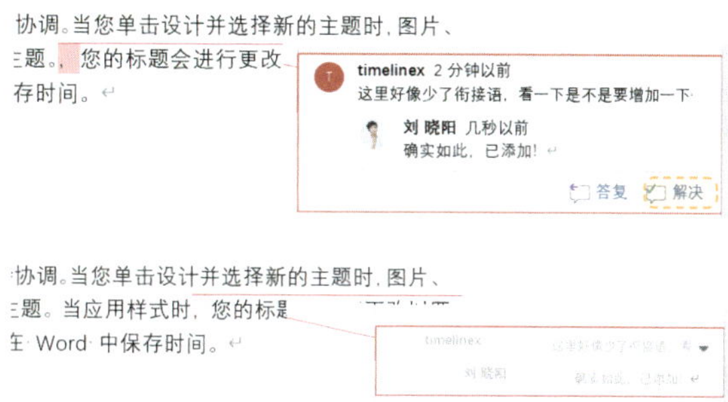

▲ 对批注进行解决，解决前后批注标记和批注框的显示格式发生变化

如果批注内容是无意间添加上去的，就需要在批注内容上右击，然后在菜单中选择【删除批注】选项将其删除，以免出现其他问题。

在【审阅】选项卡中，有删除单个批注和删除文档中所有批注的【删除】按钮，以及快速在批注中进行切换的【上一条】【下一条】按钮。

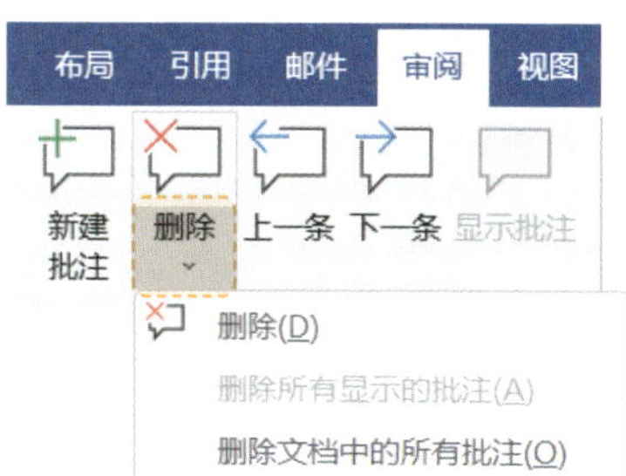

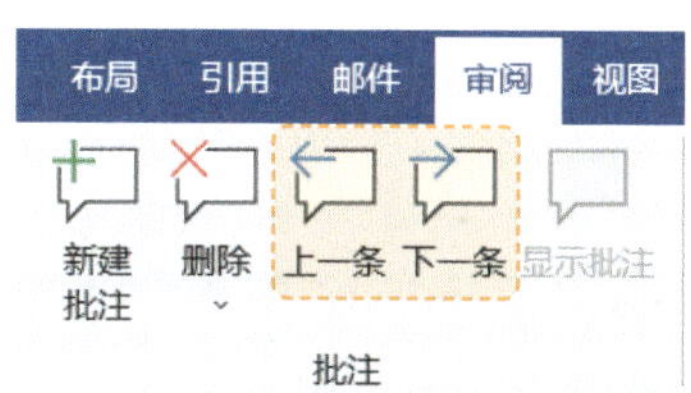

6.1.2 忠实记录修改的修订

当你将文档全部写完之后，将它发送给负责优化内容的同事，他会在文档中做一些修改，如果你因想知道他做了哪些修改而让他一边修改一边标记，那他的效率就会变低。

这个时候开启文档的修订模式，Word 就会忠实地记录下所有人在文档中进行的操作。

1. 开启修订模式

在【审阅】选项卡中单击【修订】按钮，当它显示为灰色底纹状态的时候就表示修订模式已开启。

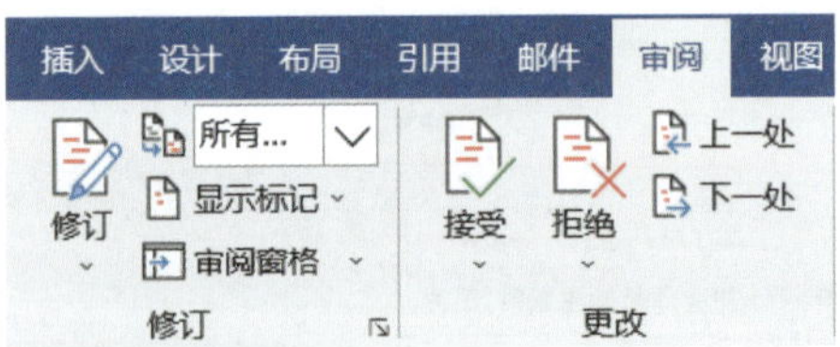

▲ 修订模式开启前

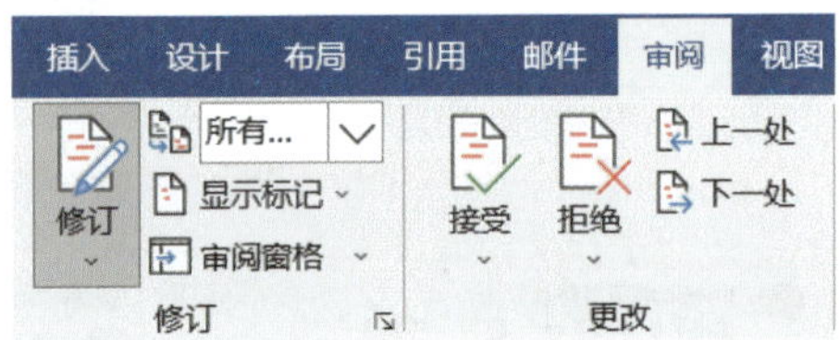

▲ 修订模式开启后

2. 不同修订操作的记录形式

开启修订模式后，在文档中进行的操作都会被记录下来，不同操作的记录形式不一样。

① 对于在文档中输入内容的操作，只有将光标放在对应位置上时才会显示。

② 删除内容的操作会被记录在修订栏中。

③ 设置的段落格式和文本格式会被分别记录在修订栏中。

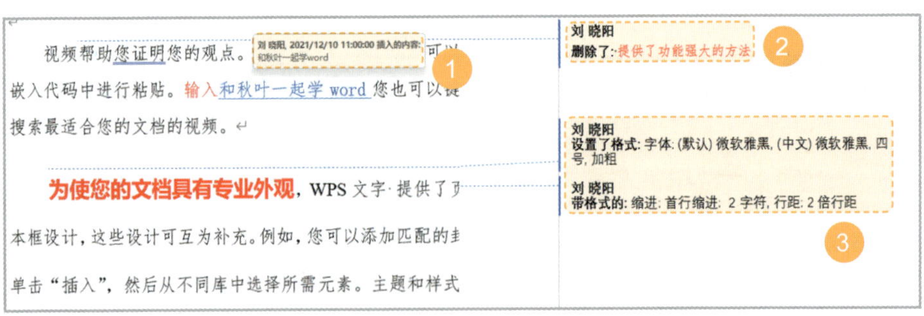

3. 修订状态显示的修改

有些读者在进行了修订之后，可能会疑惑为什么自己的操作并没有正常地显示，这可能是受修订状态显示的影响。

在【修订】按钮的右侧可打开一个下拉列表，用户可以在这里进行修订状态显示的修改。

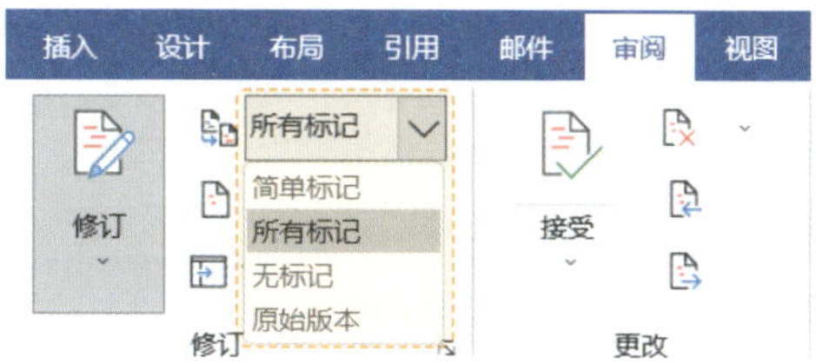

默认选择【简单标记】选项，这样文档就会将修订的内容全部隐藏，只留下修改后的最终效果，但是在修订内容的左侧会出现一条彩色竖线作为标记。

如果选择【所有标记】选项，文档就会显示修改后的效果以及修订标记。

如果选择【无标记】选项，文档就会直接显示修订之后的最终版本。

如果选择【原始版本】选项，文档显示的就是未做出修订前最后一次保存的效果。

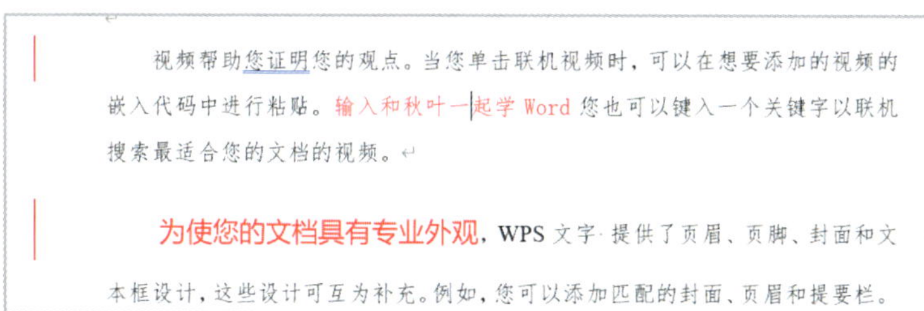

简单标记：该状态下，修订内容左侧有彩色竖线标记

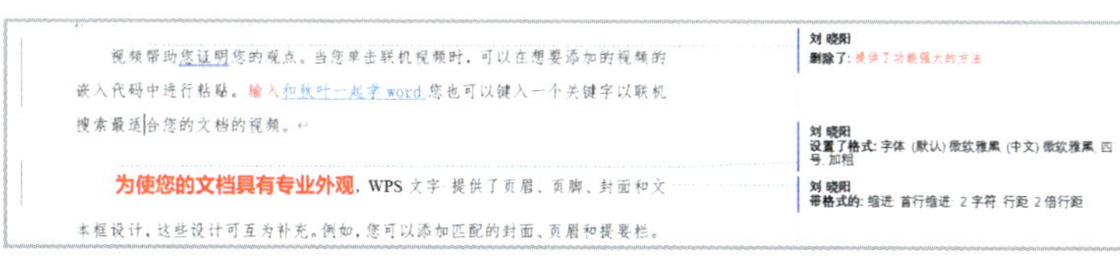

所有标记：该状态下，修订操作会完整显示在修订栏中

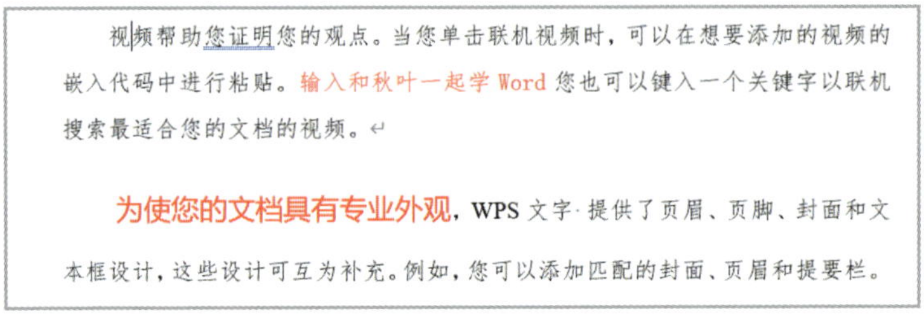
视频帮助您证明您的观点。当您单击联机视频时，可以在想要添加的视频的嵌入代码中进行粘贴。输入和秋叶一起学 Word 您也可以键入一个关键字以联机搜索最适合您的文档的视频。↵

为使您的文档具有专业外观，WPS 文字·提供了页眉、页脚、封面和文本框设计，这些设计可互为补充。例如，您可以添加匹配的封面、页眉和提要栏。

◂ 无标记：该状态下，文档直接显示修订之后的内容

视频提供了功能强大的方法帮助您证明您的观点。当您单击联机视频时，可以在想要添加的视频的嵌入代码中进行粘贴。输入和秋叶一起学 Word 您也可以键入一个关键字以联机搜索最适合您的文档的视频。↵

为使您的文档具有专业外观，WPS 文字·提供了页眉、页脚、封面和文本框设计，这些设计可互为补充。例如，您可以添加匹配的封面、页眉和提要栏。单

◂ 原始版本：该状态下，文档直接显示为未修订前的原始内容

以上是对文档整体修订状态显示的调整，我们还可以对要显示的修订类型进行设置。单击【修订】功能组中的【显示标记】按钮，可以在展开的菜单中选择要显示的修订类型。

◂ 显示标记：是否勾选【批注】【插入和删除】【设置格式】选项，会影响对应操作的修订是否显示；通过【特定人员】选项可以筛选并显示特定修订者的修订

如果想要看到整篇文档所有的修订，可以在【审阅】选项卡中单击【审阅窗格】的下拉按钮，在菜单中选择【垂直审阅窗格】选项，页面左侧就会显示出整篇文档中所有的修订以及批注内容。单击相应的条目还可以快速跳转到对应的位置。

4. 修订的接受和拒绝

修订的内容不一定就是正确的，如果修订不可逆的话，对于定稿后的文档来说可能是灾难性的影响，好在 Word 中的修订既可以被接受，也可以被拒绝。

单击对应的修订内容，即可快速定位到对应的修订位置，然后在【审阅】选项卡中可以选择接受或拒绝该修订。

如果接受修订，文档就会显示为修改之后的效果；如果拒绝修订，该处内容就会恢复为修订之前的状态。

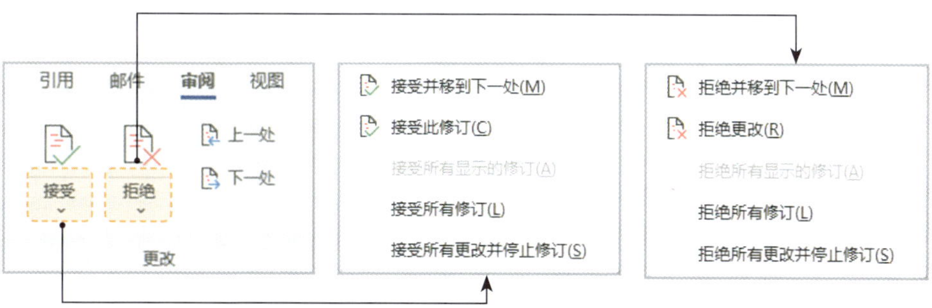

6.1.3 精准对比差异的比较

视频案例

开启修订模式之后，我们可以在文档中查看所有的修改，但是如果他人在没有开启修订模式的文档中进行了内容的修改，我们又想知道到底哪里做了调整，该怎么办？

这个时候就需要使用【审阅】选项卡中的【比较】功能来快速比对两份文档之间的差异。

实例 比较两份相似文档的差异

打开 Word，在【审阅】选项卡中单击【比较】按钮，在菜单中选择【比较】选项，在弹出的对话框中单击【原文档】处的文件夹按钮，在弹出的对话框中选中名为“修改前的文档”的文档，然后单击【修订的文档】处的文件夹按钮，在弹出的对话框中选中名为“修改后的文档”的文档。在【修订的文档】下方可以设置修订者的姓名。

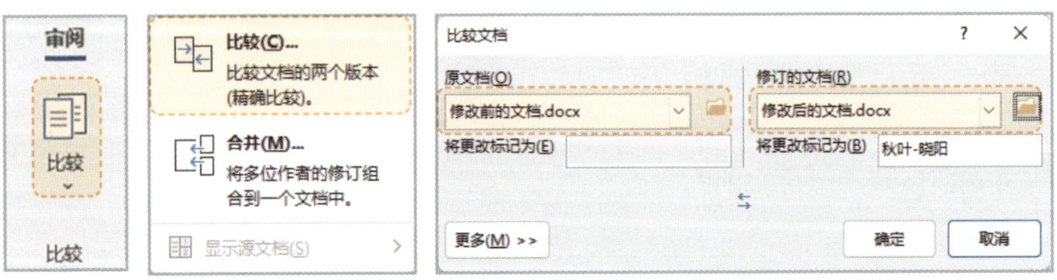

单击【更多】按钮，在下方展开的界面中可以选择比较的内容，【插入和删除】是必选项，而其他如【批注】【大小写更改】【表格】【脚注和尾注】【文本框】等选项可根据实际情况进行选择。

我们还可以设置比较的精准程度，比如是精准到文本中的字符级别还是字词级别。在展开界面的右下角还可以设置修订内容的显示位置。

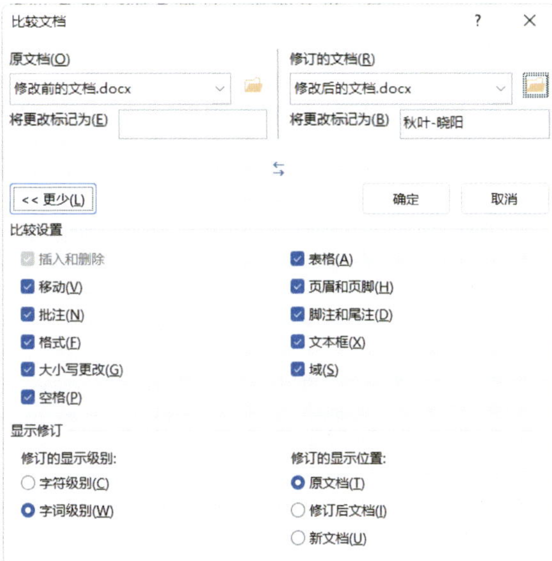

完成这一系列的设置之后，单击【确定】按钮，Word 就会在新窗口中显示文档的比较结果。

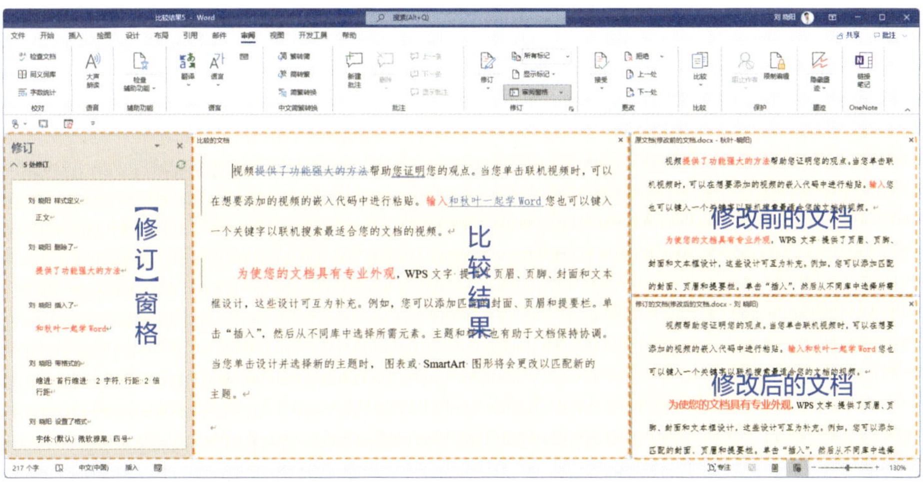

这样一来，想知道修订了哪些地方，看左边；想知道两个文档结合起来的效果，看中间；要对照两个文档，那就看右边。

然而，新的问题又出现了：如果是 3 个文档呢？

如果有 3 个文档，则需分步比较。假设 3 个文档分别是文档 A、文档 B 和文档 C，那就先比较文档 A 和文档 B，然后把比较结果保存为文档 D，再比较文档 C 和文档 D。

6.2 将席卡做得又快又好

一阵手忙脚乱，浪费若干张打印纸，终于——

以上场景是不是很熟悉?

我们在工作中经常会遇到看似简单，却可能因为方法不当而耗费很多时间和精力的事情，制作席卡这件事就很典型。

其实，这件事情完全可以做得很轻松。

制作标准席卡内页的操作步骤如下。

第一步：建立标准的与会人员姓名数据源。

将需要制作成席卡的与会人员姓名录入并制作为 Excel 表格。表格中必须包含表头（此处表头为“与会人员姓名”），完成后，保存并关闭文件。

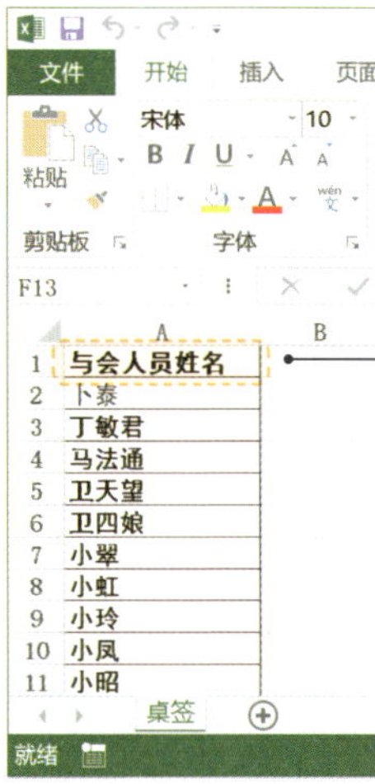

第二步：制作席卡模板。

新建 Word 文档，在【插入】选项卡中单击【文本框】按钮，在菜单中选择【绘制横排文本框】选项。

绘制完成后选中文本框，在【形状格式】选项卡中根据席卡的实际尺寸修改文本框的尺寸，此处为高 10 厘米，宽 21 厘米。

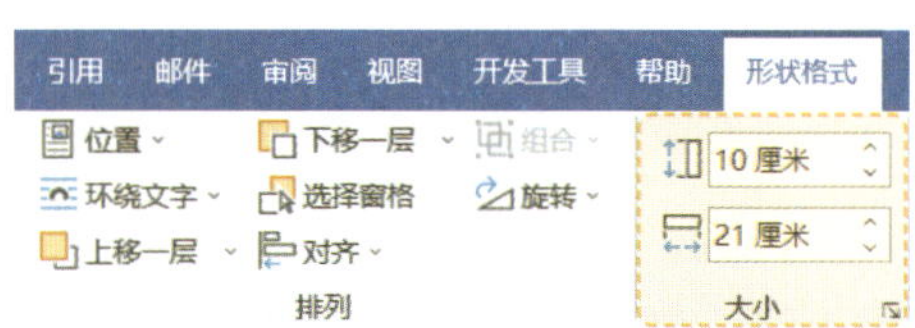

在【形状格式】选项卡中单击【对齐】按钮，在菜单中依次选择【水平居中】选项和【顶端对齐】选项，完成文本框在文档中的对齐。

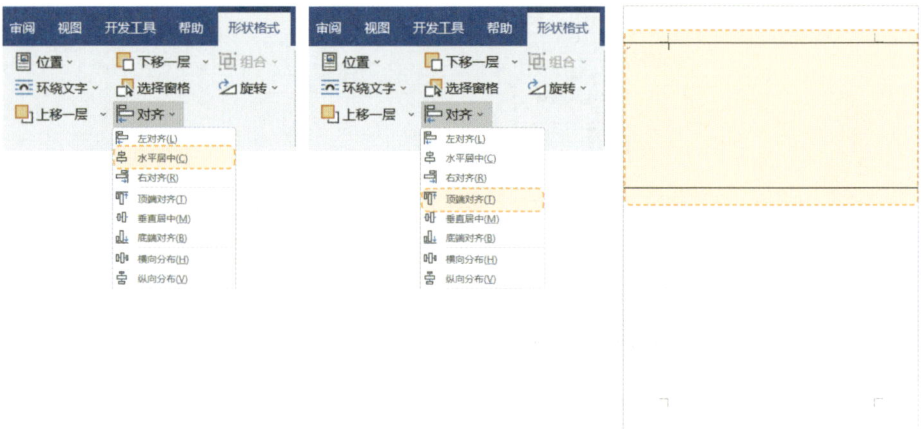

第三步：向 Word 导入数据源。

接下来将通过 Word 的邮件合并功能来完成席卡模板的制作。

在【邮件】选项卡中单击【选择收件人】按钮，在展开的菜单中选择【使用现有列表】选项。

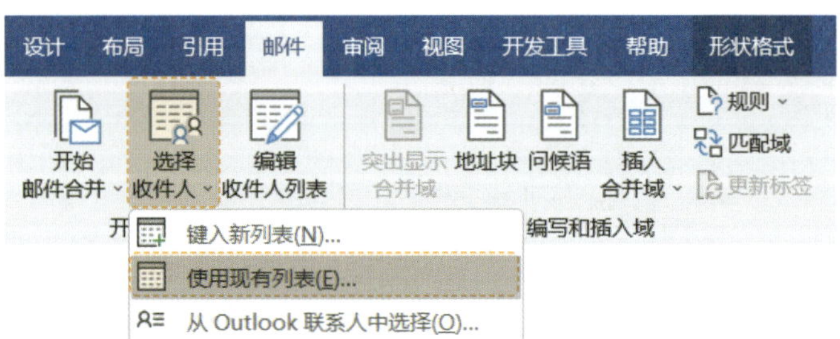

在弹出的【选取数据源】对话框中，在存放与会人员姓名表格的文件夹中，选中并打开数据源表格。

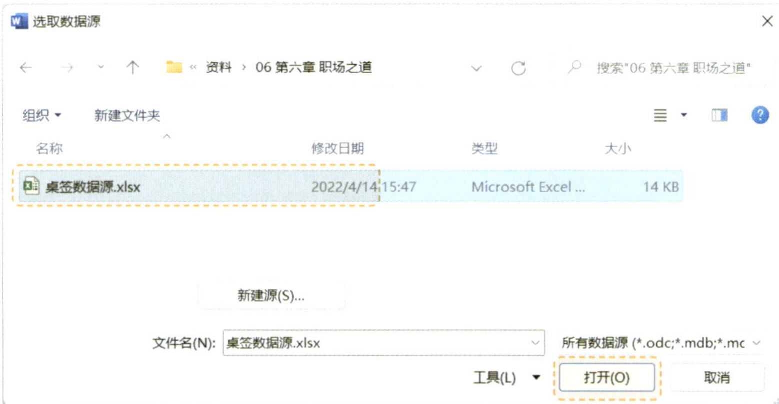

在【选择表格】对话框中，确认表格名称后勾选【数据首行包含列标题】选项，单击【确定】按钮。

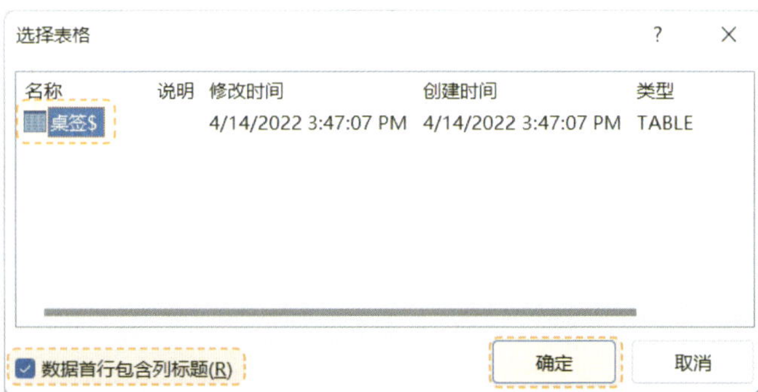

第四步：插入待合并的数据。

将光标置于文本框中，在【邮件】选项卡中单击【插入合并域】按钮，在菜单中选择【与会人员姓名】选项，此时文本框中会出现“《与会人员姓名》”字样。

默认字号非常小，为了发挥席卡的作用，需要增大字号、设置字体，并将文本设置为居中对齐。

选中“《与会人员姓名》”（包括前后书名号部分），将字体修改为黑体，将字号设置为 80 磅，将对齐方式设置为居中对齐。

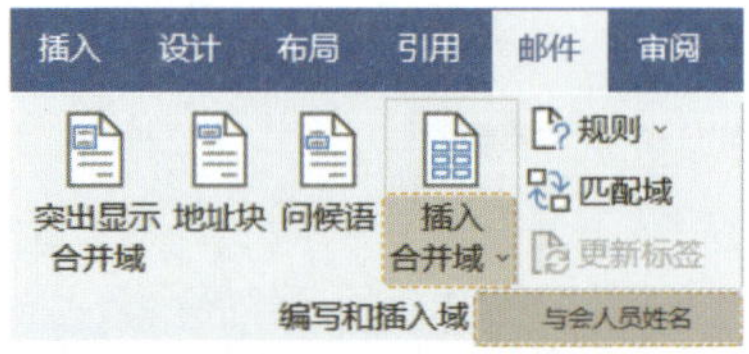

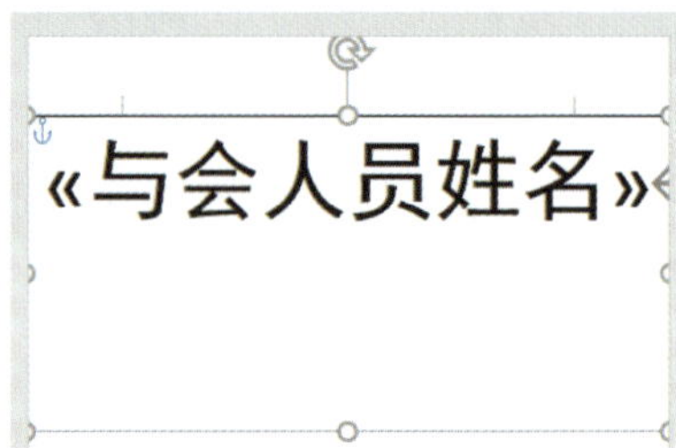

选中文本框后，在【形状格式】选项卡中单击【对齐文本】按钮，在菜单中选择【中部对齐】选项，让文本可以垂直居中于文本框中。

席卡内页需要对折，考虑到对折后的效果，需要将制作好的文本框复制一份，使其上下拼接在一起。选中文本框，在【形状格式】选项卡中单击【旋转】按钮，在菜单中选择【垂直翻转】选项。

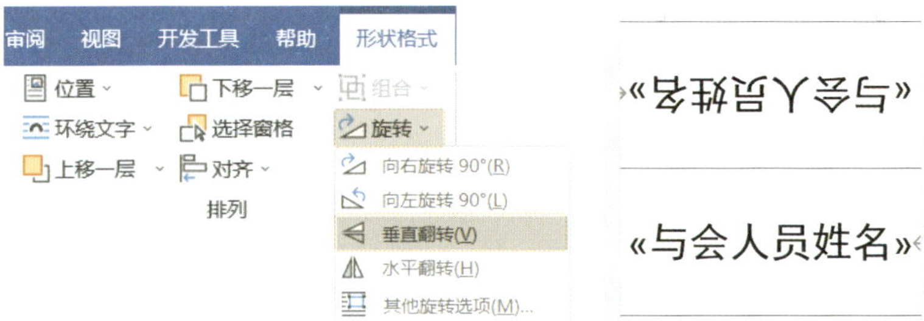

在【邮件】选项卡中单击【完成并合并】按钮，在展开的菜单中选择【编辑单个文档】选项，在弹出的【合并到新文档】对话框中选择【全部】单选项，单击【确定】按钮。

此时所有席卡都编辑完成，可以进行打印了，打印时可以设置纸张为 A4 大小或任何自定义的大小。打印完成后进行对折，放入席卡牌即可。

6.3 利用邮件合并功能迅速完成工作

问：邮件合并功能是什么？是用 Word 发邮件吗？

答：不只是发邮件，是可以一次性给多个不同的人发不同内容的邮件。

问：可是，我很少发邮件，它还有其他用处吗？

答：那你需要填表吗？需要做很多信封吗？需要做标签吗？还记得刚才怎么做的席卡吗？

问：啊！邮件合并功能还能用来填表、做信封？还做得了标签？

答：当然了！连贴图都行！

为什么叫作邮件合并功能？因为这个功能可以将 Word 里编辑完成的内容，通过 Outlook 邮件客户端发送出去。

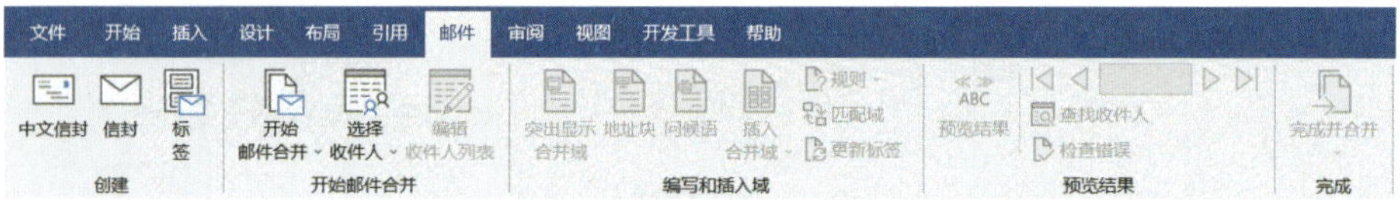

只要符合以下条件，就推荐使用邮件合并功能，这样必将大大提升工作效率。

① 不同邮件拥有一样的主题。

② 拥有大量不同的收件人。

③ 邮件内容存在差异。

邮件合并的操作非常简单。

第一步：制作模板文档和数据源表格。

第二步：建立模板文档和数据源表格的关联。

第三步：插入合并域（将数据源表格中的数据插入模板文档中的指定位置）。

第四步：预览并完成邮件合并。

要应用这个功能通常要先准备好一份通用的模板文档和一份数据源表格。

完全相同、不需要变化的内容，比如邀请函中关于邀请的背景、时间、地点、落款等，单独放在模板文档中。

需要变化的内容，比如邀请函中的姓名、称呼、邮件地址等，要放在一个独立的数据源表格中，而且数据源表格的第一行必须是对应内容的标题，从第二行开始向下填写具体的内容。

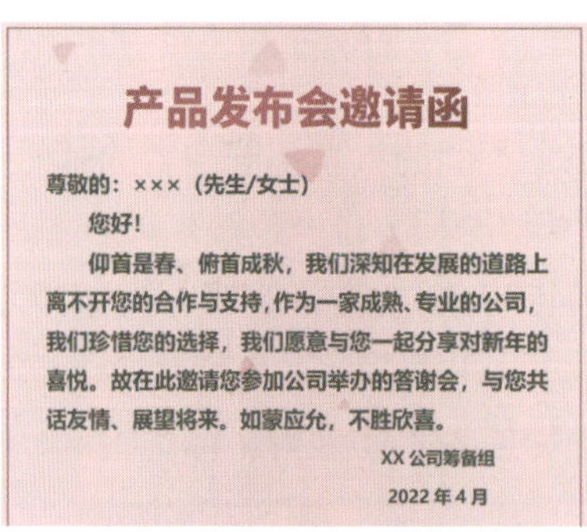
产品发布会邀请函

尊敬的：××× （先生/女士）

您好!

仰首是春、俯首成秋，我们深知在发展的道路上离不开您的合作与支持，作为一家成熟、专业的公司，我们珍惜您的选择，我们愿意与您一起分享对新年的喜悦。故在此邀请您参加公司举办的答谢会，与您共话友情、展望将来。如蒙应允，不胜欣喜。

XX 公司筹备组

2022 年 4 月

	A	B	C
1	姓名	称呼	邮件地址
2	张三	先生	zhangs@word.com
3	李四	女士	lis@word.com
4	王五	先生	wangw@word.com
5	赵六	先生	zhaol@word.com
6	孙七	女士	sunq@word.com
7	吴八	先生	wub@word.com
8	周九	女士	zhouj@word.com

实例 完成产品发布会邀请函的发送

公司决定举行产品发布会，现在需要向所有重要客户发送邀请函。

第一步：制作对应的邀请函模板文档以及对应的数据源表格。素材已经提前准备好了。

第二步：建立模板文档与数据源表格之间的关联。

在【邮件】选项卡中单击【选择收件人】按钮，在菜单中选择【使用现有列表】选项，在【选取数据源】对话框中找到并打开数据源表格。在【选择表格】对话框中，确认表格名称后勾选【数据首行包含列标题】选项，单击【确定】按钮。

第三步：插入合并域。

选中模板文档中需要替换姓名的文本，在【邮件】选项卡中单击【插入合并域】按钮，在菜单中选择【姓名】选项。选中模板文档中需要替换称呼的文本，单击【插入合并域】按钮，在菜单中选择【称呼】选项。

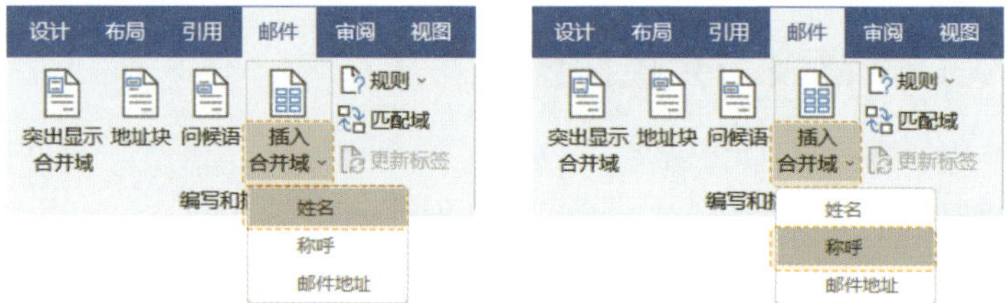

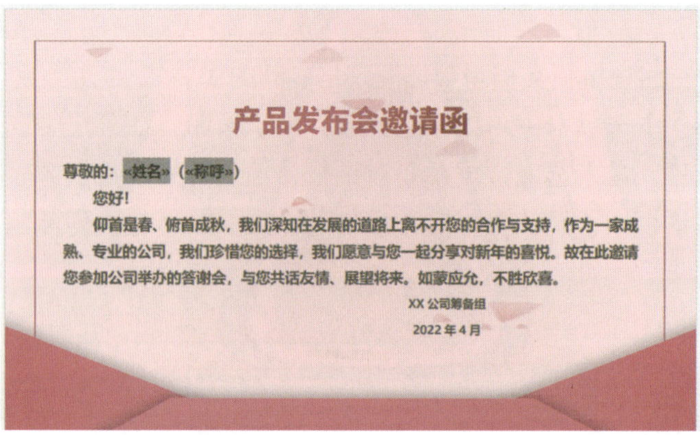

第四步：完成邮件合并并发送邮件。

在【邮件】选项卡中单击【完成并合并】按钮，在展开的菜单中选择【发送电子邮件】选项，在弹出的【合并到电子邮件】对话框中选择【收件人】为【邮件地址】，在【主题行】文本框中输入相应内容，设置好【邮件格式】之后选择【全部】单选项，最后单击【确定】按钮。

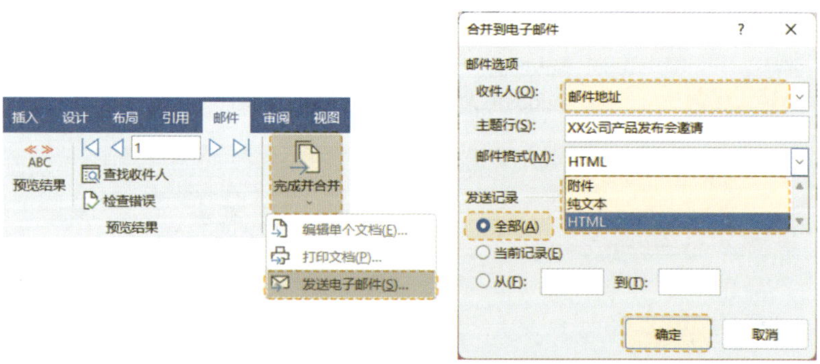

此时 Word 就会自动调用 Outlook 进行邮件的发送。

如果弹出【您需要创建 Microsoft Outlook 配置文件 ...】对话框，请单击

【确定】按钮后打开 Outlook，添加自己的邮箱账号。然后再次执行发送电子邮件操作，按照提示进行邮件的发送即可。

实例 利用邮件合并功能发送带附件的邮件

有时我们不得不发送带附件的邮件。与插入不同的文字合并域或图片相比，发送带附件的邮件要稍费周折。

最终的视觉效果如下图所示。

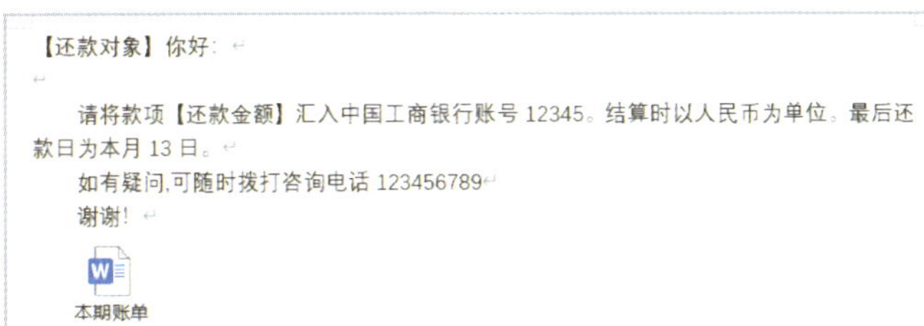

【还款对象】你好：

请将款项【还款金额】汇入中国工商银行账号 12345。结算时以人民币为单位。最后还款日为本月 13 日。

如有疑问,可随时拨打咨询电话 123456789

谢谢！

本期账单

插入合并域的步骤请参照上个实例。完成邮件主体的编辑后，在【插入】选项卡中单击【对象】的下拉按钮，在菜单中选择【对象】选项。在弹出的对话框中切换到【由文件创建】选项卡，单击【浏览】按钮，在相应文件夹中选择附件，勾选【显示为图标】选项，单击【确定】按钮，完成附件的添加。

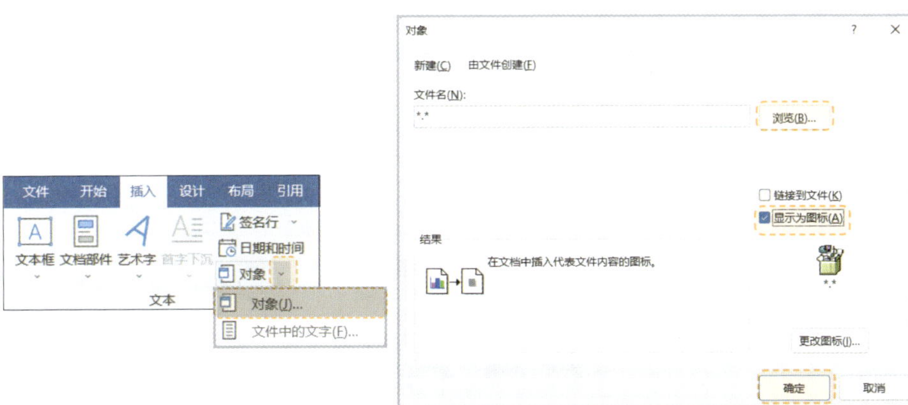

实例 利用邮件合并功能填写带图片的表格

公司每隔一段时间就会有新员工入职，因此需要为他们制作工作证。利用邮件合并功能，我们可以快速制作出不带照片的工作证，以便在工作证发放之后让他们贴上自己的照片。本实例制作的部分工作证如下图所示。

但其实只要同时拥有新员工的照片，也可以结合邮件合并功能和域功能一次性完成员工照片和信息的录入，具体操作如下。

第一步：制作员工信息数据源表格，同时根据员工姓名将员工照片进行重命名，效果如下图所示。

	A	B	C	D
1	证件编号	姓名	部门	岗位
2	HF1023345	敖英	产品部	研发助理
3	HF1023346	鱼元凯	销售部	销售专员
4	HF1023347	白天	市场部	市场专员
5	HF1023348	班济	产品部	研发主管
6	HF1023349	边芮美	客服部	客服经理
7	HF1023350	邴雅惠	客服部	客服主管
8	HF1023351	步艳	行政部	行政助理
9	HF1023352	步永贞	销售部	销售总监
10	HF1023353	蔡谷雪	销售部	销售主管

第二步：打开准备好的工作证模板文档，在【邮件】选项卡中单击【选择收件人】按钮，在菜单中选择【使用现有列表】选项，在弹出的【选取数据源】对话框中找到并打开数据源表格；在【选择表格】对话框中，确认表格名称后勾选【数据首行包含列标题】选项，单击【确定】按钮之后就可以在数据源表格和模板文档之间建立联系。

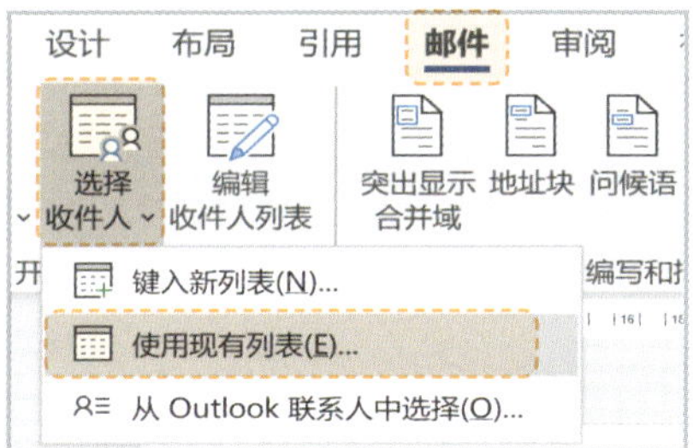

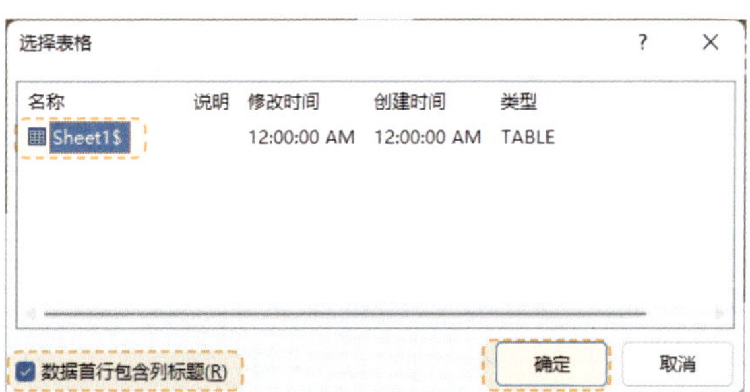

第三步：插入文本型合并域。

将光标置于需要输入基本信息的区域，使用【插入合并域】功能，完成文本型合并域的插入。

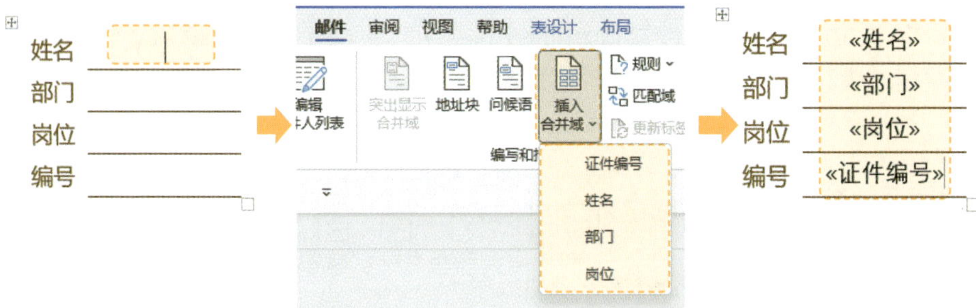

第四步：插入图片型合并域。

将光标放在要插入照片的文本框中，单击【插入】→【文档部件】→【域】，打开【域】对话框，在对话框中，将【类别】更改为【链接和引用】，在【域名】列表框中选择【IncludePicture】选项。

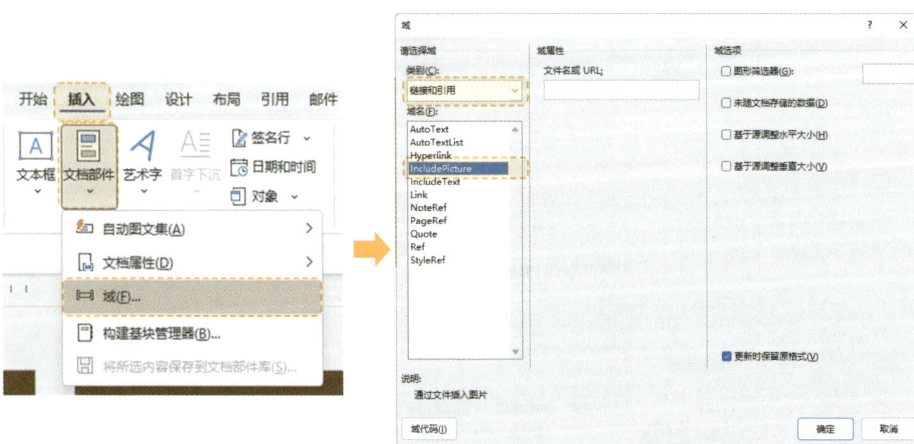

打开存放员工照片的文件夹，选择任意一张照片，在按住 Shift 键的同时右击，在菜单中选择【复制文件地址】选项，这样就可以快速获取照片所在的路径。返回 Word 中，在【域】对话框中间的【文件名或 URL】文本框中粘贴刚刚复制的照片地址，去掉地址前后的引号，单击【确定】按钮。

选中照片后，按快捷键 Alt+F9 切换到域代码显示状态，在域代码中找到刚刚那张照片的文件名，将其选中之后，切换到【邮件】选项卡，单击【插入合并域】按钮，选择【姓名】选项，完成图片型合并域的插入。按快捷键 Alt+F9 切换回图片显示状态。

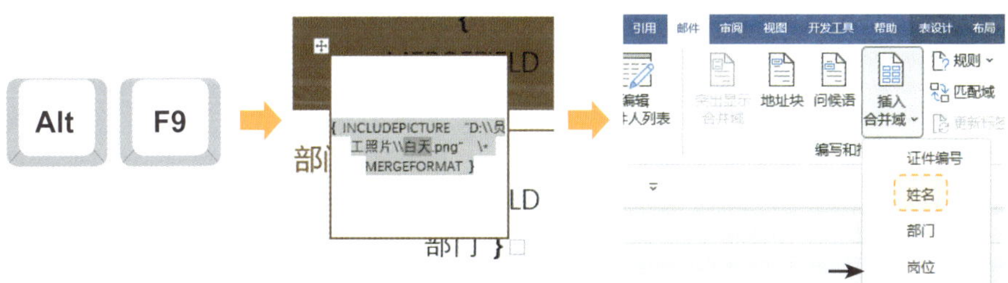

第五步：完成工作证的批量制作。

在【邮件】选项卡中单击【完成并合并】按钮，在菜单中选择【编辑单个文档】选项，在弹出的对话框中选择【全部】单选项，单击【确定】按钮，即可完成工作证的批量制作。

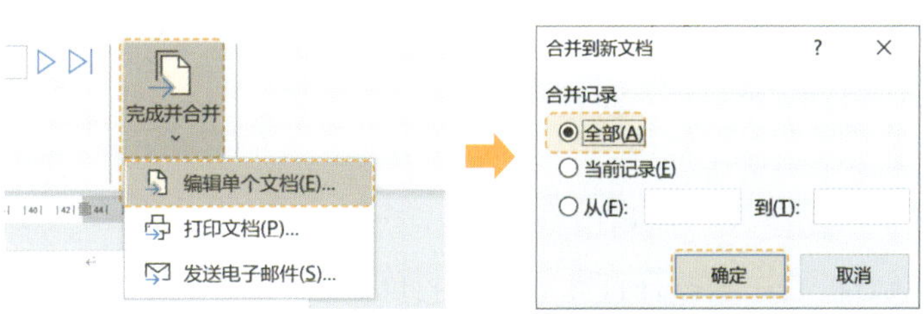

此时得到的文档中，员工的信息是正确的，但是一些员工的照片还没有更新。选中所有的页面，按 F9 键完成照片的更新。

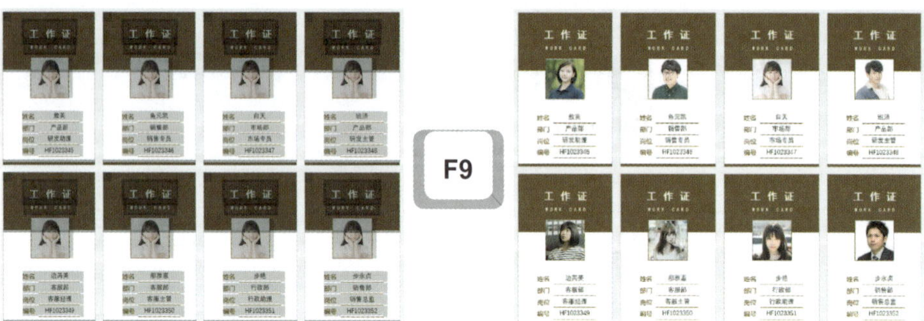

6.4 输出：Word排版“定妆术”

6.4.1 打印界面

文档排版完成之后，就可以打印输出了。单击【文件】→【打印】，或者按快捷键 Ctrl+P 可快速打开打印界面。打印界面一般为左右结构，左侧是相关选项及设置，右侧是打印预览界面。在打印之前对打印效果有直观的了解，是成功打印的保障。

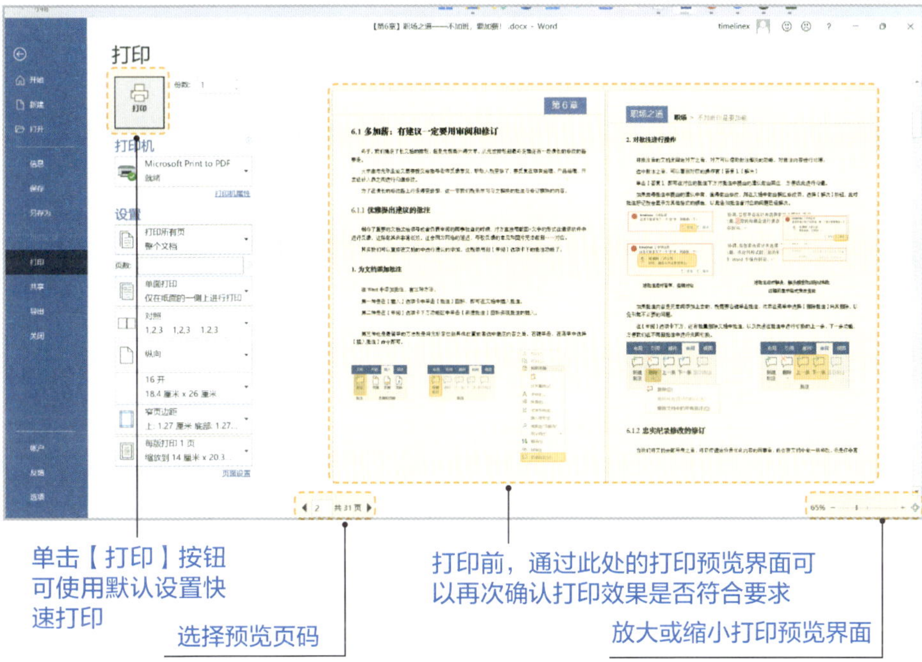

总结起来，打印预览有以下三大好处。

（1）便于截图。隐藏“脏东西”（各种编辑标记），还原最干净的版面效果，在此基础上截出的图干净又漂亮。

（2）查看打印效果。打印预览实际上就是 Word 功能中“所见即所得”的一种体现，也就是说，我们在打印预览界面看到的版面效果，就是打印输出后的实际效果。

（3）实时调整文档。通过打印预览，我们可以从总体上检查版面是否符合要求，如果版面效果不够理想，可以返回重新编辑调整，满意后再正式打印，这样就避免了纸张的浪费。

6.4.2 打印预览编辑模式

Word 的早期版本默认进行全屏打印预览，全屏打印预览界面更大，文档看起来更加清晰。

在 Word 的高级版本中，这一项功能被隐藏了起来。

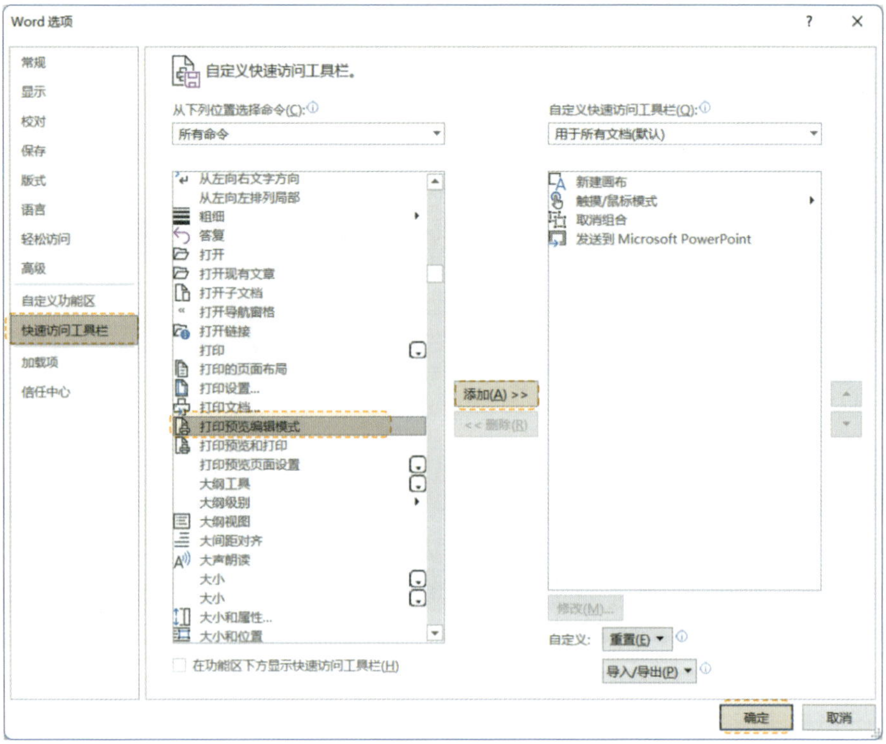

▲ 单击【文件】→【选项】，弹出以上对话框，将【打印预览编辑模式】（该命令需要移动滑块耐心往下寻找）添加到快速访问工具栏

添加后，可以在快速访问工具栏看到相关按钮，单击即可进行全屏打印预览

进入**打印预览编辑模式**后，按住 Ctrl 键并滚动鼠标滚轮可以放大或缩小打印预览界面（也可以通过单击【缩放】功能组中的【缩放】按钮进行调整）。此时，打印预览界面可以铺满整个屏幕。除此以外，该模式还有两个特别的优势。

优势一：取消勾选【**放大镜**】选项，可以在打印预览模式下直接编辑文档。

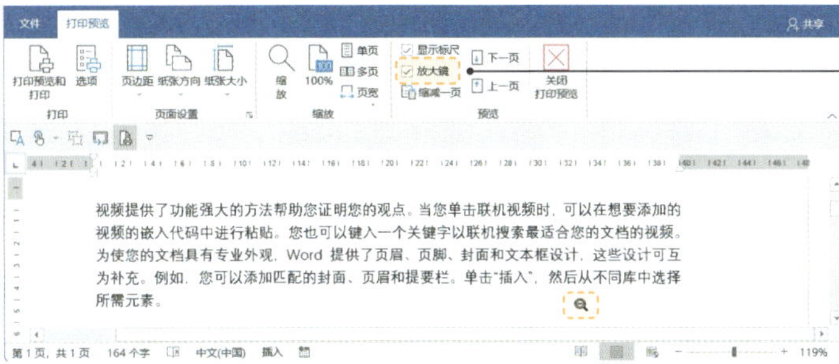

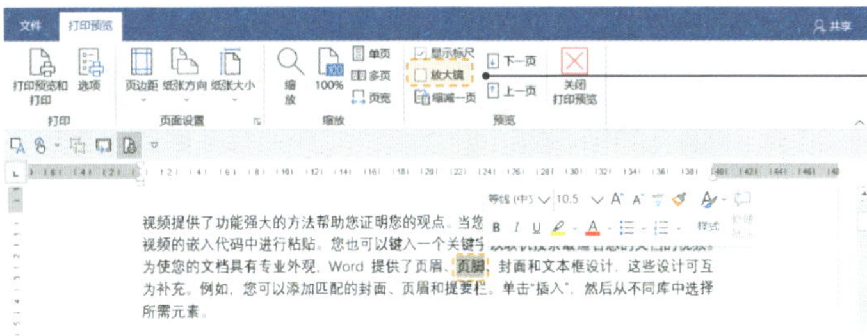

优势二：单击【缩减一页】按钮，可以避免出现一两行文字就占用一页的情况。

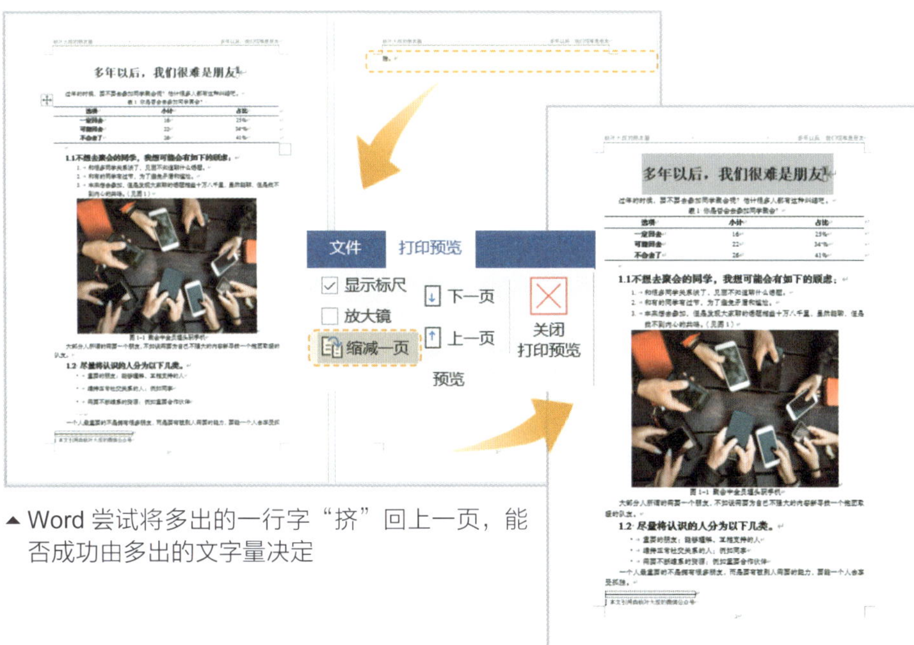

▲ Word 尝试将多出的一行字“挤”回上一页，能否成功由多出的文字量决定

6.4.3 打印设置

按快捷键 Ctrl+P 打开打印界面，可以看到 Word 提供了一些简单的打印选项，包括份数、打印机、打印页数等。

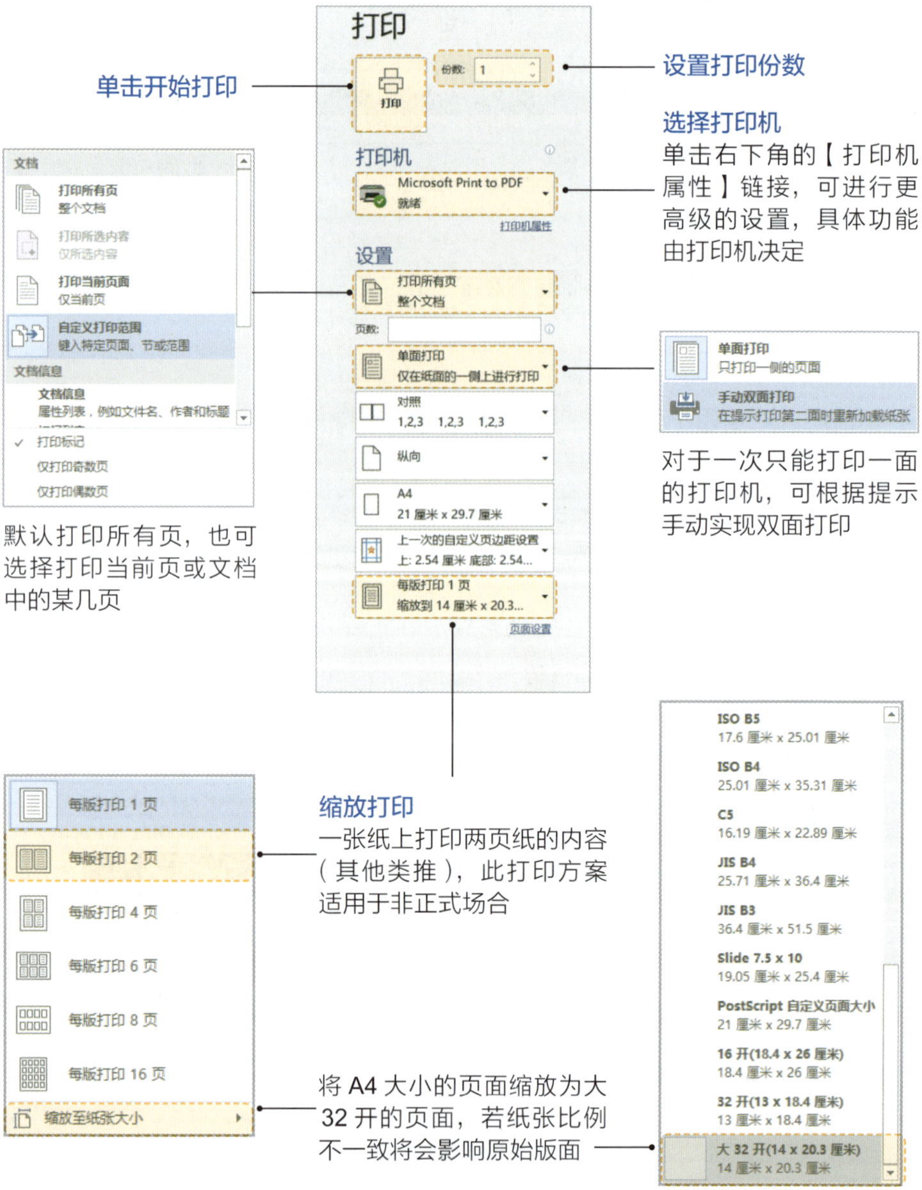

实例 文档的逆序打印

如果直接使用默认的设置进行打印，会导致整份文档打印出来后，页码完全颠倒——最后一页在最上面。这种情况下就需要手动调整顺序，如果是只有几页的文档还好，但如果是几百页的标书，那工作量之大可想而知。

其实只需要简单设置一下打印参数就可以解决这个问题。

单击【文件】→【选项】，在弹出的【Word 选项】对话框中单击【高级】选项卡，然后在【打印】区域勾选【逆序打印页面】选项，单击右下角的【确定】按钮就可以了。

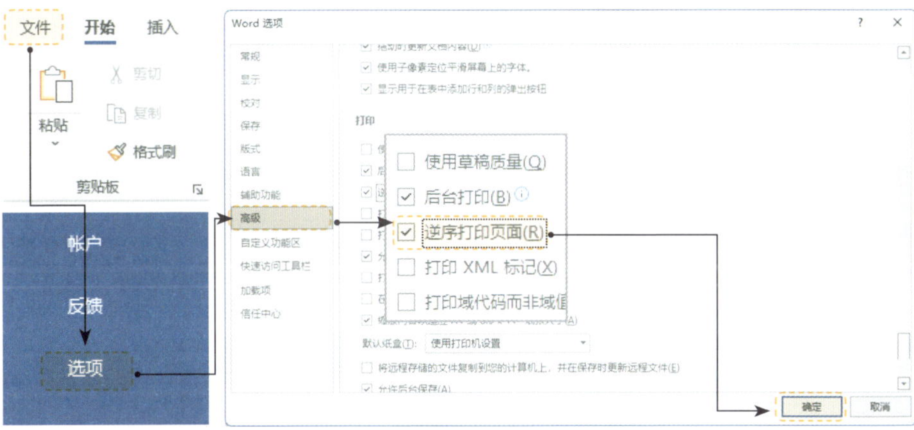

这样设置后，打印机就会自动先打印最后一页的内容，然后依次往前打印。

实例 文档的堆叠打印和拆分打印

你可能遇到过这样的情况：领导让你把 10 页的文档打印 5 份，然后按照页码堆放在一起。

默认情况下，打印多份文档时，打印机都是先完成一整份的打印之后，再打印下一份。这时难道我们要从 5 份文档中挑选出每一页，然后一页页地归类？

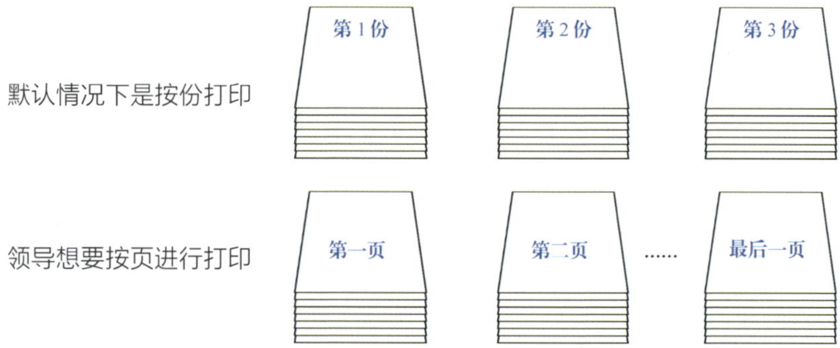

其实完全不用，可以在打印文档的时候将【对照】选项更改为【非对照】选项，这样打印机就会先把第一页打印 5 份，再把第二页打印 5 份……，最后我们只需要把文档一堆堆地分出来就好了。

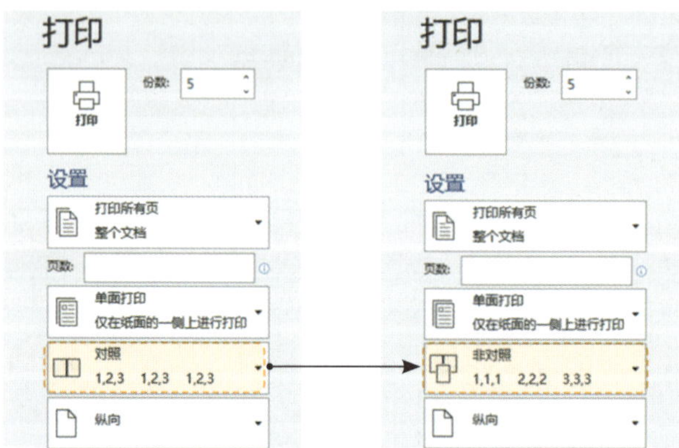

关键操作：

- 按快捷键 Ctrl+P 进入打印界面
- 将打印设置中的【对照】选项改为【非对照】选项

这样能使 50 次分堆操作直接缩减到 10 次，工作效率直接提高为原来的 5 倍。

实例 文档的双面打印

为了更为充分地利用纸张的正反面，一般会要求双面打印文档。

视频案例

现在基本上所有的打印机都支持双面打印，但也不排除有些老旧的打印机不支持双面打印。因此，下面将分两种情况来介绍双面打印。

1. 手动双面打印

如果打印机不支持自动双面打印，我们就需要手动进行双面打印的操作。

下面准备了 4 张页面来模拟双面打印，每张页面的左上角都标注了对应的页数。

按快捷键 Ctrl+P 进入打印界面，将【单面打印】选项更改为【手动双面打印】选项，然后单击【打印】按钮执行打印操作。

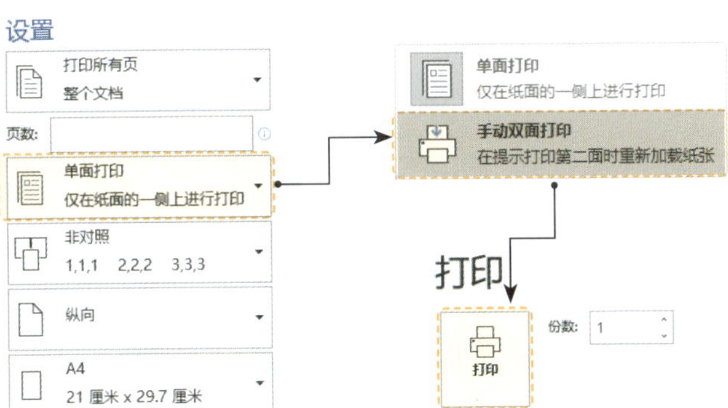

关键操作：

- 按快捷键 Ctrl+P 进入打印界面
- 将【单面打印】选项改为【手动双面打印】选项
- 单击【打印】按钮，打印机会自动进行奇数页的打印

此时打印机会先将奇数页页面分别打印在两张纸上。在没有勾选【逆序打印页面】选项的情况下，印有文字的那一面会朝下，并且印有第 1 页的页面会在印有第 3 页的页面之下。

将纸张平行抽出，然后将其水平翻转，让印有第1页的页面翻转到上方，再将纸张重新放入打印机送纸器的最上方。

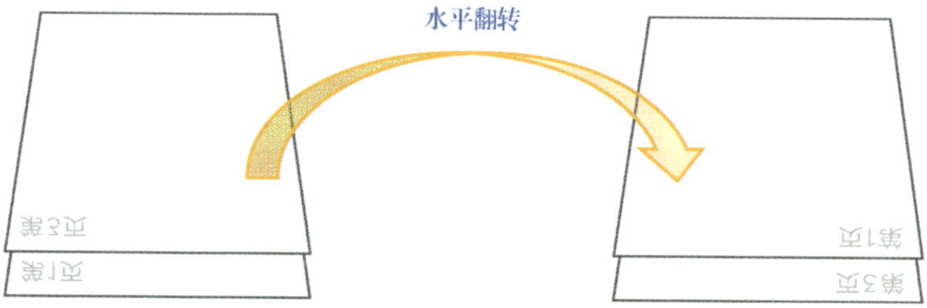

回到 Word 中，单击对话框中的【确定】按钮继续进行偶数页的打印。

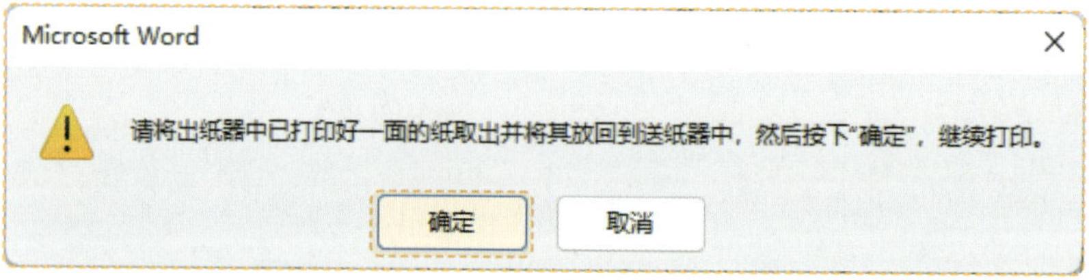

2. 自动双面打印

如果打印机支持自动双面打印，我们就不需要手动翻转纸张了。但是我们需要弄清楚【双面打印】选项描述中“从长边翻转页面”和“从短边翻转页面”的区别。

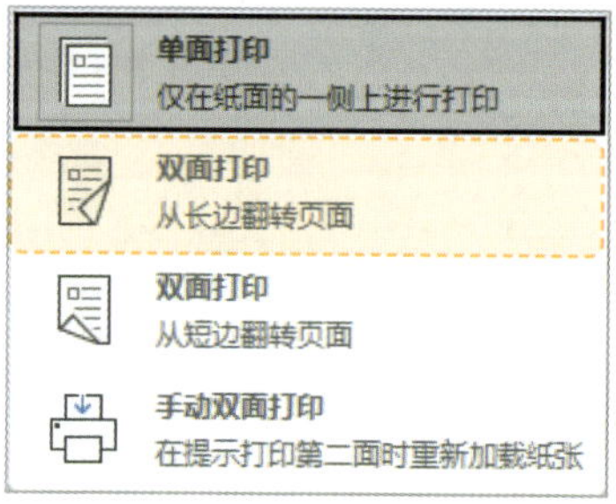

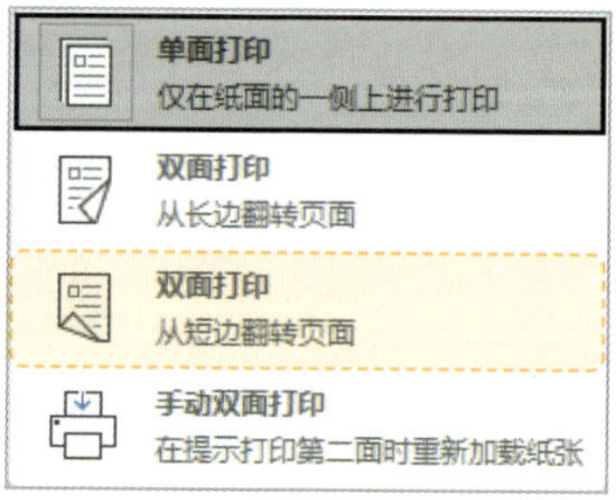

下面以竖向的文档进行说明。

一页 A4 纸有左右两条长边和上下两条短边，如果文档是正常的左右翻页，就需要在进行双面打印的时候选择【双面打印（从长边翻转页面）】选项。如果文档是特殊的从上往下翻页，就需要在进行双面打印的时候选择【双面打印（从短边翻转页面）】选项。

实例 宣传册骑马钉折页的打印

公司的宣传册想要做成 A5 尺寸，类似书本那样的骑马钉折页小册子。

这样的小册子其实是用一张 A4 纸制作的，虽然在打印时封面、封底在一面，内页的第 1 页、第 2 页在一面，但在编写文档的时候还是按照顺序从封面页依次制作到封底页的。

▲ 打印后的效果：封面和封底在同一面，正文的第 1 页和第 2 页在同一面

▲ 实际制作时的顺序为封面、第 1 页、第 2 页、封底

想要实现这种打印效果，我们只需要按快捷键 Ctrl+P 打开打印界面，然后单击【页面设置】按钮，打开【页面设置】对话框，这里在【多页】下拉列表中选择【书籍折页】选项，单击【确定】按钮后，在打印界面将【单面打印】选项更改为【双面打印（从短边翻转页面）】选项，最后单击【打印】按钮就可以了。

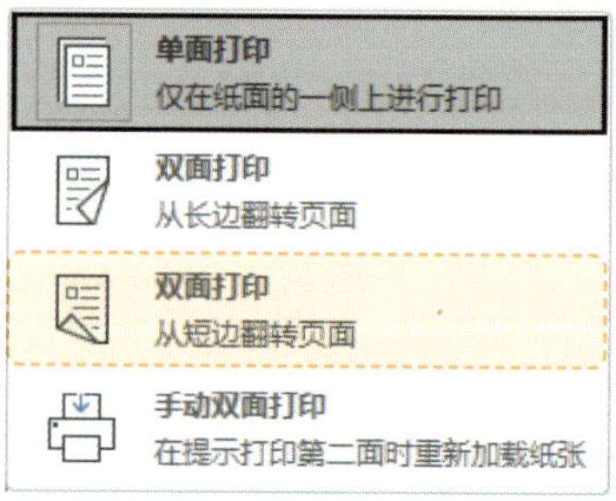

6.4.4 常见的打印问题

在打印时还有一些常见的问题，这些问题与一些选项的设置有关。

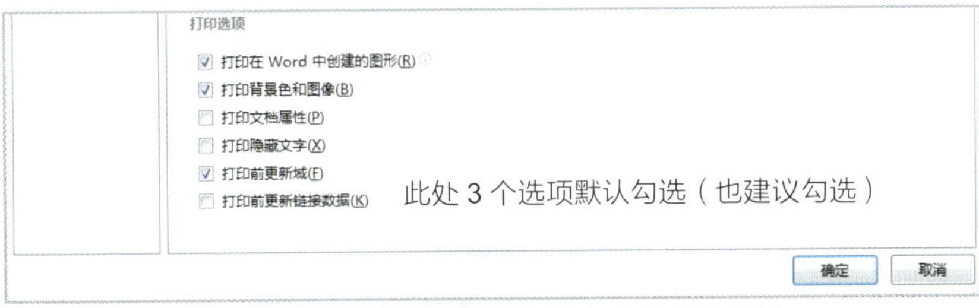

▲单击【文件】→【选项】→【显示】，找到【打印选项】区域

问题一：在文档中插入的图形，在打印预览时怎么不见了？

如果没有勾选【打印在 Word 中创建的图形】选项，图形就会在预览打印效果时消失。

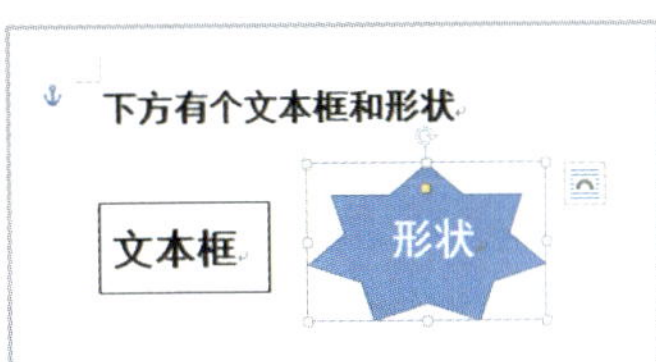

▲打印预览前

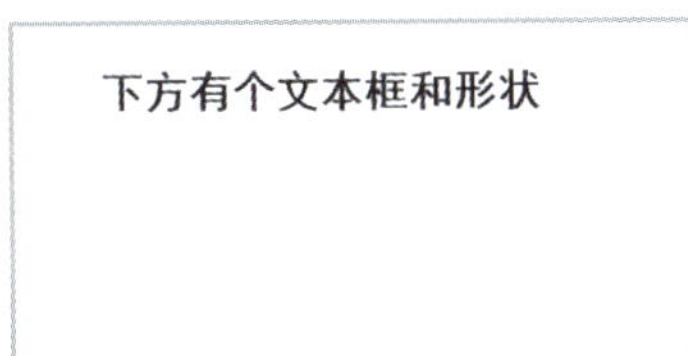

▲打印预览后

问题二：明明设置好了文档背景，为什么打印预览时却不见了？

如果没有勾选【打印背景色和图像】选项，文档背景就会在预览打印效果时消失。

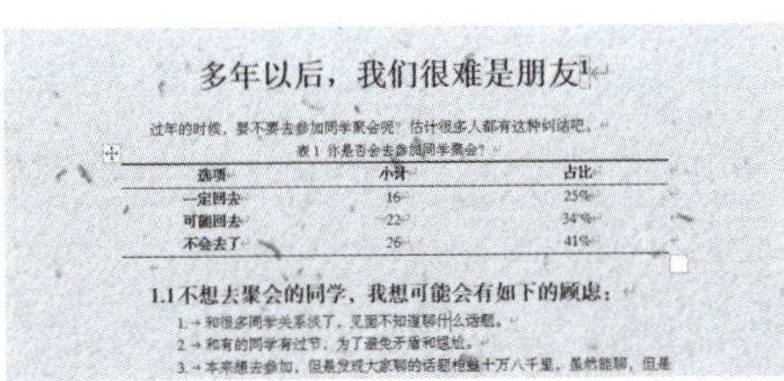

▲打印预览前

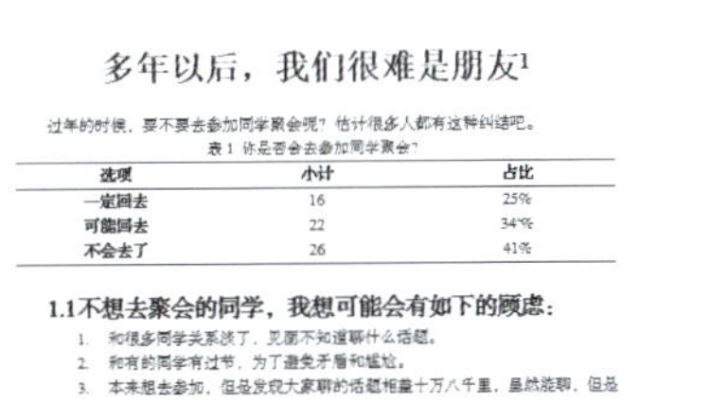

▲打印预览后

问题三：怎么在打印的文档末尾显示当前文档的各种属性?

在【打印选项】区域勾选【打印文档属性】选项，就可以在打印的文档末尾显示文档的属性，包括文件名、目录、模板、作者、编辑时间总计、页数、字数、字符数等。

打印预览后▸

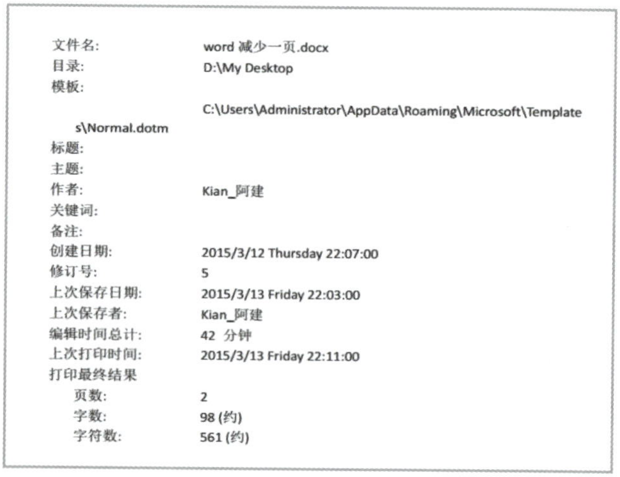

文件名:	word 减少一页.docx
目录:	D:\My Desktop
模板:	C:\Users\Administrator\AppData\Roaming\Microsoft\Templates\Normal.dotm
标题:	
主题:	
作者:	Kian_阿建
关键词:	
备注:	
创建日期:	2015/3/12 Thursday 22:07:00
修订号:	5
上次保存日期:	2015/3/13 Friday 22:03:00
上次保存者:	Kian_阿建
编辑时间总计:	42 分钟
上次打印时间:	2015/3/13 Friday 22:11:00
打印最终结果	
页数:	2
字数:	98 (约)
字符数:	561 (约)

问题四：怎么才能在打印的文档中隐藏部分文字?

先选中想要隐藏的文本内容，右击，在菜单中选择【字体】选项，在【字体】对话框中勾选【隐藏】选项，之后在【打印选项】区域取消勾选【打印隐藏文字】选项，就可以了。

▲打印预览前

▲打印预览后

问题五：如何保证文档中的域在打印时已更新到最新状态?

在【打印选项】区域勾选【打印前更新域】选项就可以将文档自动生成的内容，如目录、交叉引用、题注等更新到最新状态，确保打印的准确性。

问题六：如何保证链接到 Word 文档中的 Excel 数据和图表在打印时是最新的?

如果文档中使用了链接到 Excel 的图表，在【打印选项】区域勾选【打印前更新链接数据】选项，在打印前 Word 就会自动检测链接源的数据是否有变化，并进行自动更新。

总而言之，如果在打印时遇到相关问题，可以查看这几个选项是否有勾选，一般情况下推荐勾选**【打印在 Word 中创建的图形】【打印背景色和图像】【打印前更新域】**。

附录
Word 常用快捷键大全

1. 常用快捷键

执行的操作	快捷键
打开文档	Ctrl+O
创建新文档	Ctrl+N
保存文档	Ctrl+S
关闭文档	Ctrl+W
打印文档	Ctrl+P
将所选内容剪切到剪贴板	Ctrl+X
将所选内容复制到剪贴板	Ctrl+C
粘贴剪贴板的内容	Ctrl+V
选择所有文档内容	Ctrl+A
对文本应用加粗格式	Ctrl+B
对文本应用倾斜格式	Ctrl+I
对文本应用下划线格式	Ctrl+U
逐磅减小字号	Ctrl+ 左中括号
逐磅增大字号	Ctrl+ 右中括号
将文本居中	Ctrl+E
将文本左对齐	Ctrl+L
将文本右对齐	Ctrl+R
取消命令	Esc
撤销上一操作	Ctrl+Z
恢复上一操作	Ctrl+Y

2. 浏览文档

执行的操作	快捷键
将光标向左移动一个字词	Ctrl+ 向左键（←）
将光标向右移动一个字词	Ctrl+ 向右键（→）
将光标向上移动一个段落	Ctrl+ 向上键（↑）
将光标向下移动一个段落	Ctrl+ 向下键（↓）
将光标移动到当前行的末尾	End
将光标移动到当前行的开头	Home
将光标移动到屏幕顶部	Ctrl+Alt+Page Up
将光标移动到屏幕底部	Ctrl+Alt+Page Down
将文档视图向上滚动一个屏幕	Page Up
将文档视图向下滚动一个屏幕	Page Down
将光标移动到文档末尾	Ctrl+End
将光标移动到文档的开头	Ctrl+Home
将光标移动到上一修订的位置	Shift+F5
将光标移动到上次关闭文档之前进行的最后一次修订的位置	（打开文档后立即按）Shift+F5
环绕文本框或图像等浮动形状	Ctrl+Alt+5（然后反复按 Tab 键）
退出浮动形状导航并返回普通导航	Esc
打开【导航】窗格	Ctrl+F
打开【查找和替换】对话框的【定位】选项卡（可导航到特定页面、书签、脚注、表格、批注、图形或其他位置）	Ctrl+G
循环浏览之前对文档所做的 4 处更改	Ctrl+Alt+Z

3. 选定文本和图形

执行的操作	快捷键
选择文本	Shift+ 方向键
选择左侧的单词	Ctrl+Shift+ 向左键（←）
选择右侧的单词	Ctrl+Shift+ 向右键（→）
从当前位置选择到当前行的开头	Shift+Home
从当前位置选择到当前行的末尾	Shift+End
从当前位置选择到当前段落的开头	Ctrl+Shift+ 向上键（↑）
从当前位置选择到当前段落的末尾	Ctrl+Shift+ 向下键（↓）
从当前位置选择到文档的开头	Ctrl+Shift+Home
从当前位置选择到文档的末尾	Ctrl+Shift+End
从当前位置选择到窗口底部	Ctrl+Alt+Shift+Page Down
选择所有文档内容	Ctrl+A

4. 编辑文本和图形

执行的操作	快捷键
向左删除一个字词	Ctrl+Backspace
向右删除一个字词	Ctrl+Delete
将所选内容移动到特定位置	F2（将光标移动到目标位置，然后按回车键）
将所选内容复制到特定位置	Shift+F2（将光标移动到目标位置，然后按回车键）
使用所选内容定义自动图文集块	Alt+F3

续表

执行的操作	快捷键
复制所选格式	Ctrl+Shift+C
粘贴所选格式	Ctrl+Shift+V
复制文档中上一节所使用的页眉或页脚	Alt+Shift+R
打开【查找和替换】对话框（可查找和替换文本、特定格式或特殊项目）	Ctrl+H

5. 设置文本格式

执行的操作	快捷键
打开【字体】对话框	Ctrl+D
增大字号	Ctrl+Shift+ 右尖括号（>）
缩小字号	Ctrl+Shift+ 左尖括号（<）
将文本更改为全部大写	Ctrl+Shift+A
隐藏所选文本	Ctrl+Shift+H
对单词应用下划线格式，空格除外	Ctrl+Shift+W
应用双下划线格式	Ctrl+Shift+D
应用小写、大写格式	Ctrl+Shift+K
应用下标格式	Ctrl+ 等号（=）
应用上标格式	Ctrl+Shift+ 加号（+）
删除手动设置的字体格式	Ctrl+ 空格键
将所选文本更改为【符号】字体	Ctrl+Shift+Q

6. 设置段落格式

执行的操作	快捷键
缩进段落	Ctrl+M
删除段落缩进	Ctrl+Shift+M
创建悬挂缩进	Ctrl+T
删除悬挂缩进	Ctrl+Shift+T
删除段落格式	Ctrl+Q
对段落应用单倍行距	Ctrl+1
对段落应用双倍行距	Ctrl+2
对段落应用 1.5 倍行距	Ctrl+5
在段落之前添加或删除空格	Ctrl+0
启用自动格式	Ctrl+Alt+K
应用【正文】样式	Ctrl+Shift+N
应用【标题 1】样式	Ctrl+Alt+1
应用【标题 2】样式	Ctrl+Alt+2
应用【标题 3】样式	Ctrl+Alt+3
显示【应用样式】窗格	Ctrl+Shift+S
显示【样式】窗格	Ctrl+Alt+Shift+S

7. 插入特殊字符

执行的操作	快捷键
插入换行符	Shift+Enter
插入分页符	Ctrl+Enter

续表

执行的操作	快捷键
插入分栏符	Ctrl+Shift+Enter
插入长划线	Ctrl+Alt+ 减号（-，数字键盘上的）
插入短划线	Ctrl+ 减号（-，数字键盘上的）
插入可选连字符	Ctrl+ 连字符（-）
插入不间断连字符	Ctrl+Shift+ 连字符（-）
插入不间断空格	Ctrl+Shift+ 空格键
插入版权符号（©）	Ctrl+Alt+C
插入域名符号（®）	Ctrl+Alt+R
插入商标符号（™）	Ctrl+Alt+T
插入省略号	Ctrl+Alt+ 点号（.）
插入超链接	Ctrl+K

8. 在表格中移动

执行的操作	快捷键
移到行中的下一个单元格，并选择其中的内容	Tab
移到行中的上一个单元格，并选择其中的内容	Shift+Tab
移到行中的第一个单元格	Alt+Home
移到行中的最后一个单元格	Alt+End

续表

执行的操作	快捷键
移到列中的第一个单元格	Alt+Page Up
移到列中的最后一个单元格	Alt+Page Down
移到上一行	向上键（↑）
移到下一行	向下键（↓）
向上移动一行	Alt+Shift+ 向上键（↑）
向下移动一行	Alt+Shift+ 向下键（↓）

9. 选择表格内容

执行的操作	快捷键
将所选内容扩展到相邻单元格	Shift+ 方向键
选定列	（选择列的顶部或底部单元格，然后按）Shift+ 向上或向下键（↑或↓）
选择一行	（选择行中的第一个或最后一个单元格，然后按）Shift+Alt+End 或 Home
选择整个表	（关闭 Num Lock 后，按）Alt+5（数字键盘上的）

10. 在单元格中插入段落和制表符

执行的操作	快捷键
在单元格中插入新段落	Enter
在单元格中插入制表符	Ctrl+Tab

11. 审阅文档

执行的操作	快捷键
插入批注	Ctrl+Alt+M
打开或关闭修订	Ctrl+Shift+E
关闭【审阅】窗格	Alt+Shift+C

12. 使用域和宏

执行的操作	快捷键
插入日期域	Alt+Shift+D
插入 ListNum 域	Ctrl+Alt+L
插入页字段	Alt+Shift+P
插入时间域	Alt+Shift+T
插入空域	Ctrl+F9
更新 Microsoft Word 文档中的链接信息	Ctrl+Shift+F7
更新选定的域	F9
取消域的链接	Ctrl+Shift+F9
在所选的域代码及其结果之间切换	Shift+F9
在所有的域代码及其结果之间切换	Alt+F9
前往下一个域	F11
定位至前一个域	Shift+F11
锁定域	Ctrl+F11
解除对域的锁定	Ctrl+Shift+F11

续表

执行的操作	快捷键
运行宏	Alt+F8
打开代码编辑窗口	Alt+F11

查找和替换中的特殊字符表

1. 查找栏代码或通配符一览表

序号	不勾选【使用通配符】选项		勾选【使用通配符】选项	
	特殊字符	代码	特殊字符	代码或通配符
1	任意单个字符	^?	任意单个字符	?
2	任意数字	^#	任意数字（单个）	[0-9]
3	任意英文字母	^$	任意英文字母	[a-z 或 A-Z]
4	段落标记	^p	段落标记	^13
5	手动换行符	^l（注：小写的 L）	手动换行符	^l 或 ^11
6	图形	^g	图形	^g
7	1/4 长划线	^+	1/4 长划线	^q
8	长划线	^j	长划线	^+
9	短划线	^q	短划线	^=
10	制表符	^t	制表符	^t
11	脱字号	^	脱字号	^^
12	分栏符	^v	分栏符	^n 或 ^14
13	分节符	^b	分节符、分页符	^m

续表

序号	不勾选【使用通配符】选项		勾选【使用通配符】选项	
	特殊字符	代码	特殊字符	代码或通配符
14	省略号	^n	省略号	^i
15	全角省略号	^i	全角省略号	^j
16	无宽非分隔符	^z	无宽非分隔符	^z
17	无宽可选分隔符	^x	无宽可选分隔符	^x
18	不间断空格	^s	不间断空格	^s
19	不间断连字符	^~	不间断连字符	^~
20	¶ 段落符号	^%	表达式	( )
21	§分节符	^	单词结尾	<
22	脚注标记	^f 或 ^2	单词开头	>
23	可选连字符	^-	任意字符串	*
24	空白区域	^w	指定范围外任意单个字符	[!x-z]
25	手动分页符	^m	指定范围内任意单个字符	[-]
26	尾注标记	^e	1 个及以上前一字符或表达式	@
27	域	^d	*n* 个重复的前一字符或表达式	{ n }
28	Unicode 字符	^Unnnn	*n* 个以上前一字符或表达式	{ n, }
29	全角空格	^u8195	*n* 到 *m* 个前一字符或表达式	{ n,m }
30	半角空格	^32 或 ^u8194	所有小写英文字母	[a-z]

续表

序号	不勾选【使用通配符】选项		勾选【使用通配符】选项	
	特殊字符	代码	特殊字符	代码或通配符
31	批注	^a 或 ^5	所有大写英文字母	[A-Z]
32	—	—	所有西文字符	[^1-^127]
33	—	—	所有中文汉字和中文标点	[!^1-^127]
34	—	—	所有中文汉字（CJK 统一字符）	[一 - 龥] 或 [一 - 隝]
35	—	—	所有中文标点	[! 一 - 龥 ^1-^127]
36	—	—	所有非数字字符	[!0-9]

2. 替换栏代码或通配符一览表

序号	不勾选【使用通配符】选项		勾选【使用通配符】选项	
	特殊字符	代码	特殊字符	代码或通配符
1	—	—	要查找的表达式	\
2	段落标记（↵）	^p	段落标记（↵）	^p
3	手动换行符（↓）	^l	手动换行符（↓）	^l
4	查找的内容	^&	查找的内容	^&
5	剪贴板内容	^c	剪贴板内容	^c
6	省略号	^i	省略号	^i
7	全角省略号	^j	全角省略号	^j
8	制表符	^t	制表符	^t

续表

序号	不勾选【使用通配符】选项		勾选【使用通配符】选项	
	特殊字符	代码	特殊字符	代码或通配符
9	长划线	^+	长划线	^+
10	1/4 长划线（—）	^q	1/4 长划线（—）	^q
11	短划线（–）	^=	短划线（–）	^=
12	脱字号（^）	^^	脱字号（^）	^^
13	手动分页符	^m 或 ^12	手动分页符、分节符	^m
14	可选连字符（_）	^-	可选连字符（_）	^-
15	不间断连字符（-）	^~	不间断连字符（-）	^~
16	不间断空格	^s	不间断空格	^s
17	无宽非分隔符	^z	无宽非分隔符	^z
18	无宽可选分隔符	^x	无宽可选分隔符	^x
19	分栏符	^n	分栏符	^n
20	分节符（§）	^%	分节符（§）	^%
21	段落符号（¶）	^v	段落符号（¶）	^v

Word 中的通配符用法示例

勾选【使用通配符】选项后，Word 只查找与指定文本精确匹配的文本（请注意，【区分大小写】和【全字匹配】选项变灰而不可用，表明这些选项已自动勾选，不能取消勾选这些选项）。

要查找已被定义为通配符的字符，就在相应字符前输入反斜杠“\”，如查找“?”“*”“(”“)”“[”“]”等的代码分别是“\?”“*”“\(”“\)”“\[”“\]”。

序号	查找内容	通配符	示例
1	任意单个字符	?	输入“s?t”可查找“sat”和“set”
2	任意字符串	*	输入“s*d”可查找“sad”和“started”
3	单词的开头	<	输入“<（inter）”可查找“interesting”和“intercept”，但不可查找“splintered”
4	单词的结尾	>	输入“（in）>”可查找“in”和“within”，但不可查找“interesting”
5	指定字符之一	[]	输入“w[io]n”可查找“win”和“won”
6	指定范围内的任意单个字符	[-]	输入“[r-t]ight”可查找“right”和“sight”。必须用升序来表示该范围
7	中括号内指定字符范围以外的任意单个字符	[!x-z]	输入“t[!a-m]ck”可查找“tock”和“tuck”，但不可查找“tack”和“tick”
8	*n* 个重复的前一字符或表达式	{n}	输入“fe{2}d”可查找“feed”，但不可查找“fed”
9	至少 *n* 个前一字符或表达式	{n,}	输入“fe{1,}d”可查找“fed”和“feed”
10	*n* 到 *m* 个前一字符或表达式	{n,m}	输入“10{1,3}”可查找“10”“100”和“1000”
11	一个及以上的前一字符或表达式	@	输入“lo@t”可查找“lot”和“loot”

后　记

本书主要由秋叶团队中特别有才华的小伙伴刘晓阳等撰写。秋叶作为本书主编，负责梳理大纲和把控内容细节。

如果你是《和秋叶一起学 Word》的读者，一定知道它在秋叶系列课程中是非常重要的一个部分。

本书也是网易云课堂同名在线课程“和秋叶一起学 Word”的教材。图书和在线课程的区别如下。

- 图书是操作大全，就像你书桌上那本内容齐全的“宝典”，方便你全面学习，遇到问题时可随时查阅。
- 在线课程则更强调立刻动手，通过操作分解、动手模仿、课程作业等设置，让你找回在课堂学习的感觉。

如何快速提升

动手，对，就是动手。

无论你是图书读者，还是在线课程学员，我们都希望你能动手模仿，有所收获。你可以在微博上写出让你印象最深刻的收获，附上截屏并在微博上 @ 秋叶 Word，只要你加上微博话题“和秋叶一起学 Word”，就能被我们看到。

如果你想快速提升，并得到我们手把手辅导的机会，也可以报名我们的线上学习班。

关于本书的改进

如果你觉得对于本书的某一部分内容你有更好的案例或想法，欢迎投稿。

如果你的投稿在改版时被选用，我们会向你赠书以示答谢。

投稿邮箱：hainei@vip.qq.com。

秋叶

AI之Word篇 高效办公手册

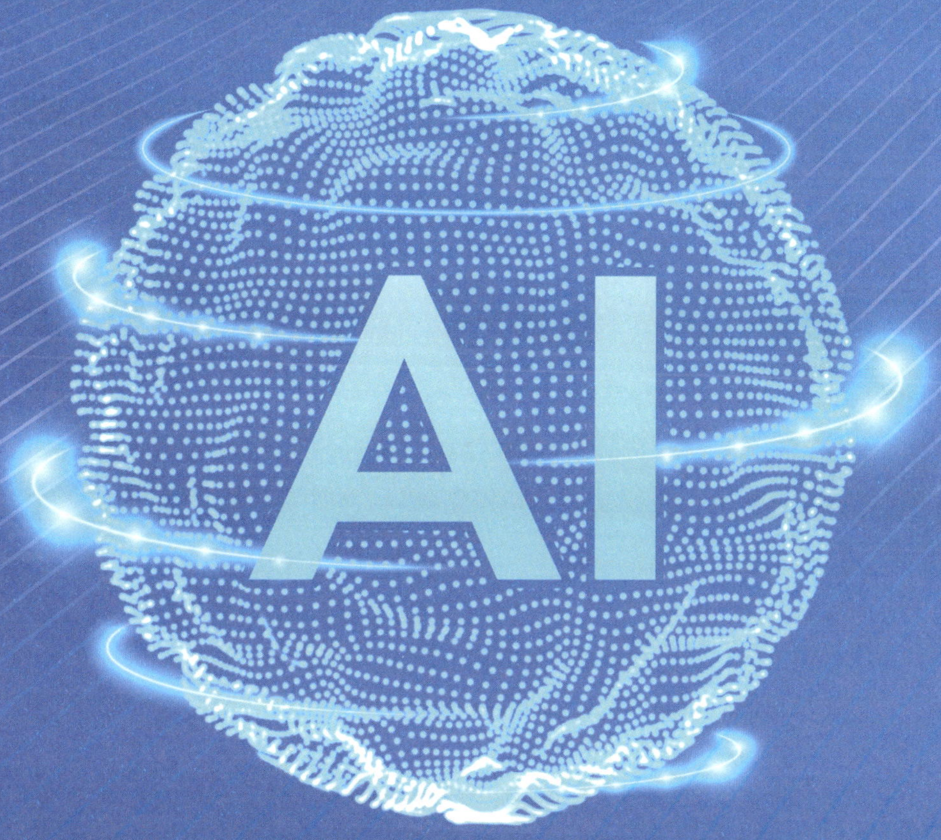

中国工信出版集团
人民邮电出版社
POSTS & TELECOM PRESS

AI 高效办公手册之 Word 篇

随着 ChatGPT（Chat Generative Pre-trained Transformer）的横空出世，人工智能越来越多地参与到我们的职业生涯中。ChatGPT 是一款由美国 OpenAI 公司研发的聊天机器人。它能够通过理解和学习人类的语言与我们进行对话，还能根据聊天的上下文内容进行互动。

无论是在文案撰写、数据分析还是 PPT 美化领域，ChatGPT 都可以为我们提供强有力的支持。本书将通过多个应用场景，重点讲解 ChatGPT 在 Word 文档中的应用。

首先来认识一下它的基础界面与使用方式。

ChatGPT 的用户界面非常简洁，主要包括以下几个区域。

文本输入区：用户在这个区域输入需要解决的问题或待完成的任务。

文本输出区：显示 ChatGPT 的回答或者任务完成的结果。

历史记录区：储存历史会话记录，用户可以通过这个区域更好地梳理自己的问题类型和 ChatGPT 的回答模式。

除了界面简洁，ChatGPT 的操作方式也很简单。用户只需要在文本输入区输入问题或任务，就能够获得 ChatGPT 的回答或结果。需要注意的是，对于同样一个问题，采用不同的提问方式，也可能会得到截然不同的答案。

如果提出的问题笼统抽象，那么得到的往往都是空泛表面的回答。示例如下。

ZH 如何学习 Office？

学习 Office 可以通过以下步骤。

1. 确定你需要学习的 Office 软件包括哪些应用程序：Office 软件包括多个应用程序，如 Word、Excel、PowerPoint、Outlook 等。首先确定你需要学习哪些应用程序。

2. 寻找学习资源：可以通过网络搜索或在当地书店或图书馆查找与 Office 有关的书籍、视频教程或在线课程；也可以考虑参加培训课程或研讨会。

3. 安装 Office 软件：要学习 Office，就需要安装 Office 软件。如果你没有 Office 软件，可以购买或订阅 Office 365 软件。

4. 逐步学习：按照自己的节奏逐步学习每个应用程序。可以按照功能逐步学习，也可以按照自己的需求选择性学习。

5. 练习和实践：练习是掌握 Office 技能的关键。尝试在实际工作或个人项目中使用 Office 应用程序，以加深理解。

6. 寻求帮助：如果你遇到了问题或困难，可以在网络上寻求帮助，如 Office 官方论坛或其他在线社区；也可以向有经验的同事或朋友寻求帮助。

而如果提出的问题清晰具体，那么往往能得到更可实现的答案。示例如下。

ZH 我希望了解学习 Office 的最佳方法，包括 Word、Excel 和 PowerPoint 等软件的基本知识、高级功能以及最佳实践。请提供一些可行的建议，如怎么通过在线课程、教程视频、实践项目等来学习，以便我能够快速高效地掌握这些软件，提高我的技能水平。

好的。以下是一些可行的建议。

1. 在线课程：许多在线教育平台，如 Coursera、Udemy 和 Linkedin Learning 等都提供了 Office 软件的课程。选择一个你感兴趣的课程，并确保它涵盖了你想要学习的内容。这些课程通常由专业人士提供，可以帮助你掌握软件的基本知识和高级功能。

2. 教程视频：YouTube 和其他在线视频网站上有许多 Office 软件的教程视频。这些视频可以帮助你理解软件的不同功能。你可以搜索“Word 教程视频”“Excel 教程视频”和“PowerPoint 教程视频”来找到相关的视频。

3. 实践项目：最佳的学习方法之一是通过实践来学习。为了更好地理解 Office 软件的功能，你可以尝试完成一些实践项目，比如创建一个计划表、设计一个报告或制作一个演示文稿。这些实践项目将帮助你在实际生活中应用你所学到的技能，并提高你的技能水平。

4. 官方文档：Office 软件的官方文档提供了丰富的信息，包括软件的基本知识、高级功能和最佳实践。你可以在 Microsoft 的官方网站上找到这些文档。

5. 在线论坛：加入一些 Office 软件的在线论坛可以帮助你与其他用户交流，并了解一些实用技巧。例如，Microsoft 的在线论坛提供了 Word、Excel、PowerPoint 和其他 Office 软件的支持。

一个好的指令，应该至少包含【问题 + 要求】两个部分，问题和要求都清晰具体，ChatGPT 才能生成更好的答案。除此之外，如果某次提问没能获得符合预期的答案，可以通过追问和反馈，不断地细化要求，如扩写、改写、补充等。

总之，正确掌握和使用 ChatGPT，与其进行高效的沟通，才能够最大化地发挥其潜能。

第 1 章　ChatGPT 在文档撰写上的应用

1.1 工作日报

工作日报是工作中不可或缺的一部分，它记录了我们每天的工作内容、工作量以及完成情况等信息，对于领导和同事之间的有效沟通、协作，以及后续的评估和总结都起着重要的作用。

然而，现在很多人都不喜欢写工作日报，主要原因有两点：一是写工作日报需要花费时间和精力，很多人觉得这是浪费时间，影响了生产效率；二是有些人可能不清楚如何写工作日报，日报中表达不清晰或者内容不完整导致了工作日报的质量不高。

如今借助 ChatGPT，我们只需要清楚地下达指令，即可完成工作日报的撰写。

工作日报指令模板

今天我完成了以下几项工作。

1. 工作事项 1
2. 工作事项 2
3. 工作事项 3
4. ……

请帮我按照以下版块生成具体的工作日报。

1. 今日工作完成情况
2. 遇到的问题及解决方案
3. 今日收获与总结
4. 明日工作计划

小贴士：每个公司工作日报的版块不同，可以根据实际情况对指令中日报的版块进行修改。如果有其他特殊要求，可以在版块下进行补充。

实例展示

今天我完成了以下几项工作。
1.《×××××××》图书第一章的撰写和配图
2．××××训练营表格与图表篇的直播授课
3．私房课学员作业点评
请帮我按照以下版块生成具体的工作日报。
1．今日工作完成情况
2．遇到的问题及解决方案
3．今日收获与总结
4．明日工作计划

这里是您今日的工作日报。
今日工作完成情况：
1．完成《×××××××》图书第一章的撰写，约 3000 字，并选择 5 张配图。本章主要讲解了 ××× 的起源、发展脉络、未来趋势等。
2．完成 ×××× 训练营表格与图表篇的直播授课，共 2 小时，学员约 50 人。本次课程解释了表格布局、图表制作、数据可视化等理论知识并现场操作演示。学员互动积极，提出的问题主要集中在制作技巧与 Excel 小技能上，现场为其解答并实操演示。
3．完成 5 名私房课学员的作业点评，难易程度和完成程度不一，提出的改进意见主要在加强数据分析、完善结论等方面。部分学员在选题的方法论方面基础不足，需要加强指导。

（其他答案略）

1.2 年终总结

每到年底，公司都会要求员工针对今年的工作做一次年终总结。通过年

终总结，员工可以系统地回顾和总结这一年的工作成果、不足之处、经验教训等。这有助于员工互相学习和自我提高，为下一年的工作打下基础。同时这也是员工展示工作成果和贡献的机会，更是管理者对员工工作表现进行评价的依据之一，有利于加强管理者与员工的沟通，建立良好的上下级交流平台。

但是很多员工没有认识到年终总结的重要性，不会系统地思考和规划，不知道怎么清晰地展示自己的工作，写出层次分明、条理清晰的年终总结，只能按时间顺序或单一维度简单罗列，难以凸显工作亮点和价值。

这个时候我们就可以借助 ChatGPT，让它给我们提供一个清晰的年终总结框架，然后我们再补充相应的细节信息，最终让它帮我们生成一份较为满意的年终总结。

年终总结框架指令模板

现在我需要写一份年终总结，请你告诉我一份好的年终总结的框架是什么样的？需要我提供哪些信息？

实例展示

ZH 现在我需要写一份年终总结，请你告诉我一份好的年终总结的框架是什么样的？需要我提供哪些信息？

一份好的年终总结的框架可以按照以下步骤来展开。

1. 简要介绍

首先，在年终总结的开头，可以简要介绍自己的职位、所在部门和主要工作内容，让观看者能够快速了解你的背景和职责。

2. 工作目标与完成情况

接下来，可以列出你去年制定的工作目标，包括具体的任务和时间节点，并对这些目标进行评估。对于已经完成的目标，需要详细描述实现的过程和成果；如果有未完成的目标，需要分析原因并提出改进措施。

3. 工作亮点和不足

在年终总结中，需要突出你在工作中的亮点和成就，包括取得的业绩、获得的荣誉、得到的客户反馈等。同时，也需要客观地评估自己的不足和存在的问题，提出改进方案，以期在未来的工作中更好地发挥自己的能力。

（其他答案略）

年终总结指令模板

我是 ×× 公司的一名 ×××，今年我的工作完成情况如下。

1. 主要工作：××××××××××××××
2. 工作成果：××××××××××××××
3. 自我评价：××××××× ××××××××
4. 下一步工作目标：××××××××××××××

请你按照以下框架，帮我制作一份内容丰富、数据翔实、字数在 ××× 字左右的年终总结，我希望通过年终总结来实现 ××××××× 的目标。

1. 简要介绍
2. 工作目标与完成情况
3. 工作亮点与不足
4. 学习和成长
5. 未来工作计划

实例展示

我是一家在线教育公司的课程研发老师，今年我的工作完成情况如下。

1．主要工作：完成公司标配课程体系的研发工作，包括 10 门左右的专业课程。课程制作均如期完成，获得学员和公司领导的极高评价。

2．工作成果：新课程体系获得学员好评，满意度达 98%；销售额比上年增长 40% 以上；获得公司“标兵员工”荣誉称号。

3．自我评价：工作中主动投入，课程制作能力和团队管理效率较去年有显著提高，不但保证了课程质量，也极大地压缩了研发周期。个人成长迅速，已经完全能够胜任更高层级的课程研发管理工作。

4．下一步工作目标：希望公司给予我课程体系规划及课程研发管理的机会与平台，带领团队开发全新的课程系列，推动公司业绩再上新台阶。

请按照以下框架，帮我制作一份内容丰富、数据翔实、字数在 1500 字左右的年终总结，我希望通过年终总结来实现升职加薪的目标。

1．简要介绍
2．工作目标与完成情况
3．工作亮点和不足
4．学习和成长
5．未来工作计划

1．简要介绍

作为一名课程研发老师，我在过去一年里，积极投入工作，完成了公司标配课程体系的研发工作，并开发出 10 门左右的专业课程。我不仅按时完成这些课程的开发，而且获得了学员和公司领导的极高评价，取得了一定的成绩和荣誉。
2. 工作目标与完成情况
在过去一年里，我的主要工作目标是完成公司标配课程体系的研发工作。为了实现这个目标，我采取了以下措施。
（1）制订详细的工作计划：我根据公司要求，制订了详细的工作计划，并根据计划的进度，对工作进行了及时跟进和调整。
（2）完善课程体系：我对公司现有的课程体系进行了深入研究，并结合自己的专业知识和经验，对其进行了改进和完善。
（3）团队协作：我积极参与团队协作，与同事们进行了紧密的合作，并提供了实质性的帮助和建议。
通过以上措施，我成功地完成了公司标配课程体系的研发工作，并开发出了 10 门左右的专业课程。这些课程均如期完成，并且得到了学员和公司领导的极高评价。

（其他答案略）

小贴士：在长篇幅内容的生成过程中，内容长度可能会超过 AI 所能支持的最大长度，所以在生成内容的时候会出现中断的情况，此时我们可以发送“继续”让它继续生成。

1.3 活动策划方案

活动策划方案是每一家公司几乎都需要撰写的，主要用于新品发布、产品促销或客户答谢，目的是确保活动能够按照计划顺利进行，达到预期的目标和效果，同时最大程度地发挥各种资源的作用，提高活动的效益和影响力。

利用 ChatGPT，只需要提供简单的背景信息，就能快速生成一份结构完整的活动策划方案。

活动策划方案指令模板

我想让你帮我撰写一份关于 ××××× 的活动策划方案，活动类型是 ×××××××，目的是 ×××××××，参加人数：×××××，活动时间：×××× 年 ×× 月 ×× 日。

实例展示

ZH 我想让你帮我撰写一份关于产品部门外出团建的活动策划方案，活动类型是野外露营，目的是让员工放松心情，重整旗鼓迎接新一轮的工作，参加人数：14 人，活动时间：2023 年 4 月 17 日。

好的，以下是针对您提供的信息制定的产品部门野外露营的活动策划方案。

1. 活动主题：重整旗鼓，团结合作，共创辉煌。
2. 活动时间：2023 年 4 月 17 日，为期 1 天。
3. 参加人数：14 人。
4. 活动地点：选择一处环境优美、空气清新、交通便利的露营地点，距离公司约 1.5 小时车程，确保活动的便利性和安全性。
5. 活动流程。

- 上午 9 点：集合出发，抵达露营地点后，先进行营地的布置和设备的摆放。
- 上午 10 点：进行开营仪式，由活动负责人介绍活动主题和目的，让员工有个初步的认识和了解。
- 上午 11 点：进行团队活动，包括烧烤、撕名牌、团队拼图等互动游戏，促进团队之间的沟通和协作。
- 下午 2 点：午餐时间，提供丰盛的自助烧烤和饮品，让员工感受团队的氛围。
- 下午 3 点：进行户外拓展活动，包括攀岩、野外探险等项目，挑战员工的身体和心理素质，增强员工的自信心和团队凝聚力。
- 下午 6 点：晚餐时间，提供温暖的火锅和饮品，让员工放松身心，享受美食，互相交流。
- 晚上 8 点：篝火晚会，让员工自由表演，唱歌跳舞，分享个人故事和感悟，加深团队之间的感情。
- 晚上 10 点：营火烤串时间，提供美味的烤串和饮品，让员工在自然环境中放松心情，缓解工作压力。
- 次日上午：清理营地并收拾设备，返回公司。

6. 活动要求：确保活动的安全性和环保性，保持场地整洁和干净，尊重自然，也尊重他人的权益。
7. 活动预算：约为每人 1000 元，包括交通费用、住宿费用、餐饮费用、活动用品和器材租赁费用等。

（其他答案略）

1.4 公司新闻稿

公司新闻稿对于企业的宣传和推广具有重要的作用，它可以提高企业的知名度、树立品牌形象，并且吸引投资。

但是写好一份公司新闻稿可谓难点重重，既要考虑新闻价值，还要弥补信息空白，合理安排新闻结构。

不过这些难题在 ChatGPT 的帮助下都可以轻松解决。

公司新闻稿指令模板

我需要撰写一篇公司新闻稿，报道我们公司最近发生的一件××××××××××事情，相关的细节信息如下。

1. 细节 1
2. 细节 2
3. 细节 3

……

请你根据这些信息，帮我撰写一篇新闻稿，重点突出××××××××××的信息。

新闻稿包含标题、导语、正文、结尾，以保证内容的连贯性和逻辑性。

实例展示

ZH 我需要撰写一篇公司新闻稿，报道我们公司最近发生的一件比较大的事情：领导视察了我们的生产基地并且提出了一些具体的建议，相关的细节如下。

1．领导是公司的 CEO，他在视察期间观察了生产线上的工人们正在生产的产品，并且和他们交流了一些问题。

2．CEO 针对产品质量、生产效率、员工安全等方面提出了一些宝贵的建议和意见。

3．CEO 在视察期间也提到了我们公司未来的发展计划，表示会给予更多的支持和投入。

4．这次视察持续了两天，其间 CEO 还和生产基地的管理团队进行了深入的交流和探讨。

请你根据这些信息，帮我撰写一篇新闻稿，重点突出领导对员工的关心以及这件事的重要意义。

新闻稿包含标题、导语、正文、结尾，以保证内容的连贯性和逻辑性。

标题：公司 CEO 视察生产基地并提出宝贵建议

导语：近日，我公司 CEO 对生产基地进行了为期两天的视察，并针对产品质量、生产效率、员工安全等方面提出了宝贵的建议和意见。此次视察彰显了领导对员工的关心和对公司未来发展的重视。

正文：
我公司 CEO 在视察期间，仔细观察了生产线上的工人们正在生产的产品，并和他们交流了一些问题，体现了对员工的关心和尊重。
在产品质量、生产效率、员工安全等方面，CEO 提出了宝贵的建议和意见，强调了加强员工培训、完善生产流程、优化设备配置等方面的重要性。同时，CEO 也向生产基地的管理团队表示会对未来发展给予更多的支持和投入。

（其他答案略）

1.5 个人简历

求职第一步，简历很重要！简历往往能体现出一个人的专业水平、职业习惯、工作态度，它既是个人形象对外展示的窗口，也是求职面试的敲门砖。一份优秀的简历，能在第一时间吸引面试官的注意，让你在面试中脱颖而出。

然而，很多人写简历时毫无头绪，不知从何下手，更不清楚如何获得面试官的青睐。

这时不妨借助 ChatGPT，让它帮你写一份能充分展示自我优势、让面试官眼前一亮的个人简历。

个人简历指令模板

我准备申请 ×× 公司的 ×× 岗位，请根据对方的岗位要求以及我的个人经历，帮我撰写一份简历，让简历更具针对性和吸引力。

岗位职责：1. ×××××××××××；2. ×××××××××××；3. ×××××××××××；4. ×××××××××××。

任职要求：1. ×××××××××××；2. ×××××××××××；3. ×××××××××××；4. ×××××××××××。

我的基本情况如下。

我叫 ×××，联系方式：××××××，邮箱：××××××，×× 学历，毕业于 ×× 大学 ×× 专业，曾在 ×××× 年就职于 ××××× 公司从事 ××××× 工作，主要负责 ×××××××××，工作成绩：×××××××××，精通 ×××××× 技能，获得过 ××××× 荣誉，平时喜欢

××××××，是一个 ×××× 的人。

实例展示

ZH

我准备申请 ×× 互联网大厂的 ×× 微信公众号主编，请根据对方的岗位要求以及我的个人经历，帮我按照个人基本信息、教育信息、工作经历、工作内容、技能与能力、奖项与荣誉、自我评价的结构撰写一份简历，让简历更具针对性和吸引力。

岗位职责：1. 带领编辑团队，提高团队的稿件质量；2. 搭建投稿库，提高投稿作者的数量和质量；3. 对公众号的长期发展进行内容规划、活动策划，提高公众号粉丝量；4. 针对热点节日等策划活动和内容；5. 能够快速完成微信内容创作，并且具有创意和话题敏感度。

任职要求：1. 文字功底深厚，从事公众号编辑工作至少 1 年，写过爆文可加分；2. 文采飞扬的段子手，脑洞大开的策划大咖优先；3. 工作积极主动，性格开朗，思维活跃，有带领团队经验的优先。

我的基本情况如下。

我叫小明，联系方式：177****9920，邮箱：xiaoming@1*6.com，本科学历，毕业于 ×× 大学新媒体广告专业，曾在 2018 年至 2023 年就职于 ×× 传媒公司从事微信公众号编辑工作，主要为公司微信公众号撰写文章。工作成绩：共写了 888 篇文章，其中有 88 篇阅读量超 10 万。个人优势：精通 PS、PPT、Word、Excel 技能，有良好的文字功底，获得过全媒体运营师高级证书，平时喜欢阅读，是一个有责任心和有创意的人。

简历

个人基本信息

姓名：小明

联系方式：177****9920

邮箱：xiaoming@1*6.com

教育信息

学历：本科

毕业院校：×× 大学

专业：新媒体广告专业

工作经历

2018 年至 2023 年 ×× 传媒公司微信公众号编辑

主要职责

为公司微信公众号撰写文章，共写了 888 篇文章，其中有 88 篇阅读量超过 10 万。

工作内容

1. 撰写并发布微信公众号文章，提升公众号曝光量和粉丝互动；
2. 参与微信公众号的内容规划和活动策划，包括热点节日等的活动；
3. 具备创意和话题敏感度，能够快速完成微信内容创作；

4．擅长使用 PS、PPT、Word、Excel 等软件工具，能够制作配图和排版；
5．与编辑团队协作，提高稿件质量；搭建投稿库，提高投稿作者的数量和质量。

（其他答案略）

1.6 面试问答

有针对性地准备面试可以帮助求职者提高面试效率，全面展现自己与岗位的匹配度，找到最适合的工作，也为后续工作奠定基础。

以往都需要求职者在网上搜罗岗位相关的面试题，现在完全可以交给 ChatGPT，让它帮我们整理面试题库，并做一些发散性的问答。

面试问答指令模板

我希望你扮演专业的 ××× 面试官，根据我给你提供的招聘信息，为我整理这个岗位相关的面试题，题目类型包括但不限于技术问题、行为问题、案例问题、谈话问题、情景问题，并给出相应的比较优质的答案示例。

招聘信息如下。

岗位：×××××

岗位职责：1. ×××××××××××；2. ×××××××××××；3. ×××××××××××；4. ×××××××××××。

任职要求：1. ×××××××××××；2. ×××××××××××；3. ×××××××××××；4. ×××××××××××。

实例展示

我希望你扮演专业的新媒体主编面试官，根据我给你提供的招聘信息，为我整理这个岗位相关的面试题，题目类型包括但不限于技术问题、行为问题、案例问题、谈话问题、情景问题，并给出相应的比较优质的答案示例。
招聘信息如下。
岗位：互联网大厂新媒体主编
岗位职责：
1．带领编辑团队，提高团队的稿件质量；
2．搭建投稿库，提高投稿作者的数量和质量；

ZH

3．对公众号的长期发展进行内容规划、活动策划，提高公众号粉丝量；
4．针对热点节日等策划活动和内容；
5．能够快速完成微信内容创作，并且具有创意和话题敏感度。
任职要求：
1．文字功底深厚，从事公众号编辑工作至少 1 年，写过爆文可加分；
2．文采飞扬的段子手，脑洞大开的策划大咖优先；
3．工作积极主动，性格开朗，思维活跃，有带领团队经验的优先。

技术问题：

- 你在编辑团队中使用过哪些工具来提高稿件质量？你觉得使用这些工具有哪些好处？
- 你如何管理投稿库，来保证投稿作者的数量和质量？是否有过一些成功的经验案例？
- 你在公众号长期发展的内容规划和活动策划方面有哪些创新的方法和策略？

示例答案：

- 我们使用了一些辅助编辑的工具，比如语法检查工具、SEO 优化工具、数据分析工具等，这些工具可以帮助我们提高文章的质量和排名。此外，我们还使用了一些协作工具，比如团队管理软件、版本控制工具等，这些工具可以帮助我们更好地协同工作，提高效率。
- 我们会定期发布征稿信息，与一些优秀的作者进行合作，提高我们的稿件质量。同时，我们也会针对一些热门话题或者主题策划征稿活动，来吸引更多的优秀作者投稿。此外，我们也会进行作者的评估和奖励，以保持他们的积极性和创作热情。

（其他答案略）

小贴士：因为题库＋答案的长度可能会超过 ChatGPT 所能支持的最大长度，所以在生成内容的时候会出现中断的情况，此时我们可以发送“继续”让它继续生成。

1.7 活动邀请函

活动邀请函可用于各种场景，如会议、演讲活动、培训班等。好的活动邀请函应具备以下特征：清晰明确的活动主题或议题，能够准确传达活动内容和目的；详细的活动时间、地点等基本信息，让受邀者清楚活动安排；恰当的措辞和语气，如恳请或诚挚邀请，体现活动的重要性。

在撰写活动邀请函时需要注意：合理使用公式化表达，如诚挚地邀请、谨致以最诚挚的邀请等；要言之有物，不轻言重要性或影响力；措辞要平和谨慎，避免过于热情或盖过主题；内容要紧凑明了，避免冗长；要考虑受邀者的兴趣诉求，推己及人；检查语言表达的准确性，以免产生误导。

但我们在撰写的时候往往无法顾及所有方面，这个时候交给 ChatGPT 就可以啦。

活动邀请函指令模板

请你帮我写一份活动邀请函，活动基本信息如下。

1. 活动名称：××××××
2. 活动日期与时间：×××× 年 ×× 月 ×× 日，×× 点至 ×× 点
3. 活动地点：××××××××××××××××××××××××××
4. 目标受众：××××、××××
5. 活动议程：××××××××
6. 邀请人的基本信息：公司，姓名，联系方式，邮箱

邀请函要注意以下几点。

1. 语气真诚、友善，让受邀者感受到我的热情和重视；
2. 强调活动的重要性和参加活动的好处，让受邀者更有动力参加；
3. 突出受邀者的重要性以及他们的到来对活动的意义，让受邀者感受到被重视和尊重。

实例展示

ZH　请你帮我写一份活动邀请函，活动基本信息如下。
活动名称：2023 年春季新品发布会
活动日期与时间：2023 年 5 月 15 日，上午 10 点至中午 12 点
活动地点：×× 市 ×× 区 ×× 路 ×× 大厦 ×× 层会议室
目标受众：媒体、合作伙伴、行业专家
活动议程：
10:00—10:10 主办方致欢迎辞，介绍本次活动的背景与目的
10:10—10:30 公司高管演讲，介绍新品发布的市场背景与战略意义
10:30—11:00 新品技术专家演讲，详细介绍新品技术特点与优势
11:00—11:20 新品设计师分享，介绍新品设计理念与创新亮点
11:20—11:40 合作伙伴代表分享，介绍与本公司合作的互利共赢案例
11:40—11:50 主持人与嘉宾互动交流环节
11:50—12:00 活动总结，感谢嘉宾的到来与支持

ZH 邀请人的基本信息：ABC 公司，张三，联系方式：123456789，邮箱：zhangsan@×××.com
邀请函要注意以下几点。
1．语气真诚、友善，让受邀者感受到我的热情和重视；
2．强调活动的重要性和参加活动的好处，让受邀者更有动力参加；
3．突出受邀者的重要性以及他们的到来对活动的意义，让受邀者感受到被重视和尊重。

尊敬的 ××× 先生 / 女士：
您好！我是 ABC 公司的张三，非常荣幸地邀请您参加我们即将举办的 2023 年春季新品发布会。
该活动将于 2023 年 5 月 15 日上午 10 点至中午 12 点在 ×× 市 ×× 区 ×× 路 ×× 大厦 ×× 层会议室举行，旨在向媒体、合作伙伴、行业专家展示我们最新的产品创新和技术突破。我们相信您的出席将使我们的活动更加成功，也将让您更深入了解我们的公司和产品。
在活动上，我们将邀请公司高管、新品技术专家、新品设计师和合作伙伴代表等发言，详细介绍新品发布的市场背景、技术特点、设计理念以及合作案例等方面。同时，我们也会安排主持人与嘉宾进行交流互动，以便更好地传达信息和交流观点。
我们相信，您的到来将为活动增添一份特别的意义和价值。我们也期待着在活动中与您见面，交流并分享彼此的想法和经验。
如有任何疑问或需要进一步了解的信息，请随时与我联系，我会及时为您解答。
期待着您的回复和到来！
祝好！

ABC 公司
张三
联系方式：123456789
邮箱：zhangsan@×××.com

1.8 公司内部通知

公司的行政人员日常要发送各种不同类型的通知，如节日放假、福利发放、物业检修等。

初入职场的行政人员面对不同情况可能会无从下手，与其去网络上四处找模板拼凑修改，不如直接利用 ChatGPT 快速生成一份完整且独特的通知。

公司内部通知指令模板

你现在是一名资深的行政人员，（即将发生的事情），请写一份公司内部通知，通知 ×××× 同事。

实例展示

你现在是一名资深的行政人员，物业临时通知明天（2023 年 4 月 15 日）园区要停电半天进行电路检修改造，请写一份公司内部通知，通知全体同事注意及时保存文件。

尊敬的全体同事：
你们好！为了保障公司电路设备的正常运转，园区物业将于明天（2023 年 4 月 15 日）进行电路检修改造，届时将会停电半天。特此通知，请各位同事注意及时保存您正在处理的文件，以免造成不必要的损失。
停电时间为上午 9 点至下午 1 点，期间办公设备将无法正常使用，希望大家提前做好准备，合理安排工作时间。如有紧急事项，请提前与您的直接主管联系，并寻求合理的安排。
对您工作造成的不便敬请谅解，感谢您的配合和支持。
此致
敬礼！
公司行政部

1.9 商务合同

商务合同的重要性在于它确定了双方当事人的权利和义务，减少了在交易和合作中可能出现的纠纷与争议，保护了双方当事人的利益，对未来的风险进行了分摊，使得商业活动可以在约定的轨道上进行，给商业活动创造了一个稳定的环境。

但是快速起草一份商务合同对于职场人来讲往往过于复杂，好在可以借助 ChatGPT 帮助我们起草。

商务合同指令模板

我公司想与另一家公司开展一项商务合作，请帮我起草一份商务合同。

合作内容如下。

1. 我公司提供的内容，合作公司提供的内容；

2. 我公司的费用支付方式与激励机制；

3. 我公司的获益与合作公司的获益；

4. 合作年限与续签条件。

商务合同要包含以下内容。

1. 双方当事人的基本信息，包括公司名称、注册地址等；

2. 合作主题，包括本次合作的目的和内容等；

3. 双方的权利与义务，包括出资额度、提供的资源和服务等；

4. 产品收益分配方式和比例；

5. 违约责任，即如果一方未能履行合同的违约金条款；

6. 争议解决方式，如协商、仲裁或诉讼等；

7. 合作期限，即合同生效和失效日期；

8. 其他需要明确的条款，如保密条款等。

请根据以上内容起草一份初步的商务合同，如果有不明确或需要补充的地方，我会提供更详细的信息。不胜感激，谢谢！

实例展示

ZH 我公司想与某一家营销机构开展一项商务合作，请帮我起草一份商务合同。

合作内容如下。

1．我公司提供产品样品以及相关的产品和品牌资料。营销机构负责利用其现有渠道进行产品推广和营销活动。

2．我公司支付定额的年度预算作为营销机构开展推广活动的日常运营费用，并根据双方约定的绩效指标提供一定比例的激励费用。

3．我公司通过合作获得新客户数据和市场信息等，以帮助产品的定位和升级。营销机构通过合作提高自身在行业内的影响力和客户的黏性。

4．合作期限为 2 ~ 3 年，双方每半年评估一次合作效果，必要时可以变更或续签合作协议。

商务合同要包含以下内容。

1．双方当事人的基本信息，包括公司名称、地址等；

2．合作主题，包括本次合作的目的和内容等；

3．双方的权利与义务，包括出资额度、提供的资源和服务等；

4．产品收益分配方式和比例；

5．违约责任，即如果一方未能履行合同的违约金条款；

ZH

6．争议解决方式，如协商、仲裁或诉讼等；
7．合作期限，即合同生效和失效日期；
8．其他需要明确的条款，如保密条款等。
请根据以上内容起草一份初步的商务合同，如果有不明确或需要补充的地方，我会提供更详细的信息。不胜感激，谢谢！

商务合作合同
甲方：（公司名称）
地址：
法定代表人：
电话：
传真：
电子邮箱：
乙方：（公司名称）
地址：
法定代表人：
电话：
传真：
电子邮箱：
鉴于甲方有意推广和营销其产品，乙方拥有相关资源和渠道，双方愿意进行商务合作，并在平等自愿的基础上达成以下协议。
第一条　合作主题
1.1　甲方向乙方提供产品样品以及相关的产品和品牌资料。乙方负责利用其现有渠道进行产品推广和营销活动。
1.2　甲方每年支付定额的预算作为乙方开展推广活动的日常运营费用，并根据双方约定的绩效指标提供一定比例的激励费用。
1.3　甲方通过合作获得新客户数据和市场信息等，以帮助产品的定位和升级。乙方通过合作提高自身在行业内的影响力和客户的黏性。
1.4　合作期限为 2 ~ 3 年，双方每半年评估一次合作效果，必要时可以变更或续签合作协议。
第二条　权利与义务
2.1　甲方的权利与义务
（1）向乙方提供产品样品、相关的产品和品牌资料；
（2）按约定支付预算和绩效激励费用；
（3）提供市场信息和数据；
（4）严格履行合同义务，确保产品品质和数量，保障乙方合法权益。

（其他答案略）

1.10 填空题

填空题是各类考试和教学活动中常见的题型，设计出具有挑战性和启发性的填空题对学生的学习效果会有积极的影响。然而，编写高质量填空题的过程可能较为烦琐且耗时。那么，如何在保证题目质量的同时提高编写效率呢?

这种工作可以交给 ChatGPT 来实现。

填空题指令模板

现在你是资深的 ×× 老师，请帮我生成 10 道 ×× 填空题，难度从易到难，题目涵盖 ××× 课程的以下内容。

1. 知识点 1。提问示例：问题 1（答案 1）
2. 知识点 2。提问示例：问题 2（答案 2）
3. 知识点 3。提问示例：问题 3（答案 3）
4. 知识点 4。提问示例：问题 4（答案 4）
5. 知识点 5。提问示例：问题 5（答案 5）

请根据上述内容生成 10 道 ×× 填空题，我来尝试解答。如果生成的题目可以带着答案和解释，以帮助我理解，那就更好了。谢谢！

实例展示

ZH 请帮我生成10道生物填空题，难度从易到难，题目涵盖高中生物课程的以下内容。

1．细胞的结构，比如细胞膜、细胞壁、细胞器等的功能。提问示例：__________是细胞中负责蛋白质合成的细胞器。（答案：核糖体）

2．遗传信息的存储与表达，比如 DNA 的结构和功能、转录与翻译的过程与产物等。提问示例：DNA 中两条脱氧核苷酸链之间的互补配对规则为 A-___、T-___、C-___。（答案：T、A、G）

3．生物进化，比如自然选择、基因漂移等概念。提问示例：达尔文提出生物进化的主要机制为__________。（答案：自然选择）

4．生态学知识，比如食物链、食物网、生态平衡等概念。提问示例：__________是相同时间内聚集在一定区域或环境内各种生物种群的集合。（答案：群落）

5．人体生理学知识，比如循环系统、呼吸系统、消化系统等的结构与功能。提问示例：生物体进行各项生命活动所需能量的直接来源是__________。（答案：ATP）

请根据上述内容生成 10 道生物填空题，我来尝试解答。如果生成的题目可以带着答案提示和解析，以帮助我理解，那就更好了。谢谢！

1．细胞膜的主要成分是 ＿＿＿＿＿＿，具有控制物质进出细胞的功能。（答案：脂质和蛋白质）

解析：细胞膜由脂质（主要为磷脂）、蛋白质和少量糖类等组成，其中脂质和蛋白质是主要成分。

2．DNA 双螺旋结构中，两个链之间的氢键配对方式是 A 与 ＿＿＿＿＿＿、C 与 G 配对。（答案：T）

解析：DNA 分子结构中，两条脱氧核苷酸链围绕一个共同的中心轴盘绕，构成双螺旋结构，两条链之间的氢键配对方式是 A 与 T、C 与 G 配对。

3．遗传信息的转录是指将 DNA 上的信息转换成 ＿＿＿＿＿＿。（答案：RNA）

解析：转录是指以 DNA 为模板，以 ATP、UTP、GTP 和 CTP 为原料，按照碱基互补原则，在 RNA 聚合酶的作用下合成 RNA 的过程。

4．生态系统中，各种生物之间的食物关系构成了复杂的 ＿＿＿＿＿＿。（答案：食物网）

解析：生态系统中，各种生物之间存在着复杂的食物关系，这些食物关系构成了食物网。

5．在人体内，呼吸系统将氧气运输到体内，与 ＿＿＿＿＿＿ 结合形成二氧化碳，然后通过肺部呼出。（答案：葡萄糖）

解析：呼吸系统将氧气运输到体内，与葡萄糖等有机物质进行氧化反应，生成二氧化碳和水，并释放出能量，供身体各器官使用。

6．细胞中的细胞核主要负责 ＿＿＿＿＿＿。（答案：遗传信息的存储、复制和转录）

解析：细胞核是细胞中重要的细胞器之一，主要负责遗传信息的存储、复制和转录。

7．细胞膜的主要功能是 ＿＿＿＿＿＿。（答案：选择性地控制物质的进出，维持细胞内外的平衡）

解析：细胞膜有重要的生理功能，它既使细胞维持稳定代谢的胞内环境，又能调节和选择物质进出细胞。

8．＿＿＿＿＿＿ 是细胞中负责将蛋白质转运至细胞内或细胞外的细胞器。（答案：高尔基体）

解析：高尔基体是细胞中的一种细胞器，其作用就是把集中在高尔基体的蛋白质进行分拣，并分别运送到细胞内或细胞外的目的地。

9．某种遗传病的发生与表现，通常取决于遗传物质中的 ＿＿＿＿＿＿。（答案：突变）

解析：突变是遗传物质 DNA 发生的一种变化，可能导致遗传信息发生改变。某些突变可能导致遗传病的发生或表现，因为突变可能导致特定基因的功能受损或完全丧失。

10．内环境稳态的三大调节机制是 ＿＿＿＿＿＿。（答案：神经调节、体液调节、免疫调节）

解析：内环境稳态的三大调节机制是神经调节、体液调节和免疫调节。

1.11 计算题中的公式

计算题可以全面检查学生的知识、技能与思维，是评价学生学习成果和教师教学效果的重要手段之一。解答计算题也能够锻炼学生的耐心与逻辑思维能力。

但是计算题中所涉及的公式编写在 Word 中相当烦琐，ChatGPT 作为一个文本生成型的聊天机器人，可以帮我们生成 LaTeX 格式的公式，最后再借助 Word 的公式编辑功能，快速将公式转换为正常格式。

计算题中的公式指令模板

现在你是一位资深的 ××× 教授，请帮我生成 ×× 个 ×× 类型的 ×× 难度的计算题，知识点涉及 ×××、×××、×××，并用 LaTeX 格式进行回复。

实例展示

ZH 现在你是一位资深的大学数学教授，请生成 10 个初级微积分题目，每个题目包含求导和定积分，并且涉及三角函数和指数函数。请以 LaTeX 格式呈现题目。

好的，下面是 10 个初级微积分题目，每个题目包含求导和定积分，并且涉及三角函数和指数函数。题目已经用 LaTeX 格式呈现。

1. 求 $f(x)=\cos^2(3x)e^{4x}$ 的导数和不定积分。
2. 求 $\int \sin^2(2x)e^{-3x}dx$。
3. 求 $f(x)=\ln(\cos x)$ 的导数和不定积分。
4. 求 $\int e^{2x}\cos(3x)dx$。
5. 求 $f(x)=\sin(5x)\ln x$ 的导数和不定积分。
6. 求 $\int \frac{e^x}{\sqrt{1-e^{2x}}}dx$。
7. 求 $f(x)=\frac{1}{\cos^2(2x)}$ 的导数和不定积分。
8. 求 $\int e^{2x}\sin(3x)dx$。
9. 求 $f(x)=\tan^3(4x)$ 的导数和不定积分。
10. 求 $\int \frac{e^{2x}}{1+e^{2x}}dx$。

之后我们将对应的 LaTeX 格式的公式复制粘贴到 Word 文档中，选中公式，依次单击【插入】→【公式】→【插入新公式】，在【公式】选项卡中单击【LaTeX】按钮，之后单击【转换】按钮，在弹出的下拉菜单中选择【当前-

专业】命令，即可将 LaTeX 格式的公式转换为专业的公式。

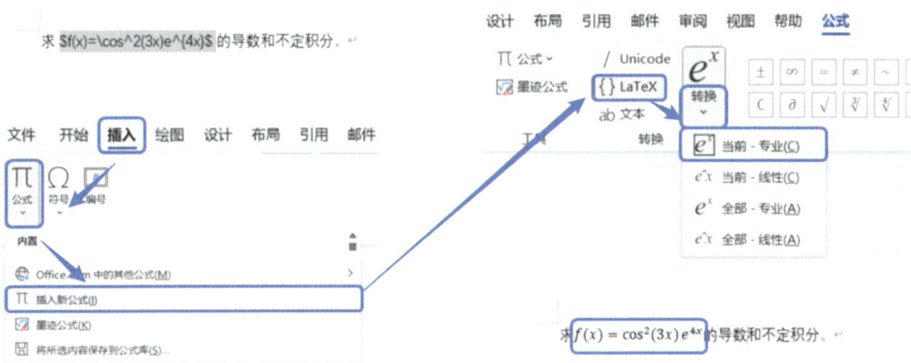

第 2 章　ChatGPT 在文档审阅修改的应用

ChatGPT 可以充当我们的写作助手。它可以进行高质量的机器翻译，快速翻译大量文本；它可以智能扩写文案，自动生成详尽的文本内容；它还可以识别文案中的问题并提供修改建议，实现自动润色的功能。总之，ChatGPT 可以更高效地完成翻译、扩写、润色等各个环节的工作，是一种非常有用的辅助工具。

2.1 翻译文案

高质量的文案翻译可以提高沟通效率、展示专业性、改善客户观感、助力业务拓展，是职场人必备的重要能力之一。

传统的机器翻译更依赖词典和规则，翻译的结果生硬、不自然。人工翻译又面临着效率较低、质量难以保证、易产生疲劳、存在主观想法、修改成本高昂、应对专业词汇和新词较难等方面的问题。

而由于 ChatGPT 采用更加先进的神经网络模型，并使用海量的数据进行训练，因此翻译能力强、翻译质量更高且更自然，几乎可以实现全部语言之间的翻译，甚至还可以通过不断学习提高翻译质量。因此 ChatGPT 更适合用于文案翻译。

翻译文案指令模板

我希望你扮演一位英语翻译和改进者。我会用任何语言和你交流，你将检测语言，将其翻译出来，并用更加优美和高级的英语单词和句子来回答我。请用文学性更强的语言替换我的简单的词汇和句子，保持意思不变，并且给我中英文对应的内容。我要翻译的内容如下。

××。

实例展示

ZH 我希望你扮演一位英语翻译和改进者。我会用任何语言和你交流，你将检测语言，将其翻译出来，并用更加优美和高级的英语单词和句子来回答我。请用文学性更强的语言替换我的简单的词汇和句子，保持意思不变，并且给我中英文对照的内容。我要翻译的内容如下。

林尽水源，便得一山，山有小口，仿佛若有光。便舍船，从口入。初极狭，才通人。复行数十步，豁然开朗。

原文：

林尽水源，便得一山，山有小口，仿佛若有光。便舍船，从口入。初极狭，才通人。复行数十步，豁然开朗。

英文翻译：

At the end of the forest lies a source of water, and beyond that a mountain. The mountain has a small opening that appears to shimmer with light. Abandoning the boat, one enters through this opening. At first, the passage is narrow and only allows passage for a single person. After a few dozen steps, suddenly the path opens up to a grand vista.

2.2 扩写文案

ChatGPT 聚合了海量的文本数据，对各个行业的文案写作都有一定的了解，可以在此基础上迅速扩写文案。ChatGPT 可以在很短的时间内迅速产出大量文案以供选择，其中有很多是人工很难在短期内完成的高质量内容。ChatGPT 可以最大程度满足在短时间内扩写大量文案的需求。它甚至可以根据用户的反馈不断学习和优化，对文案扩写越来越熟悉和擅长。它还可以根据不同用户的偏好和风格，提供个性化的文案扩写服务。

扩写文案指令模板

请你帮我扩写这段 ×× 文案，原文案是："××××××××××"。

扩写要求如下。

1. 目标长度：字数范围
2. 扩写的目的：修改补充或重新创作
3. 关键的信息：××××××××××××××××
4. 扩写中的关键词：×××、×××

实例展示

ZH 请你帮我扩写这段广告文案，原文案是："飞得高，飞得远，我们带你游遍世界"，扩写要求如下。

1. 目标长度：100 ~ 200 字
2. 扩写目的：强调航空公司丰富的目的地资源，表达"open up your dream"的理念
3. 关键的信息：广泛的目的地网络，丰富的旅游胜地，独家的假日风情路线
4. 扩写中的关键词：世界各地，广泛的目的地网络，旅游胜地，独家路线，open up your dream

让我们带您飞向梦想的彼岸！我们广泛的目的地网络可以让您尽情探索世界各地，无论您想要前往亚洲、欧洲、大洋洲还是其他的热门区域，我们都可以满足您的需求。从日本的东京到法国的巴黎，从澳大利亚的悉尼到美国的洛杉矶，我们拥有去往您向往的每一个旅游胜地的路线。

我们还为您独家提供假日风情路线，让您体验别样的旅行乐趣。不管您想要寻求刺激的冒险旅行，还是温馨浪漫的度假体验，我们都能够满足您的需求。无论您想要在迪拜的世界最高建筑上眺望壮丽的城市夜景，还是在法国的香槟酒庄品尝世界一流的葡萄酒，我们都能够为您实现梦想。

让我们带您开启一次难忘的旅程，展开全新的人生体验。在这个精彩的世界里，我们期待着与您一起畅游天际，共同开启属于您的梦想之旅！Open up your dream，我们期待您的到来！

2.3 润色文案

润色文案可以帮助研究人员提高论文学术性、增强论文的说服力，甚至可以在润色的过程中发现论文的错误。然而在实际生活中，人们往往无法了解所有方面的知识，从而导致润色的质量受到限制。

但是，当 ChatGPT 出现后，便可以将润色文案的任务交给它，你只需要提出你想要改进的方案即可。

润色文案指令模板

我希望你能够帮我优化以下文案，使其更具吸引力，同时减少与原始文案的相似度。

××。

优化后的文案应该具有以下特点。

×××××（在此处列出所需特点，如更好的流畅性、更吸引人的词汇、更精简的语句结构等）

实例展示

ZH 我希望你能够帮我优化以下文案，使其更具吸引力，同时减少与原始文案的相似度。

在文案结构设计上，AI 可以自动构思文案的框架和组织段落，可以帮助内容创作者快速确定文案结构。在语言表达方面，AI 可以提炼和选择更符合文化和消费者特征的词汇和句式，给文案带来地道和流畅的语言风格。

优化后的文案应该具有以下特点。

1．更好的流畅性

2．更吸引人的词汇

3．更精简的语句结构

AI 是文案设计和表达的利器。它不仅能够自动构思文案的框架和组织段落，帮助内容创作者快速确定文案结构，而且能够提炼和选择更符合文化和消费者特征的词汇和句式，给文案带来地道和流畅的语言风格。通过 AI 的帮助，您可以更高效地完成文案的撰写和修改，让您的文案更有吸引力和说服力。

第 3 章　ChatGPT 在 VBA 宏编写上的应用

3.1 让ChatGPT编写自动排版公文的VBA宏

公文正文的多级内容排版总是让人觉得很困难。

而借助 VBA 宏就可以批量完成特定格式公文的一键排版，生成 VBA 宏代码的重任自然可以交给 ChatGPT。

注：这里要求将公文的标题、一级标题、二级标题、三级标题严格套用【标题】【标题 1】【标题 2】【标题 3】样式。

自动排版 VBA 宏指令模板

请帮我生成一份 Word 中使用的 VBA 宏，帮我将套用了【标题】样式段落的样式修改为 × 字号、× 字体、× 对齐方式、× 缩进方式；将套用了【标题 1】样式段落的样式修改为 × 字号、× 字体、× 对齐方式、× 缩进方式；将套用了【标题 2】样式段落的样式修改为 × 字号、× 字体、× 对齐方式、× 缩进方式；将套用了【标题 3】样式段落的样式修改为 × 字号、× 字体、× 对齐方式、× 缩进方式。

实例展示

ZH 请帮我生成一份 Word 中使用的 VBA 宏代码，帮我将套用了【标题】样式段落的样式修改为小二号字、方正小标宋字体、居中对齐、无缩进；将套用了【标题 1】样式段落的样式修改为三号字、黑体、两端对齐、首行缩进 2 字符；将套用了【标题 2】样式段落的样式修改为三号字、楷体、两端对齐、首行缩进 2 字符；将套用了【标题 3】样式段落的样式修改为三号字、仿宋、两端对齐、首行缩进 2 字符。

```vbnet
Sub ModifyParagraphStyles()
    Dim doc As Document
    Set doc = ActiveDocument

    ' 修改【标题】样式的段落样式
    With doc.Styles("标题").ParagraphFormat
        .SpaceAfter = 0 ' 设置段后间距为0
        .Alignment = wdAlignParagraphCenter ' 设置居中对齐
        .LeftIndent = 0 ' 设置左缩进为0
        .RightIndent = 0 ' 设置右缩进为0
        .SpaceBeforeAuto = False ' 关闭自动段前间距
        .SpaceBefore = 0 ' 设置段前间距为0
    End With
    With doc.Styles("标题").Font
        .Size = 14 ' 设置字体大小为小二号
        .Name = "方正小标宋" ' 设置字体为方正小标宋
    End With

    ' 修改【标题1】样式的段落样式
    With doc.Styles("标题 1").ParagraphFormat
        .SpaceAfter = 0 ' 设置段后间距为0
        .Alignment = wdAlignParagraphJustify ' 设置两端对齐
        .LeftIndent = CentimetersToPoints(2) ' 设置左缩进为2字符
        .RightIndent = 0 ' 设置右缩进为0
        .SpaceBeforeAuto = False ' 关闭自动段前间距
        .SpaceBefore = 0 ' 设置段前间距为0
        .FirstLineIndent = CentimetersToPoints(2) ' 设置首行缩进为2字符
    End With
```

```vbnet
    With doc.Styles("标题 1").Font
        .Size = 16 ' 设置字体大小为三号
        .Name = "黑体" ' 设置字体为黑体
    End With

    ' 修改【标题2】样式的段落样式
    With doc.Styles("标题 2").ParagraphFormat
        .SpaceAfter = 0 ' 设置段后间距为0
        .Alignment = wdAlignParagraphJustify ' 设置两端对齐
        .LeftIndent = CentimetersToPoints(2) ' 设置左缩进为2字符
        .RightIndent = 0 ' 设置右缩进为0
        .SpaceBeforeAuto = False ' 关闭自动段前间距
        .SpaceBefore = 0 ' 设置段前间距为0
        .FirstLineIndent = CentimetersToPoints(2) ' 设置首行缩进为2字符
    End With
    With doc.Styles("标题 2").Font
        .Size = 16 ' 设置字体大小为三号
        .Name = "楷体" ' 设置字体为楷体
    End With

    ' 修改【标题3】样式的段落样式
    With doc.Styles("标题 3").ParagraphFormat
        .SpaceAfter = 0 ' 设置段后间距为0
        .Alignment = wdAlignParagraphJustify ' 设置两端对齐
        .LeftIndent = CentimetersToPoints(2) ' 设置左缩进为2字符
        .RightIndent = 0 ' 设置右缩进为0
        .SpaceBeforeAuto = False ' 关
```

```vbnet
    ' 修改【标题3】样式的段落样式
    With doc.Styles("标题 3").ParagraphFormat
        .SpaceAfter = 0 ' 设置段后间距为0
        .Alignment = wdAlignParagraphJustify ' 设置两端对齐
        .LeftIndent = CentimetersToPoints(2) ' 设置左缩进为2字符
        .RightIndent = 0 ' 设置右缩进为0
        .SpaceBeforeAuto = False ' 关闭自动段前间距
        .SpaceBefore = 0 ' 设置段前间距为0
        .FirstLineIndent = CentimetersToPoints(2) ' 设置首行缩进为2字符
    End With
    With doc.Styles("标题 3").Font
        .Size = 16 ' 设置字体大小为三号
        .Name = "仿宋" ' 设置字体为仿宋
    End With

End Sub
```

使用方法：复制代码，在 Word 中打开需要修改样式的文档，按 Alt +

F11 快捷键，打开 VBA 编辑器。在编辑器中选择【Normal】模块，然后将上面的代码复制到模块中。最后按 F5 键或者单击【运行】按钮运行宏即可。

3.2 让ChatGPT编写批量替换多个不同内容的VBA宏

Word 中的替换功能虽然强大，但是每次只能对一个内容进行操作，或者对相似的一组内容进行操作。如果想要批量实现对多个内容的精准替换，就可以借助 VBA 宏。

有了 ChatGPT 之后，即使我们不懂 VBA 编程，看不懂代码，也可以轻松制作出 VBA 宏。

实例展示

> ZH　请帮我生成一份 Word 中使用的 VBA 宏代码，让它能实现批量替换多个关键词的功能。

使用方法：在 Word 中打开需要替换关键词的文档，按 Alt + F11 快捷键，打开 VBA 编辑器。在编辑器中选择【Normal】模块，然后将右图的代码复制到模块中。接下来，将需要查找和替换的关键词以及相应的替换文本添加到数组 arrKeywords 中。最后按 F5 键或者单击【运行】按钮运行宏即可。

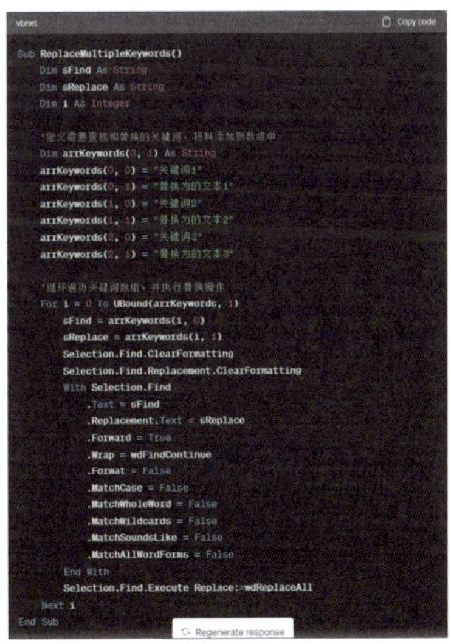

如果想通过输入框来输入需要替换的内容与替换文本，可以继续追问 AI，让它优化代码。示例如下。

> ZH　请帮我生成一份 Word 中使用的 VBA 宏代码，让它能实现批量替换多个关键词的功能，同时在一个输入框中输入要替换的内容和替换文本。

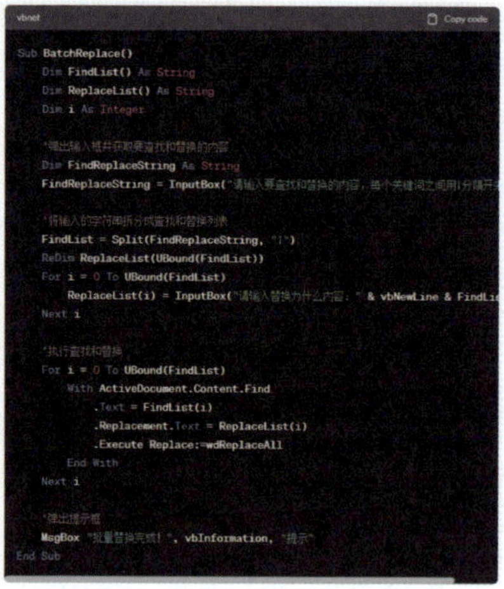

具体运行效果如下图所示。

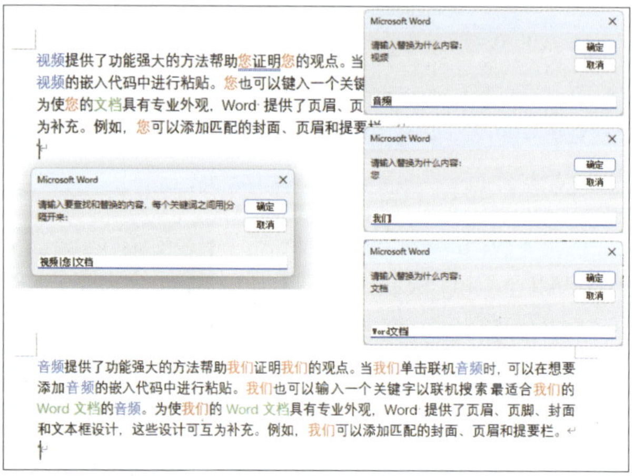

第 4 章　AI 在 Word 上的特殊应用

我们经常需要从一整份文档中提炼出有用信息，但效率往往比较低。如果文档过长，耗费的时间也会很久。

如今在 AI 的加持下，我们不需要看完整份文档，甚至不需要看文档就可以直接和文档对话，让 AI 帮助总结文档信息。

这里推荐使用工具 ChatDOC。

注册并成功登录后，在页面中单击上传按钮，将 PDF 文档上传（文件大小要小于 36MB，页数不超过 200 页，暂时不支持扫描型或图片型 PDF 文档）。

等待片刻，ChatDOC 就会完成文档分析，并在右侧的对话区域中自动提出几个问题。

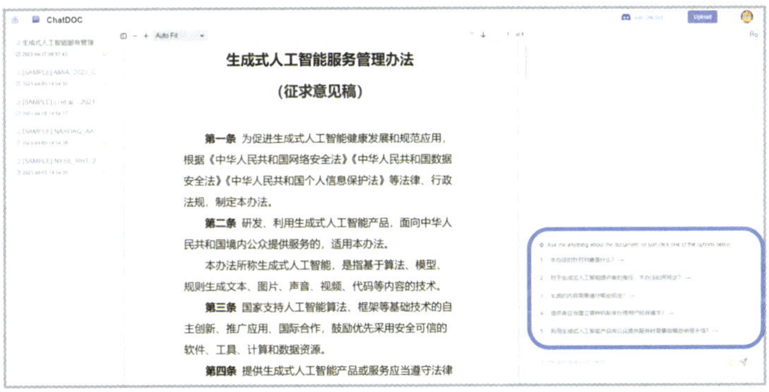

我们可以直接选择问题，让它进行回答，也可以自行提问，ChatDOC 会根据文档中的信息进行回答，并且可以快速跳转到对应的段落位置。

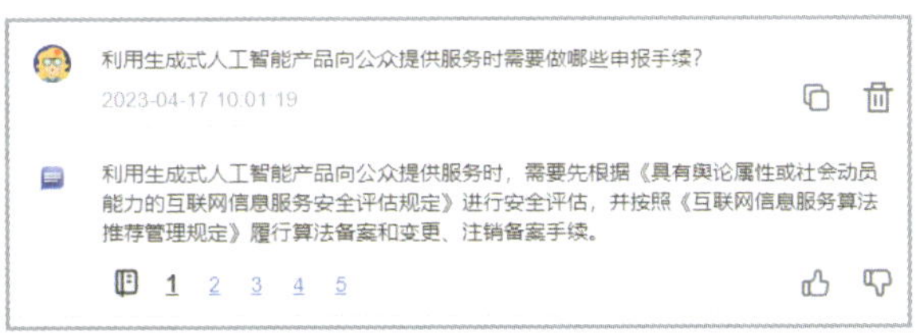

如果你的文档中有表格，它甚至可以帮助你对表格中的数据进行分析。

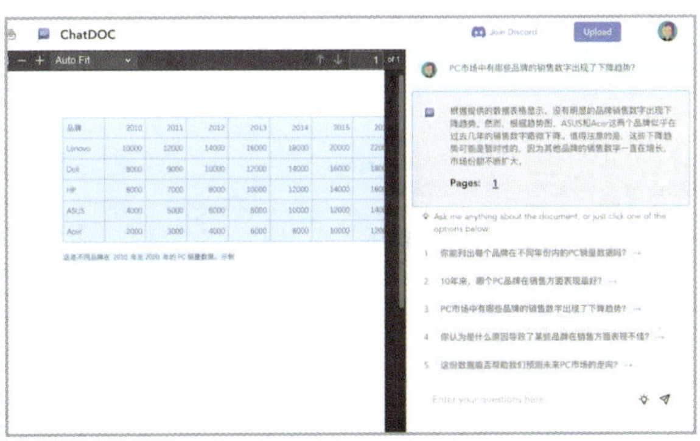

1

关注微信公众号：**秋叶PPT**
回复关键词：**秋叶Word图书**

2

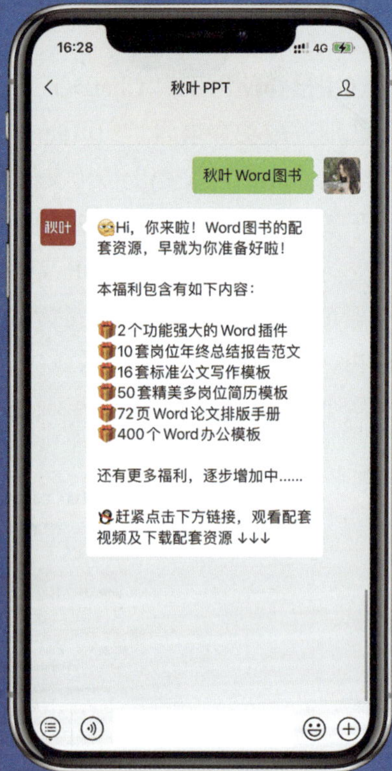

获取秋叶团队出品的
Word模板、素材、资料包！

【扫码关注】
微信公众号
秋叶PPT

分类建议：计算机/办公应用/Office

人民邮电出版社网址：www.ptpress.com.cn